U0231868

中国非常规天然气
地球化学文集

戴金星　倪云燕　等著

石油工业出版社

内 容 提 要

本文集收录了戴金星院士从事天然气研究和勘探工作以来，在非常规天然气地质研究方面公开发表的对煤层气、页岩气、天然气水合物等的研究论文。内容涵盖我国煤层气组分、碳同位素类型及其成因和意义，中国致密砂岩气及在勘探开发上的重要意义，次生型负碳同位素系列成因，中国天然气水合物的成因类型，中国页岩气地质和地球化学研究的若干问题等。

本书可供石油天然气地球科学工作者、石油院校师生、油田现场生产部门的技术和管理人员阅读参考。

图书在版编目（CIP）数据

中国非常规天然气地球化学文集 / 戴金星等著 .—

北京：石油工业出版社，2020.7

　　ISBN 978-7-5183-4135-1

　　Ⅰ . ① 中… Ⅱ . ① 戴… Ⅲ . ① 天然气 – 地球化学 – 文

集 Ⅳ . ① P618.130.2–53

中国版本图书馆 CIP 数据核字（2020）第 119057 号

责任编辑：刘俊妍
责任校对：郭京平
封面设计：周　彦

出版发行：石油工业出版社
　　　　　（北京安定门外安华里 2 区 1 号　　100011）
　　　　　网　　址：www.petropub.com
　　　　　编辑部：（010）64523707　　图书营销中心：（010）64523633
经　　销：全国新华书店
印　　刷：北京中石油彩色印刷有限责任公司

2020 年 7 月第 1 版　　2020 年 7 月第 1 次印刷
787×1092 毫米　开本：1/16　印张：13.5
字数：310 千字

定价：160.00 元
（如出现印装质量问题，我社图书营销中心负责调换）

序

PREFACE

天然气作为清洁能源，在改善我国能源结构、推动绿色低碳建设中获得了巨大发展。目前绿色低碳已成为时代潮流，党中央、国务院把生态文明建设纳入"五位一体"总体布局，将绿色发展列入五大发展理念之一，给天然气发展带来了重要机遇，未来天然气消费比重会继续攀升。我国天然气资源丰富，历经多年勘探开发，实现持续规模增储上产，已建成了鄂尔多斯、新疆、四川、南海西部四大规模气区，2019 年产气 $1761.7 \times 10^8 m^3$。我国天然气剩余资源主要分布在岩性地层、前陆盆地冲断带、叠合盆地深层、成熟探区深层以及海洋等领域，致密气、页岩气、煤层气、天然气水合物等将是未来天然气发展的重点。通过增加天然气勘探开发投入，加强核心技术攻关，我国天然气工业仍将持续保持快速发展的良好态势。

我国天然气发展起步较晚，1978 年，以戴金星为代表的中国学者首次提出煤成气概念，打破了"一元论"油型气理论认为产煤地区是不可能产生天然气的传统认识。此后，中国煤成气理论不断完善发展、形成体系、指导天然气工业产业快速发展，其理论内涵包括气源鉴别指标体系、煤成气成藏机制与分布规律、评价预测技术方法等。煤成气理论的建立，改变了以油型气为主的传统勘探思路，拓宽了天然气勘探领域，推动了天然气勘探加快发展；建立完善了天然气资源评价方法，实现了天然气资源量大幅增长；正确指出了天然气勘探方向，客观评价有利目标区，有效推动了天然气储量规模增长。我国勘探家应用煤成气理论先后成功预测和指导了苏里格等一批万亿立方米级大气田的发现，煤成气占天然气比重不断提高，为中国天然气工业快速发展做出了重大基础性贡献。

戴金星院士是我国煤成气理论的先驱和奠基人，是我国天然气地质科学的主要带头人，长期致力于石油天然气地质学和地球化学研究。《中国非常规天然气地球化学文集》一书，汇集了作者不同时期针对天然气地质科学发展的思考与探索，11 篇文章涵盖了煤层气、致密气、页岩气和天然气水合物，既有天然气地球化学理论的研究，也有典型气田实例解剖。戴金星院士继 1979 年提出了"煤系是良好的工业性烃源岩"后，还提出了煤成烃模式、各类天然气藏鉴别方法，积极探索天然气水合物成因，提出了中国页岩气勘探研究的地质和地球化学若干问题，使我们充分领略了他在推进中国天然气地质理论创新发展过程中的心路历程。无论是天然气地质理论、天然气成因判识指标的建立，还是天然气大气区的研究落实，都蕴藏他对科学的智慧和对事业的执着。

戴金星院士是我尊敬的长辈，亦是良师益友。三十多年来，我一直从事油气勘探研究和实践工作，一直得到戴老师的指导支持和帮助，我也十分关注他在天然气领域基础研究的进展，对戴老师不断取得的创新性成果感到由衷的高兴。在此，谨祝贺《中国非常规天然气地球化学文集》一书的出版，祝福戴老师健康长寿！

中国工程院院士：马永生

2020 年 5 月 17 日

前 言

PREFACE

页岩气、致密砂岩气、天然气水合物气和煤层气是非常规天然气的家族成员。非常规天然气资源潜力巨大，业界认为是未来天然气工业发展的主要支撑和基础。目前一些产气大国某类非常规气已成为天然气工业的顶梁柱。例如世界第一产气大国美国，2018 年产页岩气 $6244 \times 10^8 m^3$，占该国天然气总产量的 64.7%；世界第六产气大国中国，2018 年产致密砂岩气 $446 \times 10^8 m^3$，占全国天然气总产量的 29.1%。世界天然气水合物气的资源量各家评估悬殊，但较为一致的估计在（$2.0 \sim 2.1$）$\times 10^{16} m^3$，相当于现已探明化石燃料（煤、石油和天然气）总含碳量的两倍，而至今未进行工业性开发。近两年我国在南海北部进行了两次成功试采，初现开发曙光。

世界常规天然气的勘探、开发和研究已有 200 年了，非常规天然气与常规天然气对应项目启动晚了约 170 年，故非常规天然气中有诸多问题待研究和探索：为什么目前发现的页岩气以海相腐泥型气为主，未发现煤成气型页岩气？为什么美国一些主要页岩气 R_o 在 1.0%～1.3% 生油窗中能成藏开发？中国有否相当此成熟度阶段的页岩气？天然气水合物气以油型气型生物气为主，是否有规模的煤成气型生物气和热解气等问题。这些问题主要是非常规天然气的地球化学问题，亟待研究解决。本文集论文涉及以上之疑题，以供大家讨论研究。

近 15 年来煤成气稳坐中国天然气产量和储量皇冠地位，2018 年煤成气占全国天然气产量的 62%，煤成气探明地质储量占全国储量的 61.4%。中国陆上山西组、太原组、本溪组、须家河组、八道湾组、三工河组、西山窑组是煤成气的主要气源岩，故应是煤成气型页岩气优良层系。中国东海盆地、台西盆地和莺—琼盆地产出煤成气来自古近系和新近系的煤系，也应是煤成气型页岩气和天然气水合物气的良好气源。俄罗斯西西伯利亚盆地北部以在塞诺曼阶砂岩中产煤成气型生物气著称于世，其气源岩为波库尔组煤系，肯定蕴藏着丰富页岩气，但目前盆地已探明常规气储量达 $40 \times 10^{12} m^3$，故未顾及经济效益差的页岩气勘探开发。

文集中诸论文受到学者重视而被广泛引用：《我国煤层气组分、碳同位素类型及其成因和意义》论文，被世界著名天然气地球化学家 Rice 一篇有关煤层气论文引用图文 9 次（Hydrocarbons from coal，AAPG studies in Geology ＃ 38，1993，159–184）；《中国致密砂岩气及在勘探开发上的重要意义》论文，2014 年度被评为中国精品科技期刊顶尖学术论文（即 F5000 论文）；《四川盆地南部下志留统龙马溪组高成熟页岩气地球化学特征》论文，被标志为 ESI 高被引论文（Highly Cited Papers），即 top 1% 论文。文集中论文，多数以中英文同时发表，仅有《四川盆地南部下志留统龙马溪组高成熟页岩气地球化学特征》《中国海、陆相页岩气地球化学特征》和《中国最大的致密砂岩气田（苏里格）和最大的页岩气田（涪陵）天然气地球化学对比研究》三篇论文从英文译为中文。文集中 11 篇论文，本人均为第一作者和主笔者。

文集的出版，得到朱光有教授、黄士鹏博士、于聪博士、房忱琛博士、廖凤蓉博士、龚德瑜博士、洪峰博士、张延玲博士、严增民博士等人的支持和帮助，深表谢意。

中国科学院院士：戴金星

2020 年 5 月

目录

CONTENTS

我国煤层气组分、碳同位素类型及其成因和意义 ❶

煤层气系指由煤形成的储存在煤层中和从煤层运移出来的气体，它是煤成气的一个组成部分。煤成气除包括煤层气外，还包括煤系中分散在泥质岩中的腐殖型有机物生成的气体。煤成气是天然气的一个重要组成部分，它在天然气工业上有重要意义，世界上许多超大气田都是由煤成气形成的[1]。因此，对煤层气的研究在实践上和理论上都有重要意义。

本文根据我国 14 个煤矿抽放的煤层气及 3 口中深井（图 1）测试的煤层气共 42 个气样的组分、甲烷碳同位素分析结果，并结合褐煤热模拟成煤作用实验所得气体组分、甲烷碳同位素组成写成。煤矿煤层气采自 8 个省（山西、河南、湖南、江西、辽宁、河北、安徽和四川）；其所在层位是石炭系、二叠系、三叠系及第三系；煤种从长焰煤至无烟煤（既有烟煤，也有无烟煤）；镜质组反射率（R_o）为 0.524%～3.84%；埋藏深度较浅，从 132～693m，绝大多数浅于 500m。中深井煤层气样采自石炭系和下二叠统煤层中，煤种有气煤、肥煤和焦煤，即都是烟煤，R_o 为 0.769%～1.2379%，埋藏较深，从 1618～4424m，它比煤矿煤层气深得多。现根据煤矿煤层气和中深井煤层气及煤热模拟实验的有关数据，同时结合地质环境对煤层气及其甲烷碳同位素的类型进行划分，并对各类型的成因加以讨论。

1 煤层气的组分和甲烷碳同位素组成特征及其类型划分

1.1 煤层气的组分特征及其类型划分

根据对煤矿与中深井中 42 个煤层气（表 1）组分分析，有以下特点。

（1）煤层气组分中以甲烷为主，一般在 50% 以上，其次常见组分首先是氮，还有少量二氧化碳。在煤矿煤层气中，氮和甲烷含量一般存在消长关系，即甲烷高者氮低，反之亦然，而中深井煤层气则此关系不显著（图 2）。前者反映了大气对煤层气组分有一定影响，后者则无。

（2）由表 1 与图 3 可见，煤矿煤层气与中深井煤层气、煤热解模拟成煤作用所获煤层气（下简称为煤热解煤层气）（表 2）及我国一些煤田原生带煤层气，重烃气含量有差异。在此所谓原生带煤层气是辽宁（抚顺）煤炭研究所在我国 8 个煤田甲烷带，以密封

---

❶ 原载于《中国科学》B 辑，1986，第 12 期，作者还有戚厚发、宋岩、关德师。

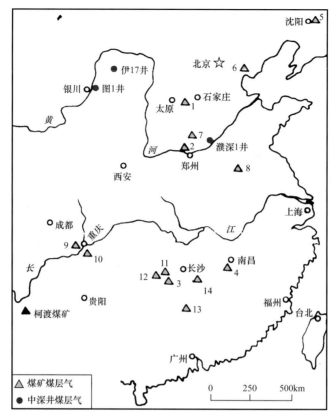

图 1　煤层气样位置图（图中编号为表 1 中序号）

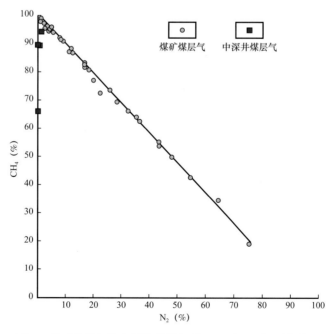

图 2　煤矿煤层气和中深井煤层气的 CH_4 和 N_2 含量关系图

表 1　我国煤层气的组分及甲烷碳同位素数据表

序号	煤矿	取样地点	层位	取样日期（年.月.日）	埋深或井深（m）	R_o（%）	气体组分（%，体积）N_2	CO_2	CH_4	C_2H_6	C_3H_8	C_4H_{10}	CH_4/CO_2	$\delta^{13}C_1$（‰，PDB）
1	山西阳泉煤矿	一矿北四尺下山 605 工作面 20 号孔	太原组 8 号煤	1980.5.24		2.66	0.89	0.69	98.88	微			143	−38.2
		一矿北四尺 8012 工作面 63 孔	太原组	1983.6.1	550	2.372	4.47	0.56	94.97				170	−35.5
		一矿北头咀 1106 工作面 12 孔	山西组	1983.5.25	340	2.27	22.56	1.99	72.47				36	−50.5
2	河南焦作煤矿	中马村小罗庄 1951 采区 7 号抽放孔	山西组大煤	1982.4.25	233	3.84	16.75	1.13	82.13				73	−33.7
		中马村小罗庄 1951 采区 2 号抽放孔	山西组大煤	1982.4.25	294	3.84	3.55		95.93	0.51				−35.8
		中马村小罗庄 1951 采区 5 号抽放孔	山西组大煤	1982.4.25		3.84	20.08	2.61	77.30				30	−36.1
3	湖南立新煤矿	1259 机巷	龙潭组 4 煤层	1982.5.31	296	2.02	1.50	0.36	97.59	0.55			271	−39.5
		1436 机巷	龙潭组 3 煤层	1982.5.31	253	2.02	2.88	0.17	96.41	0.54			567	−41.1
		1259 瓦斯巷	龙潭组 3、4、5 煤层	1982.5.31	260	2.02	4.03	0.16	95.30	0.50			596	−39.2
4	江西丰城煤矿	平湖矿 312 顺槽钻孔	乐平组	1982.6	252	1.47	6.03		93.58	0.43				−54.8
		八一矿	乐平组 B_2b	1982.6	345	1.58	8.49	0.80	90.73				113	−49.7
		建新矿	乐平组 B_4	1982.6	344	1.46	18.15	0.51	81.04	0.31			159	−46.7
5	辽宁抚顺煤矿	老虎台矿 −630m 主巷 706 区 3 号井场	抚顺群本层煤	1982.8.12	630	0.524	0.58	4.71	94.71				20	−55.8
6	河北唐山煤矿	12 巷道 2642 钻孔	大苗庄组 5、6、7、8 煤层	1982.12.23	693	0.86	2.64	0.20	97.16				486	−57.4
		12 巷道 2641 钻孔	大苗庄组 5 煤层	1982.12.23	693	0.88	4.50	0.33	95.17				288	−60.0
		瓦斯泵站		1982.12.23			35.38	0.49	64.12				131	−56.7
		2772-1 钻 4 井号	大苗庄组 6 煤层	1984.5.29	687.8		3.42	0.37	96.21				260	−59.9
		5086-3 钻窝	大苗庄组 8 煤层	1984.5.29	639.8	0.82	4.21	0.26	95.53				367	−66.9
7	河南鹤壁煤矿	二矿 132 工作面 32 采区 4 钻场 19、20 孔	山西组大煤	1983.1.18	220	1.77	64.20	0.82	34.98				43	−55.3
		六矿回风巷井场	山西组大煤	1983.1.18			8.09	0.51	91.38				179	−63.4
		二矿瓦斯泵站	山西组大煤	1983.1.18			25.69	0.78	73.54				94	−55.4

续表

序号	取样地点	层位	取样日期(年.月.日)	埋深或井深(m)	R_o(%)	N_2	CO_2	CH_4	C_2H_6	C_3H_8	C_4H_{10}	CH_4/CO_2	$\delta^{13}C_1$ (‰, PDB)
8	安徽芦岭煤矿 828轨道7井场（9个抽放孔）	下石盒子组8、9煤层	1983.3.12	383	0.899	3.57	0.73	95.69				131	-60.4
	瓦斯采站		1983.3.12			10.99	1.09	87.92				81	-58.6
9	四川中梁山煤矿 南井280水平	龙潭组K_1煤层	1983.5.23	280	1.496	16.42	0.59	82.98				141	-33.9
	南井280水平	龙潭组K_{10}煤层	1983.5.23	300	1.608	11.49	1.18	86.99	0.34			74	-39.1
10	四川南桐煤矿 鱼田堡矿2404西二段二工作面9井场	龙潭组4煤层	1983.5.24	350	1.802	10.87	1.11	87.33	0.66			79	-40.6
	鱼田堡矿2404西二段工作面8井场	龙潭组4煤层	1983.5.24	350	1.802	0.79	0.04	99.01	0.08			2475	-40.8
11	湖南利民煤矿 一采区运输大巷	测水组3煤层			2.70	75.12	5.05	19.82				4	-34.0
		测水组3煤层	1984.9.20	150	2.30	43.58	1.08	55.35				51	-36.3
	机巷	测水组3煤层	1984.9.20	132		54.91	2.24	42.82				19	-34.2
	风巷	测水组3煤层	1984.9.20	188.8		32.53	0.71	66.78				94	-33.6
12	湖南资江煤矿	测水组3~5煤层		272	3.11	43.12	3.36	53.54				16	-24.9
	+75m运输大巷106抽放巷	测水组3煤层	1984.9.22	240~242	3.07	16.84	1.08	82.08				76	-27.3
	+110m运输大巷106抽放巷①	测水组3煤层	1984.9.22	248~250	3.00	28.89	1.98	69.16				35	-29.0
	+110m运输大巷106抽放巷②	测水组3煤层	1984.9.22	248~250	3.00	36.74	1.13	62.13				55	-27.9
13	湖南里王庙煤矿	龙潭组b煤层			2.55	48.93	0.94	50.14				53	-31.7
14	江西青山煤矿 东312①	紫家冲组大槽煤1层	1984.3.31	252	2.10	7.94		92.06					-29.3
	东312②	紫家冲组大槽煤1层	1984.3.31		2.17	3.84	0.60	95.56				159	-28.7
15	内蒙古鄂托克旗 图1井	太原组煤层	1984.2	1618	0.76	3.31~11.51	0.22~1.47	84.60~94.82	1.25~2.16	0.15~0.42		65~385	-34.6
16	内蒙古杭锦旗 伊17井	太原组煤层		2745.4	0.886			89.84	3.81	0.83	4.64（重烃）		-34.0 ❶
17	河南濮阳 濮深1井	山西组大煤		4424	1.237			66.0	23	5.0	6.0		-29.9

❶ 煤层气组分资料由何恒提供，$\delta^{13}C_1$ 值是该井石盒子组气天然气的，已有研究公认鄂尔多斯盆地石盒子组气源来自炭—二叠系煤系，煤层 $\delta^{13}C_1$ 值与石盒子组天然气的 $\delta^{13}C_1$ 值很接近。

罐取的 175 个煤样解吸出来的煤层气，并以煤田（一般一个煤田有 10 个以上气样）为单位把各气样组分平均而得该煤田平均气组分的煤层气[2]。煤热解煤层气是用云南柯渡腐殖型褐煤，以 50℃ 间隔程序升温升压，从 200℃ 开始至 650℃ 获得 10 个煤层气组分数据（表 2）。根据图 3 和表 1、表 2 不难看出以上 4 种煤层气在重烃气含量变化上有以下特点：

表 2　云南柯渡煤矿第三系褐煤（R_o 为 0.268%）热模拟成煤作用气体组分及 $\delta^{13}C_1$ 值

实验温度（℃）	压力（kPa）	R_o（%）实验后校正值	气体组分（%）												$\delta^{13}C_1$（‰，PDB）
			CH_4	C_2H_6	C_3H_8	C_4H_{10}	C_5H_{12}	C_6H_{14}	乙烯	烯烃	H_2	CO_2	N_2	CO	
200	1.9	0.357	2.40									87.32	9.88	0.21	
250	3	0.503	11.99	0.42	0.34	0.19	0.04	0.03	0.39	0.13	3.06	77.04	6.37		−35.4
300	未测	0.781	17.16	3.00	0.40	0.67	0.19		0.23	1.10		72.19	5.08		−35.6
350	未测	1.029	23.33	5.43	2.27	1.32	0.54	0.10	0.08	0.06		59.97	6.91		−35.6
400	未测	1.240	30.24	7.61	3.28	1.88	0.63	0.06				54.18	2.02	0.10	−34.4
450	未测	1.255	39.21	5.66	1.97	1.09	0.19				4.10	42.20	5.35	0.25	−33.5
500	未测	1.591	44.25	5.29	0.92	0.25					9.46	37.96	1.30	0.61	−33.2
550	未测	2.080	54.36	4.12							1.52	32.09	0.15	1.16	−32.8
600	7.7	2.59	47.36								8.82	33.83	7.95	2.05	−31.0
650	未测	2.94	54.42								4.39	39.98	0.47	1.75	

在无烟煤阶段，煤矿煤层气绝大部分无重烃气（仅焦作煤矿中马村小罗庄 1951 采区 2 号抽放孔含 C_2H_6 为 0.51%），而原生带煤层气含重烃气稍多（1.3%～2.60%）。

在烟煤阶段，煤矿煤层气无或贫重烃气，重烃气最高含量为 0.66%，大部分没有，而中深井煤层气、煤热解煤层气和原生带煤层气则普遍富含重烃气，其含量一般在 4.0% 以上，最小为 1.4%，最大可达 34%。后 3 种煤层气重烃气含量曲线变化有较好一致性，重烃气最高峰值 R_o 为 1.25%～1.35%。国外原生带中烟煤的煤层气也富含重烃气，如原苏联 Pechora 盆地气煤和肥煤煤层气中重烃气含量一般为 7%～15%，个别达 20%[3]；原联邦德国 Hugo 煤矿 Laura 层烟煤的煤层气中重烃气含量在 43% 以上[4]。由此可见，国内外原生带烟煤煤层气均富含重烃气。煤热解煤层气可以认为是没有受到次生作用，属原生性质的，故也富含重烃气，由此可以认为富含重烃气是原生性煤层气的一个特征。中深井煤层气也富含重烃气，故其亦具原生性，而烟煤阶段煤矿煤层气无或贫重烃气，可能说明它受到某种地质作用的次生改造所致。

根据国内外褐煤的热模拟试验（表 2）[5，6] 和有关的综合研究[2，7] 指出：整个成煤作用过程中形成的煤层气中，重烃气含量存在着从小至大复而变小甚至没有的特征：在泥炭化和褐煤阶段烃类气中几乎都是甲烷，重烃气含量一般在 0.5% 以下或不存在；在

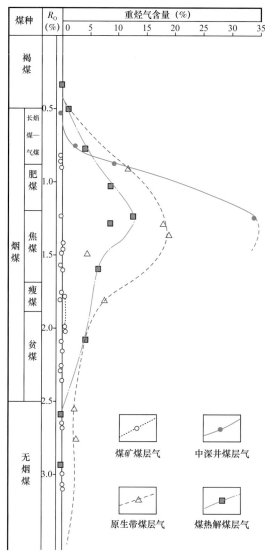

图3　中国煤矿煤层气、中深井煤层气、原生带煤层气和煤热解煤层气含重烃气对比

烟煤阶段，重烃气含量最高，一般含量为5%～20%，甚至更高；在无烟煤阶段重烃气含量大为减小，常为2%～3%或更低以至没有。以成煤作用不同阶段形成的煤层气中重烃气含量变化的规律为准，可把煤层气进行如下分类。

原生煤层气。它是成煤作用形成煤层气后，基本上没有受其他地质因素重大干涉与影响。原生煤层气基本特征是相对富含重烃气，烟煤的原生煤层气最富含重烃气（除乙烷外，还有一定数量的丙烷和丁烷），其含量一般为5%～20%，甚至更高（个别情况下虽其含量小于5%，但此时除乙烷外，还有相对较多量的丙烷），如濮深1井、伊17井和图1井太原组和山西组中的煤层气（表1）；而无烟煤的原生煤层气中重烃气含量大为降低，常为2%～3%或更低，高变质程度的无烟煤原生煤层气中重烃气含量极微甚至没有。

变干煤层气。原生的煤层气受到其他地质因素明显的干涉与影响，致使其组分发生明显变化。变干煤层气的显著特征是贫或无重烃气，在其所含不多量的重烃气中，以乙烷为主，丙烷与丁烷甚微或没有。丰城煤矿（平湖矿、八一矿和建新矿）、唐山煤矿、鹤壁煤矿、芦岭煤矿和鱼田堡矿的煤层气，显然是变干煤层气。

1.2　煤层气的甲烷碳同位素特征及其类型划分

根据现有资料，中国煤层气甲烷碳同位素（$\delta^{13}C_1$）的区间值为 –66.9‰～–24.9‰（表1）。当然，随着研究工作深入，该区间值还会变大。据有关综合研究，煤成气的 $\delta^{13}C_1$ 最低值不小于 –74‰[8]，在原联邦德国 Carl Alexander 煤矿烟煤煤层气的 $\delta^{13}C_1$ 为 –70.4‰，该国 Preussag 煤矿 150 矿井无烟煤的煤层气 $\delta^{13}C_1$ 为 –12.9‰[4]，原苏联无烟煤煤层气的 $\delta^{13}C_1$ 最重为 –10‰[9]。由此推测世界上煤层气的 $\delta^{13}C_1$ 区间值大概是在 –74‰～–10‰。

国内外有关研究指出，煤成气和油型气的 $\delta^{13}C_1$ 值存在着随源岩成煤作用（成熟度）

的加深而增大的规律[10, 11]。近几年来，在渤海湾盆地、四川盆地、鄂尔多斯盆地、松辽盆地、苏北盆地、柴达木盆地、塔里木盆地和琼东南盆地取了 350 多个煤成气和油型气的气样，分析了甲烷碳同位素，并从这些资料中选择出原生天然气的 $\delta^{13}C_1$ 值与其相关气源岩 R_o 可靠者成组值，和煤热解煤层气 R_o—$\delta^{13}C_1$ 系列数据（表2），编制了我国天然气 $\delta^{13}C_1$ 与 R_o 关系图（图4），从图4上 $\delta^{13}C_1$ 和 R_o 关系回归线可以明显看出在相同成熟度（R_o）情况下，我国煤成气的 $\delta^{13}C_1$ 值比油型气的重 7‰左右。把表1上煤层气 $\delta^{13}C_1$ 和 R_o 相对应成组值标在图4上，明显发现我国煤矿煤层气与我国原生煤成气的有关规律大部分不相符，仅有部分才吻合，而中深井煤层气的则基本一致。

根据天然气 $\delta^{13}C_1$ 值随源岩 R_o 变大而增大的一般规律，以 $\delta^{13}C_1$ 值的特征，把我国煤层气做如下分类。

（1）原型煤层气。煤层气的 $\delta^{13}C_1$ 值有与随源岩成熟度正相关变化的特征，在源岩成熟度相同下，其 $\delta^{13}C_1$ 值比油型气的重得多，与我国煤成气回归线值及褐煤热解煤层气的 $\delta^{13}C_1$ 变化规律一致（图4），如濮深1井、伊17井、图1井、资江煤矿和青山煤矿的煤层气（图4，表1）。我国目前发现的原型煤层气（R_o 为 0.76%～3.11%）$\delta^{13}C_1$ 区间值为 −34.6‰～−24.9‰，值得注意的是取自深度 1618m 与更深的 3 口中深井中富重烃气的原生煤层气均属原型煤层气，煤矿中变干煤层气皆不是原型煤层气。

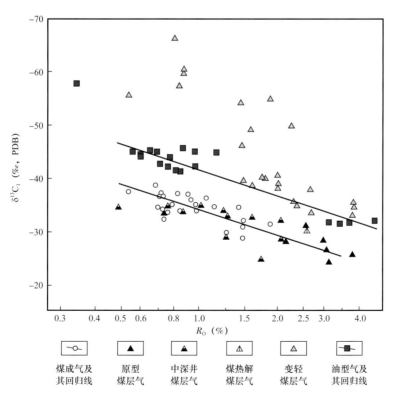

图 4　我国煤成气和油型气的 $\delta^{13}C_1$—R_o 图和煤矿煤层气 $\delta^{13}C_1$—R_o 对比

（2）变轻煤层气。其 $\delta^{13}C_1$ 值不符合随源岩成熟度增大而变重的规律，往往是轻的或很轻的，在源岩成熟度相同下，变轻煤层气 $\delta^{13}C_1$ 值一般小于或大致相等于油型气的 $\delta^{13}C_1$（图4）。丰城煤矿（平湖矿、八一矿和建新矿）、唐山煤矿、鹤壁煤矿、芦岭煤矿、鱼田堡矿、阳泉煤矿、焦作煤矿和利民煤矿的煤层气是变轻煤层气。我国目前发现的变轻煤层气的 $\delta^{13}C_1$ 区间值为 -66.9‰～-33.7‰。

分析与对比图4和表1资料，发现原生煤层气、原型煤层气、变干煤层气和变轻煤层气存在相互内在联系关系：凡是原生煤层气就属原型煤层气；凡是变干煤层气就是变轻煤层气。因此，前两者和后两者名称分别可作为同名词，原生煤层气和原型煤层气不可能是变干煤层气和变轻煤层气。

2 变轻（变干）煤层气成因的讨论

2.1 解吸—扩散成因

由于煤系上升，煤层离地表较浅或出露地面，一方面因压力减小，使煤发生膨胀、孔隙度变大，即与原深埋时比较，由于上升煤的结构受到破坏发生很大的变化；另一方面当煤层接近地面较浅处，和上覆压力差与气体浓度差比原生深处的明显加大了。这两个因素为上升的煤层中煤层气产生强烈的解吸与扩散作用创造了极有利条件。根据 Smith 资料[10]，在1740m深度甲烷和丁烷的垂直扩散前缘速度分别为 0.8cm/ka 和 0.4cm/ka，而深度变浅为174m时，它们垂直扩散前缘速度都增加了10倍，分别为 8.0cm/ka 和 4.1cm/ka，综上所述，甲烷扩散速度比丁烷的快。气体解吸的速度与其分子结构有关，并同分子大小及轻重呈反比。结构简单、分子小又重量轻的甲烷比分子结构较复杂、大又重量重的重烃气解吸容易而且速度快。在同为甲烷分子中轻的 ^{12}C 甲烷由于极性弱比重的 ^{13}C 甲烷（极性强）解吸容易而速度快。Hanbaba 计算指出：在压力减小时重烃气 1Ma 就从煤中被解吸出来，由此可见，在比此更短时间内甲烷就会被解吸出来[4]。也就是说当埋藏深处含有原生煤层气的煤层上升至地面或离地表相对较浅，经历 1Ma 后，烃气几乎可全部或绝大部分被解吸出来，如果含煤地层与煤的结构受到严重破坏，时间就更短些；反之，时间可长一些。总之，煤层上升变浅，使煤层气中烃类气解吸加剧，扩散大为加速。

凡是由于上升，煤层发生强烈解吸—扩散而贫或无重烃气地带称之为解吸带。解吸带之下较深埋的基本上解吸—扩散作用很微弱，并不影响原生煤层气组分大变化的、相对富含重烃气的煤层地带可称之原生带。在原生带与解吸带之间，往往存在厚度不一的各种特征处于上述两带之间的过渡带。3口中深井煤层中皆为富重烃气的原生煤层气，这是由于埋深在1618m或更深，处于原生带中。但埋藏浅的煤矿煤层气贫或无重烃气（表1），从目前埋深与镜煤反射率对比可见（表1），它们均是地史上曾深埋，以后上升才到现在较浅处而进入解吸带，使原生煤层气由于解吸—扩散作用使之贫或无重烃气了。如在鹤壁煤矿与芦岭煤矿，根据有关区域地质资料，此两矿现有煤种的成煤作用在印支运动末期之前已基本完成，燕山运动及其以后地史中基本上处于上升状态。所以，这些煤矿上部煤层至少有 1Ma 以上解吸史，而使原生煤层气连重烃气在内的几乎全部烃气被解吸—扩散出去。

当上升到解吸带中原生煤层气经 1Ma 左右不断连续解吸—扩散，直至绝大部分散失，煤层中含气丰度不断降低的同时，其与下伏过渡带及原生带煤层的煤层气浓度差加大，而导致过渡带和原生带上部也产生一定程度解吸—扩散作用。由于后两个带解吸—扩散强度比解吸带弱得多，经历的解吸时间较短，故重烃气不易被解吸出来，而被解吸出来的烃气中主要是甲烷。首先被解吸出来的是轻的 ^{12}C 甲烷占优势，随着解吸期向后推延，解吸出来的重的 ^{13}C 甲烷比例逐渐增多。冀中坳陷苏桥地区苏 13 井山西组原生带煤层岩心（R_o 为 0.607%），脱气解吸试验所得甲烷碳同位素明显具有这种变化规律（表 3）。由表 3 可见，第一瓶和第二瓶从煤层岩心脱气解吸出来的甲烷的 $\delta^{13}C_1$ 分别为 –46.6‰ 和 –43.2‰，比其原生煤层气相应约轻 8.5‰ 和 5.2‰（与图 4 对照而得）。这些从原生带煤层气解吸出来以轻的 ^{12}C 为主的甲烷，向解吸带运移，一部分进入解吸带煤层中，造成后者煤层气变干变轻。Teichmüller 等研究了原联邦德国 Ruhr 和 Saar 地区 16 个煤矿解吸带和原生带中煤层气，发现解吸带中均是变干（变轻）煤层气，原生带中皆是原生（原型）煤层气，也以解吸—扩散成因说明之[4]。

表 3　苏 13 井山西组煤按脱出时间先后解吸煤层气的 $\delta^{13}C_1$ 变化表

样品名称	层位	井深（m）	按脱出时间先后解吸的煤层气	$\delta^{13}C_1$（‰，PDB）
煤	山西组	2926.30～2926.42	第一瓶解吸煤层气	–46.6
			第二瓶解吸煤层气	–43.2
			第三瓶解吸煤层气	–34.8
			第四瓶解吸煤层气	–32.6

由于煤矿中煤层一般埋藏较浅，往往多处在解吸带，所以变干（变轻）煤层气机遇率就高，国内外煤矿煤层气普遍见到这种特征。但煤矿中较浅的煤层亦有原生煤层气，如我国资江煤矿测水组 3～5 煤层和 3 煤层、青山煤矿紫家冲组大槽煤 1 层埋深较浅，但从 $\delta^{13}C_1$ 和 R_o 关系分析（表 1，图 4）是原型煤层气（从重烃气比例上看似乎是变干煤层气，但从其 R_o 值不难看出，这些煤种已处于高级成煤阶段，本身就具贫或无重烃气特点，故不矛盾）。在原联邦德国 Luisenthal 煤矿 250 多米深度煤层中也发现了原型煤层气[4]，它们可能是由于这些煤层进入解吸带时间相对不久，或煤层的结构与所在地层受破坏不大有关。

2.2　CH₄ 和 CO₂ 碳同位素交换平衡效应成因

许多煤的热模拟成煤作用实验证明[6]，原始形成的煤层气中 CO_2 与 CH_4 含量均较多（表 2）。煤层气中 CH_4 和 CO_2 碳同位素交换平衡效应，使煤层中甲烷的 ^{13}C 大幅度降低，因而致使煤层气甲烷碳同位素变轻。同位素的交换平衡系指两种或以上的分子或化合物之间，相同元素不同的同位素发生相互交换平衡，结果使该元素同位素产生再分配。煤层气中 CH_4 和 CO_2 碳同位素交换平衡而使 $\delta^{13}C_1$ 变轻的反应如下

$$^{13}CH_4 + {}^{12}CO_2 = {}^{12}CH_4 + {}^{13}CO_2$$

CH_4 和 CO_2 碳同位素交换平衡使 $\delta^{13}C_1$ 变轻作用主要发生在煤层气形成后的早期，因为此时煤层气中 CH_4 和 CO_2 含量均较高，而到后期由于 CO_2 大量被溶解，甲烷含量就占优势而 CO_2 含量很少或没有❶（表 1），故在后者情况下，交换平衡使 $\delta^{13}C_1$ 变轻作用不起大的作用。

笔者之一认为我国一些煤层气变轻，Rigby 等指出澳大利亚烟煤煤矿煤层气中 $\delta^{13}C_1$ 非常轻（$\delta^{13}C_1$ 为 –60‰ ±10‰，PDB），是由 CO_2 和 CH_4 碳同位素交换平衡效应所致[12, 13]。但为什么上述 3 口中深井中和资江煤矿（表 1）与原联邦德国一些煤层气均是 $\delta^{13}C_1$ 重的原型煤层气，不受 CH_4 和 CO_2 碳同位素交换平衡效应而使 $\delta^{13}C_1$ 变轻？以及这种交换平衡作用沿地史延续其作用随之降低。由此可见，这种成因在煤层气变轻作用中不是一种主要成因。

2.3　生物成因

众所周知，在成煤作用早期阶段（泥炭化与褐煤）能形成 $\delta^{13}C_1$ 轻的（–77‰～ –55‰）煤成气型生物成因气[8]。由于这种生物气是与成煤作用同期形成的，故可称为同期生物成因气。从表 1 各煤种的 R_o 可知表中煤已都超过早期成煤作用阶段，在生物气阶段之后的低级烟煤（首先是长焰煤）极可能是低级烟煤阶段形成时产生稍重的煤层气，与煤层中还残留相当多同期生物成因气混合使煤层气变轻，如抚顺老虎台矿本层煤（R_o 为 0.524%）的煤层气 $\delta^{13}C_1$ 为 –55.8‰（表 1）。但高级烟煤和无烟煤中煤层气，如阳泉煤矿、立新煤矿、丰城煤矿等变轻煤层气（表 1），就难于由轻的同期生物气和之后成煤中形成较重的气混合产生。因为煤层成煤过程也是形成煤层气过程，成煤程度越高所产生的煤层气 $\delta^{13}C_1$ 越重，距生成同期生物气时期越长，由于早期残留在煤层中是轻的 $\delta^{13}C_1$ 生物气，故其比以后成煤程度高，形成重的 $\delta^{13}C_1$ 易被解吸排出而剩下比例越来越少，直至几乎不存在。因此，除长焰煤与气煤的煤层气变轻可能是由于同期生物气残留混合造成外，从肥煤，特别是更高的煤种煤层气变轻就难于由此作用造成。

---

❶ 因 CO_2 在水中溶解度比 CH_4 大 34 倍，故在相同的地质条件下，随着时间的推延，由于水的溶解作用，CO_2 含量相对 CH_4 含量就不断降低。

煤矿中成煤程度较高的肥煤至无烟煤煤层气变轻，可能是煤层在深处地温较高（在 100℃以上，因为一般认为形成肥煤地温不少于 100℃），发生较高成煤作用时期形成较重的原型煤层气，由于后期煤层上升至较浅处，使煤层地温降至 75℃以下（甲烷生成菌活动温度不能高于 75℃），特别是当地温下降至 35～42℃最适甲烷生成菌大量繁殖温度条件时[14]，在煤被假单胞杆菌降解为简单的有机质，再经异氧微生物好气或嫌气氧化为 CO_2，同时产生 H_2、CO_2 和 H_2 经甲烷生成菌作用生成富 ^{12}C 的甲烷。由于这种气是在煤层完成成煤作用上升后才形成的，所以称其为后期生物成因气。轻的后期生物气和煤层中原型煤层气混合，也导致高成煤程度煤层气变轻。由于微生物对煤的有机物降解能力随成煤程度加深而降低，所以后期生物气混合作用虽能使煤层气变轻，但其所起作用是有限的。

3 意义

我国正在开展煤成气研究与勘探，研究作为煤成气气源之一的煤层和其中的煤层气组分和碳同位素特征及其分类和相应的成因，无疑对指导煤成气的勘探、评价与气源对比都有重要意义。国内外一些学者由于忽视了结合煤层的具体产状分析煤层气的组分、碳同位素特征，并进行分类与成因分析，把煤矿中较浅煤层气大部分变干与变轻当成是煤层气固有原生的特征，从而得出煤成气藏主要生气母质仅为煤系中分散有机质，不包括煤层[12, 13]。若以此认识出发对含煤地层进行资源评价，必然低估了煤成气资源量，从而可能延误一个有利煤成气区的勘探部署。本文上述已指出变干变轻的煤层气仅出现在一些煤矿解吸带的煤层中，它的形成是煤层上升后原生煤层气受到解吸—扩散作用为主改造的结果。在原生带煤层气没有变干变轻现象，这才是煤层气原始固有的特征。因此，煤层与煤系中分散有机物皆是煤成气藏与煤成气的生气母质。

4 结论

变干煤层气也是变轻煤层气，原生煤层气也是原型煤层气。前者只出现在解吸带中，原生带中没有发现；原生煤层气不仅原生带煤层有之，同时还出现在一部分埋藏稍浅和煤的结构破坏不大的或进入解吸带地史不长的煤矿煤层气中。煤层气中重烃气含量和 $\delta^{13}C_1$ 值的分布特征是对煤层气进行统一分类的两个指标。

变轻煤层气成因有解吸—扩散、CH_4 和 CO_2 碳同位素交换平衡效应、原生煤层气受同期或后期生物气混合。大部分变轻变干煤层气主要是解吸—扩散成因的，因为它较圆满地说明煤层气变轻变干的现象，而后两种成因虽能阐明煤层气变轻，却难于解释其变干，故是煤层气变轻的辅助成因。

在煤成气源对比时，煤成气藏的组分及 $\delta^{13}C_1$ 应和其相当成煤作用阶段煤层的原生

（原型）煤层气对比，不能与变干变轻煤层气进行对比，若与后者对比会导出错误的对比结果。

煤成气和煤成气藏的生气母质既有煤层也包括煤系中的分散有机质。

参 考 文 献

［1］戴金星. 西西伯利亚盆地的煤成气及其控制富集的规律. 天然气工业, 1985, 5（1）.

［2］戴金星. 我国煤系地层含气性的初步研究. 石油学报, 1980, 1（4）.

［3］Багринцева К И, Васильев В Г, Ермаков В И. Ралъ угленосных толщ впроцессах генрации природного газа. Гелогнь Нефти и Газа, 1968, （6）: 7-11.

［4］Teichmüller R. 9th Geol mett, 1970, 181-206.

［5］Жабрев И П, Орел В Е, Соколов В П и др. Генезис газа и прогноз тазоносности. Геология Иефти и Газа, 1974, （9）: 1-8.

［6］Соколов В П и др. Усоловия ОбразобаНия Нефти и газа в Осадочых Басеейнах. Москва: Наука, 1977. 80-90.

［7］Каравцов А И и др. ГазоносностЪ уголвных басеейиов и месторо ждений. СССР Недра, （3）: 24-31.

［8］戴金星, 戚厚发, 宋岩. 鉴别煤成气和油型气若干指标的初步探讨. 石油学报, 1985, 6（2）.

［9］Алекссев Ф А. Метан. Москва: Надра, 1978.230-236.

［10］陈锦石, 陈文正. 碳同位素地质学概论. 北京: 地质出版社, 1983. 117-122, 128.

［11］Sthl W J, et al. Near-surface evidence of migration of natural gas from deep reservoirs and soure rooks.AAPG Bulletin, 1981, 65（9）: 1543-1550.

［12］戚厚发, 陈文正. 煤成气甲烷碳同位素特征. 天然气工业, 1984, 4（2）.

［13］Rigby D, Smith J W. An isotope study of gases and hydrocarbons in the Cooper Basin. APEA, 1981, 21（1）: 222-229.

［14］张义纲, 陈焕疆. 论生物气的生成和聚集. 石油与天然气地质, 1983, 4（2）.

鄂尔多斯盆地大气田的烷烃气碳同位素组成特征及其气源对比 ❶

鄂尔多斯盆地古生界分布面积约 $25 \times 10^4 km^2$，是中国第二大沉积盆地，也是目前中国发现 $1000 \times 10^8 m^3$ 以上储量大气田最多的盆地，中国最大的气田苏里格气田就位于该盆地中。鄂尔多斯盆地油气分布的总格局是：古生界成气，气田分布于北部；中生界成油，油田分布于南部；浅部含油，深部含气。鄂尔多斯盆地是中国最稳定的盆地之一，盆地内部地层产状平缓，断层不发育，背斜圈闭欠发育，因此构造油气藏少，规模小；其圈闭类型以岩性、地层型圈闭为主，大油气田均发育于此类圈闭中。

气样在井口高压下由钢瓶取得（个别样品是由玻璃瓶排水采气法取得），在中国石油勘探开发研究院廊坊分院实验室用 Finnigan MAT Delta-S 仪器分析 $\delta^{13}C_1$—$\delta^{13}C_4$，分析精度为 $\pm 0.2‰$（PDB）。

1 大气田概况

鄂尔多斯盆地古生界具有明显的双层沉积结构，即上古生界以陆相碎屑岩和煤系沉积为主，下部有部分海陆交互相。截至 2002 年底，在上古生界中已发现苏里格、榆林和乌审旗三个大气田；下古生界为海相碳酸盐岩和膏盐沉积，在其中已发现靖边（长庆或中部）大气田（图1）。

乌审旗气田位于内蒙古自治区乌审旗和陕西省横山县一带，1999 年探明。发现有上古生界盒8、山1段砂岩和下古生界马5^1、马5^4段白云岩4套气层，其中盒8段气层是主力气层。气田紧邻乌审旗石炭系—二叠系生气中心，其生气强度为（25~35）$\times 10^8 m^3/km^2$，有较充足的气源供给。气藏分布主要受靖边大型三角洲砂体控制，为发育在宽缓的西倾鼻状隆起上的岩性构造圈闭气藏，南段与靖边气田的西北部叠置。盒8段储层由4支南北向发育的带状砂体组成，每支砂体南北长约100km，东西宽为5~20km。砂岩厚度一般为5~15m，宽3~5km。盒8段气层的储层岩性、物性、盖层和探明地质储量见表1。

榆林气田位于陕西省榆林市和横山县境内，1997 年探明。发现有上古生界盒8、山1、山2、太1段砂岩和下古生界马5^1段白云岩5套气层，其中山2段气层为主力气层。气

❶ 原载于《石油学报》，2005，26（1）：18—26，作者还有李剑、罗霞、张文正、胡国艺、马成华、郭建民、葛守国。

田紧邻石炭系—二叠系的乌审旗生气中心,气源充足。气藏分布受靖边三角洲控制,山 2 段气层砂体展布范围大,南北长约 200km,东西宽约 20km。山 2 段砂体厚度为 10～30m,气层厚度一般为 6～12m,气层压力为 27.2MPa,压力系数为 0.95,气层温度为 90℃。主力气层岩性、物性、盖层和储量见表 1。

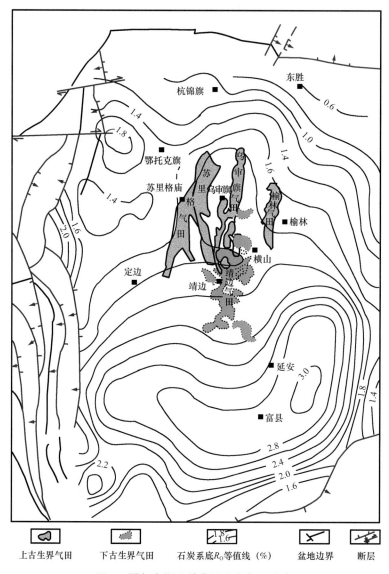

图 1   鄂尔多斯盆地位置和大气田分布

苏里格气田位于内蒙古自治区乌审旗和鄂尔托克旗境内,2001 年探明。发现有上古生界盒 8、山 1、山 2 段砂岩和下古生界马 5^4 段白云岩 4 套气层。其中盒 8 段气层为主力气层,厚度为 5～20m,含气饱和度为 65%;气藏埋深为 3200～3400m,温度为 106℃,压力系数较低,一般为 0.83～0.86;气藏内基本无流动水,主要为岩性圈闭气藏,含气面积为 3500km²。山西组山 1 段气层为次要气层,平均厚度为 5.2m,平均孔隙度为 6.3%,

压力为 30.85MPa，地层温度为 109℃，含气面积为 2430km^2[1]。主力气层岩性、物性、盖层和储量见表 1。

表 1 鄂尔多斯盆地大气田简表

气田	层位	主力气层	储层及物性			盖层	地质储量（10^8m^3）
			岩性	孔隙度（%）	渗透率（mD）		
苏里格	下石盒子组（P$_1$x）	盒 8	砂岩	7～15	一般 10	上石盒子组泥岩（P$_2$sh）	5336.52
乌审旗	下石盒子组（P$_1$x）	盒 8	砂岩	6～12	1～5	上石盒子组泥岩（P$_2$sh）	1012.10
榆林	山西组（P$_1$s）	山 2	砂岩	5～13	1～7	本组泥岩	1132.81
靖边	马家沟组（O$_1$m）	马 5$_1^3$	粉晶云岩	平均 5.3～6.7	一般 1	铝铁质泥岩	3377.33

靖边气田位于陕西省靖边、横山、志丹、安塞县和内蒙古自治区乌审旗境内，1993年探明。发现的主要气层为下古生界古风化壳顶部的下奥陶统马五段白云岩，次要气层为上古生界盒 8 段砂岩，其中马五段有 10 个气层。该气田总体上以古风化壳顶白云岩含气为主，气层累计厚度为 10～25m，其中主力气层马 5$_1^3$ 段为裂缝—溶孔型白云岩，厚度为 2.5～5m，分布范围广。靖边气田自上而下主要有 5 个气藏。最上面气藏为岩性地层圈闭气藏，气藏上部和侧面为铁铝质泥岩及石炭系泥岩遮挡，厚度一般为 15～40m；下面的 4 个气藏是岩性圈闭气藏，其上倾方向被泥膏云岩段遮挡。主力气层岩性、物性、盖层和储量见表 1。

大气田气源岩主要为上古生界煤系，其次为太原组石灰岩。前者始终以成气为主，后者成油后再成气，在中生代中期进入生、排烃高峰，分别向煤系之上的砂岩、煤系中的砂岩和煤系之下处于低气势的古风化壳顶部白云岩运移聚集成藏，白垩纪中期是油气保存的关键时刻。

1.1 上古生界的烃源岩

上古生界下部的石炭系—二叠系煤系是上古生界气田的气源岩[2~6]，煤系中的煤和泥质岩均为成气物质。鄂尔多斯盆地石炭系—二叠系煤层分布普遍，一般煤层总厚度为 10～15m，局部可达 40m 以上；石炭系—二叠系泥岩累计厚度可达 200m 以上，在中、东部一般为 70～130m[1]。煤和暗色泥岩中分散的腐殖型有机质的显微组分组成、元素组成、成烃降解率和演化速率均比较相似[7]。煤的平均有机碳含量为 60%；泥质烃源岩（除碳质泥岩外）的有机碳含量在 1%～5%，一般为 2%～4%。由于盆地内部石炭系—二叠系热演化程度比较高（盆地南部石炭系底热演化程度最高，R_o 为 2.8%，大气田供气范围内的 R_o 为 1.2%～2.2%）（图 1），H/C 和 O/C 元素比一般已难以反映其原始有机质的类型；但由于煤和泥岩干酪根样品具有较高的 O/C 比，而个别泥岩干酪根样品具有较高的 H/C 比（0.92），可以说明煤和泥岩的干酪根主要是 Ⅲ 型，部分泥岩干酪根可能是 Ⅱ 型。盆地北部成熟度相对较低，煤的氢指数 I_H 为 170～360mg/g，显示出较好的生烃能力。盆地内部高成熟度样品的平均氢指数为 36.1mg/g，岩石平均产烃潜率（$S_1 + S_2$）为 0.13mg/g，两项指标均低，显然是由于石炭系—二叠系气源岩已经大量生烃所致[6]。由于烃源岩干酪根主要为Ⅲ型，故以成气为主。盆地中央部分石炭系—二叠系生气强度普遍高于 $20 \times 10^8 m^3/km^2$，最高可达 $50 \times 10^8 m^3/km^2$[6, 8, 9]。石炭系—二叠系烃源岩总生气量和排气量非常巨大，不同研究者研究得出的数据也非常接近[6, 9]。石炭系—二叠系丰富的生气量和排气量为鄂尔多斯盆地 4 个大气田的形成提供了充足的气源基础。

石炭系—二叠系煤系下部的本溪组和太原组是海陆交互相沉积，在含煤沉积中夹有少量石灰岩。本溪组石灰岩厚度小，一般为 2～5m，分布局限。太原组中上部石灰岩较发育，一般有 3～5 层，在盆地的中东部厚度较大，最厚可达 50m，靖边大气田一带沉积厚度为 40m。太原组石灰岩为深灰色生屑泥晶灰岩，富含生物化石，其中太原组上部斜道灰岩的生物化石含量较高（20％～50％）。石灰岩的有机碳含量较高，一般为 0.5％～3％，部分黑色生物灰岩有机碳可达 4％～5％。石灰岩干酪根中有较高的腐泥型组分（无定形组和壳质组分别平均为 70.19％ 和 1.08％），属腐殖—腐泥型，利于成油。由于这些石灰岩已处于高成熟阶段，故形成油型气。同煤系烃源岩相比，海相石灰岩烃源岩成气的贡献不是很大，约占石炭系—二叠系生气强度的 10％，即太原组石灰岩生成油型气的强度为（0.86～2.6）$\times 10^8 m^3/km^2$[6]。

1.2 下古生界的若干地球化学参数

鄂尔多斯盆地下古生界仅存在寒武系和奥陶系。在盆地内部广泛分布有下奥陶统马家沟组和中、下寒武统，缺失上寒武统和下奥陶统的冶里组、亮甲山组[4, 6]。近 10 年来，除了对马家沟组是否为烃源岩作了较多地球化学研究外，其他层位的地球化学研究相对薄弱，故地球化学资料较少。寒武系碳酸盐岩为动荡的浅水陆表海沉积，有机质含量很低。对盆地中和边缘区 122 个样品的分析表明，有机碳（TOC）平均值为 0.13％；对盆地中和边缘区 33 个样品的氯仿沥青 "A" 分析表明，其平均值为 0.00549％[10]。

鄂尔多斯盆地奥陶系马家沟组为陆表海碳酸盐岩沉积，其成烃的主要地球化学特征如表 2。

2 烷烃气碳同位素组成

2.1 上古生界烷烃气碳同位素组成特征

榆林气田主力气层为二叠系下部山西组含煤地层山 2 段砂岩，苏里格气田和乌审旗气田的主力气层为杂色的下石盒子组盒 8 段砂岩。以上 3 个大气田的烷烃气碳同位素组成见表 3（由于篇幅限制，表中仅选已分析 55 个样品中的 21 个，但后文各图件仍用全部样品数据）。这 3 个大气田烷烃气碳同位素组成具有以下共同的特征。

表2　鄂尔多斯盆地奥陶系马家沟组碳酸盐岩地球化学参数

TOC（%）				氯仿沥青"A"（%）				$S_1 + S_2$（mg/g）				资料来源
最低	最高	平均值	样品数	最低	最高	平均值	样品数	最低	最高	平均值	样品数	
0.04	2.11	0.24	305									陈安定[11]
		0.19	397			0.0073	181					杨俊杰等[10]
		0.22	387							0.148	337	李延均等[12]
0.03	1.40	0.198	702	（不含马家沟组风化壳样品）								夏新宇[6]
0.04	1.81	0.24	449	0.0007	0.0303	0.007421	115	0.01	2.00	0.32	318	笔者

表3　鄂尔多斯盆地榆林、苏里格和乌审旗气田碳同位素组成

气田	井号	层位	深度（m）	$\delta^{13}C_1$	$\delta^{13}C_2$	$\delta^{13}C_3$	$\delta^{13}C_{nC4}$	$\delta^{13}C_{iC4}$
榆林气田	陕118	P_1s	2856.8～2864.0	−33.20	−25.80	−24.40	−23.10	−23.10
	陕217	P_1s	2778.6～2788.5	−31.60	−26.00	−24.10	−24.00	−21.20
	榆28−12	P_1s	2817.8～2872.0	−32.40	−27.00	−24.80	−23.80	−23.60
	榆35−8	P_1s	2932.0～2936.0	−32.55	−24.87	−23.69	−22.53	−21.17
	榆43−7	P_1s	2818.0～2831.0	−32.90	−23.60	−23.10	−22.30	−22.00
	榆43−10	P_1s	2781.4～2798.3	−31.90	−26.40	−23.20	−24.06	−23.69
	榆45−10	P_1s	2726.7～2736.0	−30.20	−26.10	−23.80	−21.90	−21.90
苏里格气田	苏1	P_1s	3656.8～3660.0	−34.37	−22.13	−21.77	−21.63	−21.53
	苏6	P_1x	3319.5～3329.0	−33.54	−24.02	−24.72	−23.23	−22.78
	苏33−18	P_1x	3290.0～3296.0	−32.31	−25.23	−23.79	−23.08	−22.20
	苏36−13	P_1x	3317.5～3351.5	−33.40	−24.70	−24.40	−23.10	−22.10
	苏40−14	P_1x	3322.0～3335.6	−34.10	−24.00	−24.50	−23.90	−23.10
	桃5	P_1x	3272.0～3275.0	−33.10	−23.57	−23.72	−22.46	−21.62
	桃6	P_1x	3361.5～3367.8	−29.00	−25.00	−27.00	−25.70	−23.90
乌审旗气田	陕167	P_1x	3118.0～3126.4	−33.80	−23.50	−23.40	−22.80	−21.30
	陕240	P_1x	3157.8～3161.0	−31.40	−24.30	−24.60	−23.50	−22.30
	陕243	P_1s	3042.2～3080.2	−35.00	−24.00	−23.60	−22.90	−22.00
	召4	P_1x	3978.8～3017.8	−31.32	−23.70	−22.97	−22.79	−22.18
	乌19−8	P_1x	3108.0～3161.5	−32.30	−24.00	−25.20	−24.00	−21.60
	乌22−7	P_1x	3119.8～3142.0	−32.60	−23.70	−24.20	−22.70	−21.20
	乌24−5	P_1s	3205.6～3210.4	−32.20	−23.50	−24.90	−23.60	−21.80

（1）烷烃气碳同位素重，具有煤成气的特点。由表3可见：三大气田的 $\delta^{13}C_1$ 数值分布域为 $-35.00‰\sim-29.00‰$，频率主峰组值（包括主峰和其紧邻的次主峰）为 $-35‰\sim-32‰$ ［图2（a）～（c）］，与库珀盆地石炭系—二叠系煤成气中 $\delta^{13}C_1$ 的主要数值分布域（$-37‰\sim-29‰$）相似[13]。$\delta^{13}C_2$ 数值分布域为 $-27.00‰\sim-22.13‰$，频率主峰组值为 $-27‰\sim-23‰$ ［图3（a）～（c）］。研究表明，在中国 $\delta^{13}C_2$ 值大于 $-29‰$[14] 或 $-27.5‰$[15] 的天然气是煤成气。因此，上古生界各大气田的 $\delta^{13}C_2$ 值均具有典型的煤成气特征。这3个大气田的 $\delta^{13}C_3$ 数值分布域为 $-27.00‰\sim-21.77‰$，频率主峰组值为 $-25‰\sim-23‰$，而频率主峰值均为 $-25‰\sim-24‰$ ［图4（a）～（c）］。凡是 $\delta^{13}C_3$ 值大于 $-27.0‰$[14] 或 $-25.5‰$[15] 的气田属于煤成气的范畴，故该三大气田的 $\delta^{13}C_3$ 值也具有煤成气的特征。

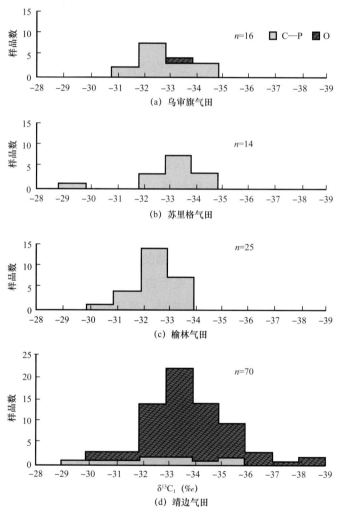

图2 鄂尔多斯盆地大气田 $\delta^{13}C_1$ 值频率

（2）$\delta^{13}C_{iC_4}$ 值大于 $\delta^{13}C_{nC_4}$ 值。在榆林气田、苏里格气田和乌审旗气田作过 $\delta^{13}C_{iC_4}$ 和 $\delta^{13}C_{nC_4}$ 分析的49个样品中，有47个样品 $\delta^{13}C_{iC_4}>\delta^{13}C_{nC_4}$，2个样品 $\delta^{13}C_{iC_4}=\delta^{13}C_{nC_4}$，即

100%的样品 $\delta^{13}C_{iC_4} \geqslant \delta^{13}C_{nC_4}$。说明异丁烷碳同位素重于正丁烷碳同位素。液态原油中异构石蜡烷碳同位素比正构石蜡烷的重，这早已有研究成果证实[16, 17]。气态烃中也具有异构（丁烷）碳同位素比正构（丁烷）的重的相同规律。

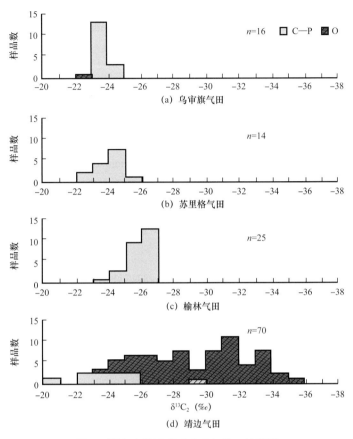

图 3　鄂尔多斯盆地大气田 $\delta^{13}C_2$ 值频率

（3）上古生界各气田出现单项性碳同位素倒转。原生烷烃气的碳同位素具有随烷烃气分子的碳数顺序递增，$\delta^{13}C$ 值依次递增（$\delta^{13}C_1 < \delta^{13}C_2 < \delta^{13}C_3 < \delta^{13}C_4$）或递减（$\delta^{13}C_1 > \delta^{13}C_2 > \delta^{13}C_3 > \delta^{13}C_4$）的规律。当烷烃气的 $\delta^{13}C$ 值不按分子碳数顺序递增或递减，即排列出现混乱时，称为碳同位素倒转，如 $\delta^{13}C_1 > \delta^{13}C_2 < \delta^{13}C_3 < \delta^{13}C_4$ 或 $\delta^{13}C_1 < \delta^{13}C_2 > \delta^{13}C_3 < \delta^{13}C_4$ 等。当一个气田（藏）中气样发生的碳同位素倒转只在 $\delta^{13}C_2 > \delta^{13}C_3$ 或 $\delta^{13}C_3 > \delta^{13}C_4$ 一项中时，称为单项性碳同位素倒转；当一个气田（藏）中气样发生的倒转不固定，即有的 $\delta^{13}C_2 > \delta^{13}C_3$，有的 $\delta^{13}C_1 > \delta^{13}C_2$，有的 $\delta^{13}C_3 > \delta^{13}C_4$ 时，称为多项性碳同位素倒转。单项性碳同位素倒转的影响因素往往较单一，而多项性碳同位素倒转常受多因素复杂条件的影响。由图 5（a）、（b）和表 3 可知，苏里格气田和乌审旗气田都是 $\delta^{13}C_2 > \delta^{13}C_3$ 的单项性碳同位素倒转。由图 5（c）和表 3 可知，榆林气田为 $\delta^{13}C_3 > \delta^{13}C_{nC_4}$ 的单项性碳同位素倒转。

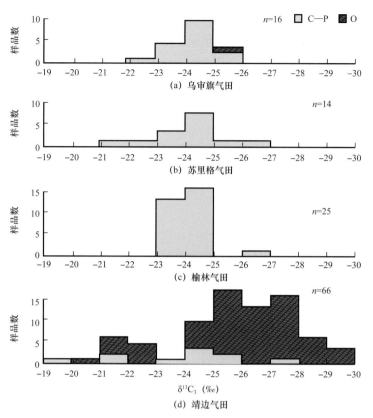

图 4　鄂尔多斯盆地大气田 $\delta^{13}C_3$ 值频率

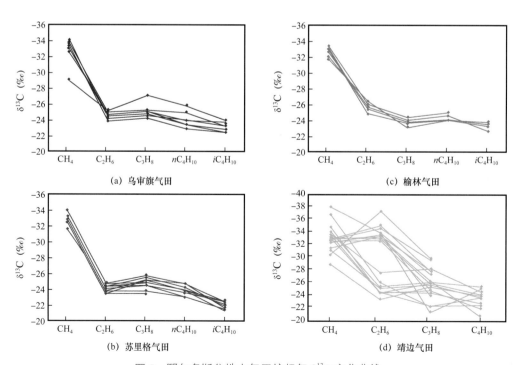

图 5　鄂尔多斯盆地大气田烷烃气 $\delta^{13}C$ 变化曲线

形成碳同位素倒转的原因有 4 种[18]：① 有机烷烃气和无机烷烃气相混合；② 煤成气和油型气的混合；③ 同型不同源气或同源不同期气的混合；④ 天然气的某一或某些组分被细菌氧化。由于鄂尔多斯盆地构造稳定，晚古生代以来断裂和岩浆活动欠发育，且倒转的两气组分含量变化正常，故原因①、④被排除；同时榆林气田、苏里格气田和乌审旗气田位于杂色石盒子组和山西组煤系中，没有明显的油型气源，故原因②也基本上不存在。因此可判断，此 3 个气田发生的单项性碳同位素倒转，可能是由煤系不同源或同源不同期煤成气混合的结果。

2.2 下古生界烷烃气碳同位素组成特征

靖边大气田主力气层为下古生界下奥陶统马家沟组（O_1m）碳酸盐岩，其烷烃气碳同位素具有以下特征。

（1）$\delta^{13}C_1$、$\delta^{13}C_2$ 和 $\delta^{13}C_3$ 数值分布域大。由图 2～图 4 可知：上古生界碎屑岩中 $\delta^{13}C_1$、$\delta^{13}C_2$ 和 $\delta^{13}C_3$ 数值分布域小，而下古生界碳酸盐岩中 $\delta^{13}C_1$、$\delta^{13}C_2$ 和 $\delta^{13}C_3$ 相应数值分布域则大（表 4）（由于篇幅所限，表中仅选已分析 70 个样品中的 17 个，但图件仍用全部分析样品数据）。例如，碳酸盐岩中 $\delta^{13}C_1$ 数值分布域达 10‰（–39‰～–29‰）[图 2（d）]，而上古生界碎屑岩中 $\delta^{13}C_1$ 数值分布域仅为 4‰ [图 2（a）、（c）]～6‰ [图 2（b）]，即碳酸盐岩中 $\delta^{13}C_1$ 数值分布域是碎屑岩中的 1.7～2.5 倍。用相同方法解读图 3 和图 4，可获得碳酸盐岩中 $\delta^{13}C_2$ 数值分布域是 15‰，而上古生界碎屑岩中 $\delta^{13}C_2$ 数值分布域为 2‰～4‰，即碳酸盐岩中 $\delta^{13}C_2$ 数值分布域是碎屑岩中的 3.8～7.5 倍。碳酸盐岩中 $\delta^{13}C_3$ 数值分布域是 10‰，上古生界碎屑岩 $\delta^{13}C_3$ 数值分布域为 4‰～6‰，即碳酸盐岩中 $\delta^{13}C_3$ 数值分布域是碎屑岩的 1.7～2.5 倍。

表 4 鄂尔多斯盆地靖边气田碳同位素组成

井号	层位	深度（m）	$\delta^{13}C$（‰，PDB）			
			$\delta^{13}C_1$	$\delta^{13}C_2$	$\delta^{13}C_3$	$\delta^{13}C_4$
陕参 1	$O_1m_5^{1-3}$	3443～3472	–33.92	–27.57	–26.00	–22.87
林 2	$O_1m_5^3$	3190～3195	–35.20	–25.93	–25.40	–23.83
陕 2	$O_1m_5^4$	3364.4～3369.4	–35.30	–26.15	–25.45	–23.22
陕 12	$O_1m_5^{1-4}$	3638～3700	–34.21	–25.46	–26.37	–20.67
陕 7	$O_1m_5^4$	3176.9～3182	–33.34	–30.24	–27.76	–22.34
陕 20	$O_1m_5^{1-3}$	3522～3524	–34.58	–30.96	–27.50	–22.10
陕 21	$O_1m_5^{1-3}$	3305～3308	–34.71	–27.95	–26.87	–22.98
陕 26	$O_1m_5^{3-4}$	3502～3525	–38.27	–34.13	–21.56	–25.17
陕 27	$O_1m_5^{2-3}$	3333.9～3342.8	–36.90	–26.26	–22.47	–22.60

井号	层位	深度（m）	$\delta^{13}C$（‰，PDB）			
			$\delta^{13}C_1$	$\delta^{13}C_2$	$\delta^{13}C_3$	$\delta^{13}C_4$
陕33	O_1m	3560.24~3614.17	−34.99	−26.71	−25.53	−22.10
陕34	$O_1m_5^4$	3437~3441	−33.99	−24.51	−22.42	−23.77
陕36	$O_1m_5^4$	3538~3559	−34.42	−32.12	−24.11	−23.25
陕41	$O_1m_5^{6-7}$	3390~3530	−38.87	−28.67	−22.62	−20.40
陕61	$O_1m_5^{1-2}$	3459~3506	−33.95	−27.72	−28.39	−24.80
陕85	O_1m_5	3266.6~3287	−33.05	−26.65	−20.88	−19.00
陕106	$O_1m_5^1$	3224.6~3237	−30.66	−37.53	−29.95	
陕155	$O_1m_5^1$	3217.3~3229.6	−33.08	−30.29	−27.31	−23.95

$\delta^{13}C_n$ 数值分布域大，是该烷烃气受到多因素的影响所致，它的大小从某种程度上反映了该烷烃气的性质和状态。数值分布域小表示气源单一或简单，数值分布域大则表示气源复杂或混合。

（2）$\delta^{13}C_2$ 值轻。由表4和图3可知，靖边气田 $\delta^{13}C_2$ 数值分布域为 −37.53‰~−23.52‰，频率主峰值为 −32‰~−31‰，比乌审旗气田、苏里格气田和榆林气田的频率主峰值轻 4‰~7‰。此特点说明靖边气田的乙烷成因与乌审旗气田、苏里格气田和榆林气田有所不同。马家沟组气的 $\delta^{13}C_3$ 值也比较轻 [图4（d）]，但比 $\delta^{13}C_2$ 重。其频率主峰值为 −26‰~−25‰，比乌审旗、苏里格和榆林气田煤成气的 $\delta^{13}C_3$ 频率主峰值（均为 −25‰~−24‰）仅轻 1‰ [图4（a）~（c）]。

（3）靖边气田发生多项性碳同位素倒转。从图5（d）可见，靖边气田碳同位素发生多项性倒转，即有 $\delta^{13}C_1>\delta^{13}C_2$、$\delta^{13}C_2>\delta^{13}C_3$ 和 $\delta^{13}C_3>\delta^{13}C_4$ 三项同位素倒转。图5（d）与图5（a）~（c）样式有两点不同：①图5（a）~（c）为单项性倒转，图5（d）为三项性倒转；②图5（a）~（c）倒转值不大，图5（d）倒转值相对较大。从图5（a）~（c）与表3可知，苏里格气田 $\delta^{13}C_2>\delta^{13}C_3$ 的倒转值为 0.25‰~2.0‰，87.5%的样品在 0.7‰以下；乌审旗气田 $\delta^{13}C_2>\delta^{13}C_3$ 的倒转值为 0.10‰~3.15‰，多数样品为 1.00‰~1.70‰；榆林气田 $\delta^{13}C_3>\delta^{13}C_{nC4}$ 的倒转值为 0.30‰~0.86‰。从图5（d）和表4可知：靖边气田 $\delta^{13}C_1>\delta^{13}C_2$ 倒转值为 0.12‰~6.87‰，$\delta^{13}C_2>\delta^{13}C_3$ 倒转值为 0.41‰~2.22‰，$\delta^{13}C_3>\delta^{13}C_4$ 倒转值为 0.13‰~1.35‰。碳同位素倒转的单项性和多项性，倒转值的小与大，均反映了苏里格气田、乌审旗气田、榆林气田天然气与靖边气田的不同。$\delta^{13}C_3>\delta^{13}C_4$ 相当普通，$\delta^{13}C_2>\delta^{13}C_3$ 很少见[19, 20]，$\delta^{13}C_1>\delta^{13}C_2$ 更为罕见，Fuex认为这是母源生烃后期的高成熟气体增加所致[19]，笔者认为它是高（过）成熟阶段的煤成气和油型气混合的一种特征[18]。

3 气源对比

根据烷烃气碳同位素组成重的特征（表 3），认为苏里格气田、乌审旗气田和榆林气田上古生界碎屑岩中的天然气是煤成气。所有对鄂尔多斯盆地上古生界气田做过研究的学者，都一致持此观点[2, 3, 5, 6, 10, 21, 22]。

3.1 靖边气田气源研究的 3 种观点

对靖边气田马家沟组碳酸盐岩中天然气的气源，许多研究者尽管都认为是煤成气和油型气的混合气，但有以下三种观点。

（1）下古生界油型气为主的混合气。靖边气田是油型气和煤成气的混合气，并以油型气为主，气源岩主要为下古生界马家沟组碳酸盐岩[23~25]。陈安定[23]认为乙烷碳同位素比甲烷碳同位素具有更好的判源效果，并用乙烷浓度及碳同位素组成计算得出，靖边气田天然气中奥陶系碳酸盐岩生成的油型气约占 75%，石炭系—二叠系煤系生成的煤成气约占 25%。持此种观点者认为，含有机碳仅 0.2% 左右（表 2）的碳酸盐岩是工业性气源岩。

（2）上古生界煤成气为主的混合气。靖边气田是以上古生界煤成气为主、下古生界奥陶系油型气为辅的混合气[5, 26~28]。上古生界煤成气通过经 140Ma 古喀斯特作用形成的下古生界古风化壳中的古侵蚀谷、溶沟等运移至马家沟组中。

（3）上古生界煤成气和油型气的混合气。靖边气田的气源均是来自石炭系—二叠系的煤成气，以及太原组碳酸盐岩油型气的混合气，并以煤成气为主[6, 21]。

3.2 靖边气田的气源

（1）具有和上古生界煤成气田相同的 $\delta^{13}C_1$ 主峰值。从图 2 可知，靖边气田 $\delta^{13}C_1$ 主峰值为 –34‰～–33‰，与已确定为煤成气的苏里格气田的 $\delta^{13}C_1$ 主峰值完全相同，比煤成气的榆林气田和乌审旗气田的 $\delta^{13}C_1$ 主峰值仅轻 1‰。乌审旗、苏里格和榆林 3 个煤成气田 $\delta^{13}C_1$ 最轻分布值大于 –35‰，而靖边气田 $\delta^{13}C_1$ 值多数也大于 –35‰，仅有少部分 $\delta^{13}C_1$ 值小于 –35‰，这说明了靖边气田的甲烷以煤成气为主。

（2）$\delta^{13}C_2$ 主峰值比上古生界煤成气田的轻。从图 3 可知，靖边气田 $\delta^{13}C_2$ 主峰值为 –32‰～–31‰，比已确定为煤成气的乌审旗气田（–24‰～–23‰）、苏里格气田（–25‰～–24‰）和榆林气田（–27‰～–26‰）的轻 4‰～7‰。而且多数样品的 $\delta^{13}C_2$ 值都小于煤成气和油型气的划分界限值 –27.5‰[14]，显示了乙烷具有以油型气为主的特征。

靖边气田 $\delta^{13}C_1$ 基本具有以煤成气为主的特征，而 $\delta^{13}C_2$ 则具有以油型气为主的特征，这要从相同（相近）成熟度烃源岩形成煤成气和油型气的同位素轻重及重烃气含量多少来分析。我国鄂尔多斯盆地、四川盆地、渤海湾盆地、琼东南盆地和准噶尔盆地相同（相近）成熟度烃源岩形成煤成气和油型气的烷烃气碳同位素轻、重相差变化规律是：随烷烃气分子碳数增加，其差值变小，煤成气的 $\delta^{13}C_1$、$\delta^{13}C_2$ 和 $\delta^{13}C_3$ 比油型气的 $\delta^{13}C_1$、$\delta^{13}C_2$ 和 $\delta^{13}C_3$ 分别重 6.8‰～14.37‰（裂解气为 6.81‰）、6.54‰～12.06‰（裂解气为 6.54‰）和 6.30‰～8.08‰[18]。中国天然气在成熟阶段，煤成气和油型气中重烃气含量都较高，煤成气的重烃气含量大多数小于 20%，而油型气的重烃气含量多数在 10%～40%，通常后者含量为前者的 2 倍。根据煤成气和油型气的重烃气含量变化曲线解读，在 R_o 为 2.0%～3.0% 的裂解气阶段，尽管煤成气和油型气的重烃气含量大为降低（均小于 4%），但油型气比煤成气的重烃气含量仍高一倍左右[29]。所以在相同高熟阶段，当煤成气的乙烷和油型气乙烷混合时，轻 $\delta^{13}C_2$ 的油型气是重 $\delta^{13}C_2$ 的煤成气的两倍左右，导致 $\delta^{13}C_2$ 值具有轻的油型气为主的特征。但靖边气田的 $\delta^{13}C_3$ 值就没有表现出 $\delta^{13}C_2$ 值具有的更多油型气特点，这是由于在相同成熟度下，煤成气和油型气源岩形成的天然气碳同位素差值随烷烃气分子的碳数增加而变小。

（3）油型气的气源岩。主张靖边气田气源是以油型气为主的混合气的研究者[23~25]认为，有机碳含量约为 0.2%（表 2）的马家沟组碳酸盐岩可作为工业性气源岩。对于如此低的有机碳含量的碳酸盐岩可否成为鄂尔多斯盆地工业性烃源岩，一直是有争论的。在此，首先分析一下中国发现碳酸盐岩烃源岩油气田的塔里木盆地和四川盆地的有机碳含量情况。塔里木盆地海相油气田的烃源岩是寒武系和奥陶系有机质丰度较高的碳酸盐岩，低有机碳丰度的碳酸盐岩不能形成工业性气田[6]，在有机质丰度较低（TOC<0.20%）的高成熟海相地层分布区，甚至连油气显示都很难获得[30]。对于 TOC 为 0.1%～0.2% 的纯碳酸盐岩和泥岩，其成熟度再高，也形成不了工业性气藏；只有 TOC≥0.5% 的含泥碳酸盐岩，才能成为工业性烃源岩[30]。四川盆地发现许多碳酸盐岩储层的气田，例如对于威远气田，以往有关学者认为其气源来自灯影组白云岩，是自生自储的气藏[31, 32]。但由于灯影组白云岩 1143 个样品有机碳平均含量为 0.12%，而且灯影组储层沥青的生物标志化合物与上覆平均有机碳含量为 0.97% 的九老洞组泥岩相似，故低有机碳的灯影组白云岩不是气源岩，气源来自九老洞组泥岩[33~35]。长庆油田对鄂尔多斯盆地马家沟组风化壳之下奥陶系内幕层做了详细的调查，至今没有发现可靠的气显示，更未获得工业气流[6]。因此，奥陶系马家沟组碳酸盐岩不是工业性气源岩，不是靖边气田以煤成气为主、油型气为辅混合气中的油型气的气源岩[6, 21]。Tissot 指出碳酸盐岩烃源岩有机碳下限为 0.3%[36]，国外其他学者认为下限约为 0.5% 或者更高[37, 38]。世界 8 个沉积盆地的碳酸盐岩烃源岩有机碳平均值为 0.67%[39]，均说明有机碳含量低于 0.3% 的碳酸盐岩不是工业性气源岩。

靖边气田的气源是以煤成气为主、油型气为辅的混合气，此两种类型的气源均来自石炭系—二叠系，即煤成气来源于含煤地层，油型气来自以太原组为主的石灰岩，因为其有机碳含量一般为 0.5%～3%，无疑可成为工业性气源岩。由于石灰岩较薄，故形成油型气量相对不大，生气强度为（0.86～2.6）×10^8m³/km²，约为含煤地层生气强度的 10%[6]。也就是说，靖边气田混合气中大约煤成气为 90%，油型气为 10%。

（4）苯和甲苯碳同位素组成对比实验。在鄂尔多斯盆地、塔里木盆地、渤海湾盆地和莺—琼盆地烃源岩模拟实验中发现，苯和甲苯碳同位素组成与温度（成熟度）无关，而与烃源岩的干酪根类型有关。Ⅲ型烃源岩的苯和甲苯碳同位素重，而Ⅰ型烃源岩的苯和甲苯碳同位素轻。因此，可利用苯和甲苯碳同位素作为气源对比新指标[40, 41]。

鄂尔多斯盆地的榆林、乌审旗和苏里格3个上古生界气田煤成气的 $\delta^{13}C_B$（苯碳同位素）值为 –21.34‰～–18.61‰，$\delta^{13}C_T$（甲苯碳同位素）值为 –23.71‰～–17.15‰，两者都较重。靖边气田马家沟组碳酸盐岩中天然气的 $\delta^{13}C_B$ 值为 –20.84‰～–15.15‰，$\delta^{13}C_T$ 值为 –21.72‰～–16.04‰，也具有重的特征。即上古生界煤成气和下古生界天然气的 $\delta^{13}C_B$ 和 $\delta^{13}C_T$ 具有交互共叠数值（图6），说明靖边气田与上古生界煤成气具有基本相同的气源。靖边气田 $\delta^{13}C_B$ 和 $\delta^{13}C_T$ 值，比塔里木盆地碳酸盐岩烃源岩形成的油型气的 $\delta^{13}C_B$ 值（–28.89‰～–23.78‰）和 $\delta^{13}C_T$ 值（–31.11‰～–23.18‰）重得多，说明了靖边气田的气源不是以油型气为主（图6）。

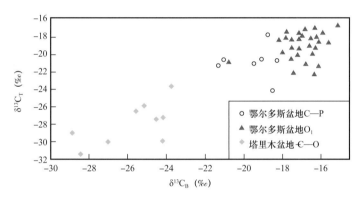

图6　鄂尔多斯盆地和塔里木盆地苯和甲苯碳同位素比

4　结论

鄂尔多斯盆地上古生界大气田烷烃碳同位素组成的总特征是重（$\delta^{13}C_1$ 频率主峰值为 –34‰～–32‰，$\delta^{13}C_2$ 频率主峰值为 –27‰～–23‰，$\delta^{13}C_3$ 频率主峰值为 –25‰～–24‰）、数值分布域小、天然气中 $\delta^{13}C_B$ 值（–21.34‰～–18.61‰）和 $\delta^{13}C_T$ 值（–23.71‰～–17.15‰）也比较重，表现出煤成气的特征。同时 $\delta^{13}C_{iC4} > \delta^{13}C_{nC4}$，各气田发现单项性碳同位素倒转。下古生界靖边气田 $\delta^{13}C_1$ 频率主峰值为 –34‰～–33‰，$\delta^{13}C_B$ 值为 –20.84‰～–15.15‰，$\delta^{13}C_T$ 值为 –21.72‰～–16.04‰，与上古生界的 $\delta^{13}C_1$ 频率主峰值、$\delta^{13}C_B$ 值和 $\delta^{13}C_T$ 具有相似性，表现出煤成气为主的特征。但靖边气田具有多项性碳同位素倒转和 $\delta^{13}C_1$、$\delta^{13}C_2$、$\delta^{13}C_3$ 数值分布域大及 $\delta^{13}C_2$ 较轻的特征，是煤成气为主油型气为辅的混合气。靖边气田煤成气和油型气的气源均来自上古生界。其中煤成气来自石炭系—二叠系含煤地层，油型气来自太原组有机碳丰度高的石灰岩，否定了有机碳含量约

0.20%的马家沟组碳酸盐岩是油型气烃源岩的观点。

参 考 文 献

[1] 戴金星,陈践发,钟宁宁,等.中国大气田及其气源.北京:科学出版社,2003,93-136.

[2] 戴金星.我国煤系含气性的初步研究.石油学报,1980,1(4):27-31.

[3] 戴金星.我国煤成气藏的类型和有利的煤成气远景区//中国石油学会石油地质专业委员会.天然气勘探.北京:石油工业出版社,1986,15-31.

[4] 李克勤.中国石油地质(卷十二).北京:石油工业出版社,1992,28-36,187-188.

[5] 张士亚.鄂尔多斯盆地天然气气源及其勘探方向.天然气工业,1994,14(3):1-4.

[6] 夏新宇.碳酸盐岩生烃与长庆气田气源.北京:石油工业出版社,2000,28-122.

[7] 陈安定,张文正.煤系有机质的热演化成烃机制//煤成气地质研究编委会.煤成气地质研究.北京:石油工业出版社,1987,213-221.

[8] Dai J X. Song Y. Zhang H. Main factors controlling the foundation of medium-giant gas fields in China. Science in China(series D),1997,40(1):1-10.

[9] 杨俊杰.鄂尔多斯盆地构造演化与油气分布规律.北京:石油工业出版社,2002,130-162.

[10] 杨俊杰,裴锡古.中国天然气地质学(卷四)·鄂尔多斯盆地.北京:石油工业出版社,1996,56-121.

[11] 陈安定.陕甘宁盆地奥陶系碳酸盐岩源岩生烃的有关问题的讨论.沉积学报,1996,14(增刊):90-98.

[12] 李延均,陈义才,杨远聪,等.鄂尔多斯下古生界碳酸盐岩烃源岩评价与成烃特征.石油与天然气地质,1999,20(4):349-353.

[13] Righy D,Simith J W. An isotopic study of gases and hydrocarbons in the Cooper Basin. Austral Petroleum Exploration Associaty,1981,21(1):222-229.

[14] 戴金星.中国煤成气研究二十年的重大进展.石油勘探与开发,1999,26(3):1-10.

[15] 王世谦.四川盆地侏罗系—震旦系天然气的地球化学特征.天然气工业,1994,14(6):1-5.

[16] Galimov E M. Carbon Isotopes in Oil-gas Geology. Moscow:Nedra,1973,384.

[17] Stahl W J. Carbon and nitrogen isotopes in hydrocarbon research and exploration. Chemical Geology,1977,20(2):121-149.

[18] Dai J X,Xia X Y,Qin S F,et al. Origins of partially reversed alkane $\delta^{13}C$ values for biogenic gases in China. Organic Geochemistry. 2004,35(4):405-411.

[19] Fuex A A. The use of stable carbon isotopes in hydrocarbon exploration. Journal of Geochemical Exploration,1977,7(2):155-188.

[20] Erdman J G. Morris D A. Geochemical correction of petroleum. AAPG Bulletin,1974,58(11):2326-2337.

[21] 戴金星,夏新宇.长庆气田奥陶系风化壳气藏气源研究回顾.地学前缘,1999,6(增刊):195-203.

[22] 何自新,付金华,席胜利,等.苏里格大气田成藏地质特征.石油学报,2003,24(2):6-12.

[23] 陈安定.陕甘宁盆地中部气田奥陶系天然气的成因及迁徙.石油学报,1994,15(2):1-10.

[24] 徐永昌.天然气成藏理论及应用.北京:科学出版社,1994,182-187.

[25] Hao S, Gao Y, Huang Z. Characteristics of dynamic equilibrium for natural gas migration and accumulation of the gas field in the center of the Ordos Basin. Sciencein China(SeriesD),1997,40(1):11-15.

[26] 张文正,裴戈,关德师.液态正构烷烃系列、姥鲛烷、植烷碳同位素初步研究.石油勘探与开发,1992,19(5):32-42.

[27] 张文正,裴戈,关德师.鄂尔多斯盆地中、古生界原油轻烃单体系列碳同位素研究.科学通报,1992,37(3):248-251.

[28] 关德师,张文正,裴戈.鄂尔多斯盆地中部气田奥陶系气层的油气源.石油与天然气地质,1993,14(3):191-199.

[29] 戴金星,裴锡古,戚厚发.中国天然气地质学(卷一).北京:石油工业出版社,1992,21-23.

[30] 梁狄刚.塔里木盆地油气勘探若干地质问题.新疆石油地质,1999,20(3):184-188.

[31] 包茨.天然气地质学.北京:科学出版社,1988,361-363.

[32] 徐永昌,沈平,李玉成.中国最老的气藏——四川威远震旦纪气藏.沉积学报,1989,7(4):1-11.

[33] 陈文正.再论四川盆地威远震旦系气藏的气源.天然气工业,1992,12(6):28-32.

[34] 戴鸿鸣,王顺玉,王海清,等.四川盆地寒武系—震旦系含气系统成藏特征及有利勘探区块.石油勘探与开发,1999,26(5):16-20.

[35] 戴金星.威远气田的成藏期次和气源.石油实验地质,2003,25(5):473-480.

[36] Tissot B P. Welte D H. Petroleum Formationand Occurrence. New York : Springer-Verlag, 1984, 669.

[37] Bjolkke K. Sedimentology and Petroleum Geology. Berlin-NewYork : Springer-Verlag, 1989, 363.

[38] Peters K E, Cassa M R. Applied source rock geochemistry. In : Magoon L B. Dow W G(eds).The Petroleum System : From Sourceto Trap. AAPG Memoir 60, 1994, 93-117.

[39] 梁狄刚,张水昌,张宝民,等.从塔里木盆地看中国海相生油问题.地学前缘,2000,7(4):534-547.

[40] 蒋助生,罗霞,李志生,等.苯、甲苯碳同位素值作为气源对比新指标探讨.地球化学,2000,29(4):410-415.

[41] 李剑,罗霞,李志生,等.对甲苯碳同位素作为气源对比指标的新认识.天然气地球科学,2003,14(3):177-180.

四川盆地须家河组煤系烷烃气碳同位素特征及气源对比意义 ❶

四川盆地位于中国四川省东部,是中国构造最稳定的沉积盆地之一。盆地以现在陆相地层(上三叠统须家河组)分布为边界,面积约 $18 \times 10^4 km^2$ [1]。截至 2005 年底,四川盆地累计探明天然气地质储量 $8422.83 \times 10^8 m^3$ [2]。目前,该盆地是中国发现气田数目最多(127 个气田)、年产气量最大(2007 年年产量达到 $171.6 \times 10^8 m^3$)[3] 的盆地。本文主要研究四川盆地上三叠统须家河组天然气的地球化学特征。

1 油气地质概况

四川盆地共划分为 4 个油气聚集区:川东气区、川南气区(包括川南和川西南)、川西北气区和川中油气区(图 1)。气田(藏)层系从震旦系到侏罗系达 21 个产层,主要有 9 个,包括震旦系灯影组(Z_2d),石炭系黄龙组(C_2h),二叠系茅口组(P_1m),长兴组(P_2ch),三叠系飞仙关组(T_1f),嘉陵江组(T_1j),雷口坡组(T_2l)、须家河组(T_3x)和侏罗系(J)[4~6]。四川盆地共发育 6 套主要烃源岩,即下寒武统海相页岩、下志留统海相泥岩、下二叠统海相泥质碳酸盐岩、上二叠统海—陆过渡相煤系、上三叠统陆相煤系和下侏罗统陆相泥岩(图 2)。其中,下侏罗统陆相泥岩是一套油源岩,仅在川中形成一定量原油;其他 5 套烃源岩均为有效气源岩[5~8]。

上三叠统须家河组是四川盆地一套重要的天然气生储盖组合。王兰生等[2]对四川盆地各层系天然气探明储量的统计表明,三叠系(包括 T_1f,T_1j,T_2l,T_3x)是四川盆地最具勘探潜力的层系,是当前盆地内被证实的油气层数目最多的一个层系[9]。近两年来,随着普光飞仙关组大型鲕滩气藏(探明储量 $3560.72 \times 10^8 m^3$)[10] 和广安须家河组岩性气藏(探明储量大于 $1000 \times 10^8 m^3$)[11] 的发现,飞仙关组和须家河组天然气储量快速增加,须家河组已成为仅次于飞仙关组的天然气储层,显示出巨大的勘探潜力。

须家河组是一套以陆相沉积为主的含煤建造。在川西前缘坳陷区须家河组厚度可达 1800~2500m,而在川中隆起的厚度为 600~1000m,向 ES 方向厚度逐渐减薄[12]。暗色泥岩和所夹煤层是主要烃源岩(图 2)。煤层在龙门山前带最发育,一般厚 10m 以上,最

---

❶ 原载于《石油与天然气地质》,2009,30(5),519-529,作者还有倪云燕、邹才能、陶士振、胡国艺、胡安平、杨春、陶小晚。

大累计厚度在35m以上，具有多层分布的特点；其次为盆地中、北部地区；川东及川南地区煤层较少或无煤层分布[2]。暗色泥质烃源岩是上三叠统须家河组主要的烃源岩。泥质烃源岩在全盆地广泛发育（图1），主要发育在须一、须三、须五段；须二、须四、须六段以砂岩为主（图3），但仍有一定厚度的暗色泥质岩分布。泥质烃源岩一般厚200m以上，最厚达到1000m以上，具有明显地向东南方向减薄的趋势（图1、图3）。须家河组泥岩有机质极为丰富，有机碳含量分布范围为0.50%～9.70%，平均1.96%，干酪根类型以Ⅱ型和Ⅲ型为主（图2），是一套良好的生气源岩。

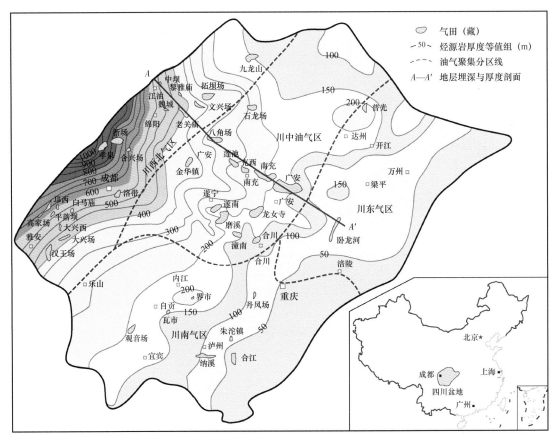

图1　四川盆地须家河组气田（藏）分布及烃源岩厚度等值线

上三叠统须家河组气田（藏）或以须家河组为主要气源的气田共计39个，主要分布在川西北和川中地区；川东和川南地区的须家河组产层多为气田的某一含气层段，储层厚度和气藏规模均较小，如卧龙河气田与合江气田的须家河组含气层（图1）。川西北和川中地区烃源岩厚度大（图1、图3），烃源岩类型好（以生气为主的腐殖型干酪根），具有很高的生气强度，为须家河组储层提供了充沛的气源条件；而在川东和川南地区，须家河组烃源岩厚度薄（图1、图3），生气强度小，难以充满自身储层，故这两个地区的须家河组天然气具有一定其他气源。

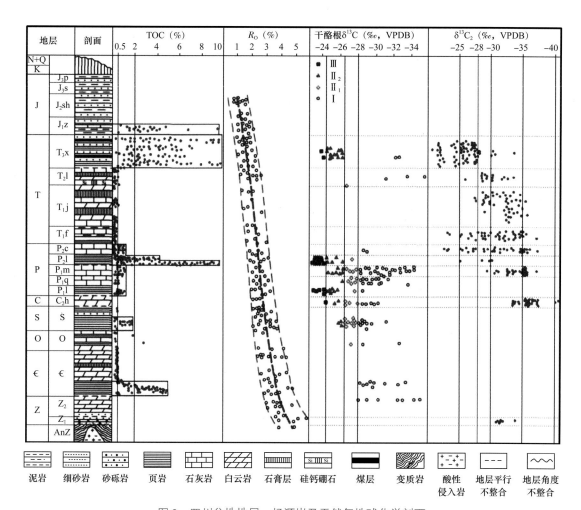

图 2 四川盆地地层、烃源岩及天然气地球化学剖面

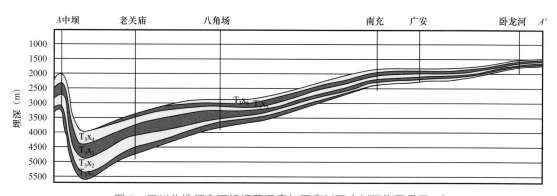

图 3 四川盆地须家河组埋藏深度与厚度剖面（剖面位置见图 1）

2 分析方法

天然气组分分析采用 HP6890 型气相色谱仪，在中国石油勘探开发研究院廊坊分院测

定。单个烃类气体组分通过毛细柱分离（Plot Al$_2$O$_3$ 50m×0.53mm）。通过两个毛细柱分离稀有气体（Plot5 Å分子筛 30m×0.53mm，Plot Q 30m×0.53mm）。气相色谱仪炉温首先设定在30℃保持10min，然后以10℃/min的速率升高到180℃。

天然气碳同位素分析采用Delta S GC-C-IRMS同位素质谱仪，同样在中国石油勘探开发研究院廊坊分院完成。气体组分通过气相色谱仪分离，然后转化为CO$_2$注入质谱仪。单个烷烃气组分（C$_1$—C$_5$）和CO$_2$通过色谱柱分离（Plot Q 30m），色谱柱升温过程为35～80℃（升温速率8℃/min），一直到260℃（升温速率5℃/min），在最终温度保持炉温10min。一个样品分析3次，分析精度达到±0.5‰。

3 须家河组煤系烷烃气碳同位素特征

王世谦研究四川盆地侏罗系至震旦系天然气的地球化学特征后指出，煤成气的δ^{13}C$_2$值大于-29‰[13]。戴金星等研究了中国天然气后指出，油型气的δ^{13}C$_2$值小于-29‰[14]。据此，须家河组天然气可分为两种类型：煤成气占绝大部分，为自源的；油型气仅占小部分，为它源的。

3.1 煤成气烷烃碳同位素特征

须家河组煤系天然气绝大部分是煤系本身烃源岩生成的煤成气。在该组76个气样中，煤成气占72个（表1、表2）[11,12,15~18]，占总数的94.7%。经统计，表1和表2共72个气样，其中60个气样的烷烃碳同位素具正碳同位素系列（即δ^{13}C$_1$<δ^{13}C$_2$<δ^{13}C$_3$<δ^{13}C$_4$）[19]（图4），有12个气样的烷烃碳同位素发生倒转。由图4（c）可以看出，须家河组天然气发生δ^{13}C$_2$>δ^{13}C$_3$和δ^{13}C$_3$>δ^{13}C$_4$倒转，并且倒转幅度很小。除了角47井发生δ^{13}C$_3$>δ^{13}C$_4$倒转幅度达到2.35‰外，其余发生碳同位素倒转的气样倒转幅度均小于1‰。须家河组气藏甲烷及其同系物以正碳同位素系列为主，少数发生倒转的气样倒转幅度小，这说明须家河组天然气未受到次生改造作用或者受次生改造作用影响小。戴金星等（2003）曾提出致使碳同位素倒转的原因：（1）有机烷烃气与无机烷烃气的混合；（2）煤成气和油型气的混合；（3）同型不同源气或同源不同期气的混合；（4）烷烃气中某一或某些组分被细菌氧化[20]。经分析，川中地区具有区域构造稳定、断层不发育等特点[12]，故可以排除无机成因气与有机成因气混合的可能；其次，表1和表2中须家河组天然气均是自生自储的煤成气，无油型气混合，也排除了煤成气与油型气混合形成倒转的可能；另外，气藏深度大多在2000m以下，受细菌改造作用影响较小，并且发生碳同位素倒转的组分含量变化正常，由此排除了细菌氧化作用的影响。因此，本文认为须家河组气藏少数气样发生碳同位素倒转的原因是同源不同期气混合所致使。流体包裹体岩相学与显微测温分析结果表明，四川盆地中部上三叠统须家河组致密砂岩储层存在早、晚两期流体包裹体，这也证明了此点[21]。

表 1　四川盆地须家河组气藏天然气地球化学参数

井号	层位	井深（m）	主要组分含量（%）										$\delta^{13}C$（‰, VPDB）				
			CH_4	C_2H_6	C_3H_8	iC_4	nC_4	iC_5	nC_5	CO_2	N_2	He	C_1	C_2	C_3	nC_4	iC_4
中 29	T_3x_2	2269.00~2361.00	87.86	6.53	2.10	0.60	0.83			0.39	0.28	0.030	−34.8	−24.8	−23.7	−23.5	−23.5
中 31	T_3x_2	2522.00~2590.00	91.74	5.44	1.45	0.35	0.67			0.27	0.08	0.008	−36.4	−25.6	−24.0	−23.6	−23.6
中 34	T_3x_2	2373.00~2409.00	90.71	5.53	1.65	0.31	0.36			0.49	0.70	微量	−36.1	−26.0	−23.4		
中 39	T_3x_2	2422.09~2461.00	87.82	6.36	2.70	0.93	1.38			0.32	0.03	0.015	−36.9	−25.6	−23.2		
中 60	T_3x_3												−35.6	−25.3	−23.3	−23.2	−23.2
文 4	T_3x_3	3791.59~3696.95	92.64	5.24	0.95	0.20	0.13	0.08	0.02	0.36	0.37	0.011	−37.0	−24.1	−19.9		
文 9	T_3x_2	4495.78~4258.22	94.06	3.69	0.69	0.17	0.11	0.07	0.02	0.75	0.44	0.006	−34.8	−23.8	−19.2		
文 16	T_3x_6	4486.77~4575.00	97.08	2.11	0.24	0.62	0.01			0.34	0.19	0.008	−35.3	−24.2			
拓 2	T_3x_2	4331.24~4489.50	93.51	4.49	0.84	0.16	0.05	0.06	0.01	0.43	0.41	0.007	−37.5	−25.2			
角 13	T_3x_{2+4}	2963.5~3341.00	94.66	2.35	0.60	0.11	0.10		0.06	0.27	1.78	0.023	−38.9	−27.0	−25.6		
角 23	T_3x_2	3336.69~3337.71	93.17	3.24	1.85					0.40	0.30		−38.4	−27.2	−24.6	−25.1	−25.1
角 47	T_3x_6	2746.18~2746.33	89.60	6.22	2.02	0.39	0.97	0.19	0.18	0.29	0.64		−39.5	−25.1	−21.7	−24.1	−24.1
角 48	T_3x_6	3383.39~3395.00	87.53	6.26	2.65	0.41	0.48	0.16	0.08	0.27	1.96	0.023	−40.6	−26.4	−23.6		
角 49	T_3x_{2+4}	3393.77~3455.04	94.01	3.12	0.72	0.15	0.13	0.07	0.02	0.33	1.38	0.005	−37.6	−27.1	−23.7		
角 53	T_3x_4	3016.60~3109.90	92.95	4.93	1.14	0.20	0.24	0.07	0.08	—	0.38		−40.1	−27.4	−24.6	−24.4	−24.8
隆 8	T_3x_2	2265.00~2284.00	86.27	7.00	2.33	0.48	0.43	0.22	0.07	0.54	2.38	0.053	−41.4	−27.3	−22.7	−23.1	
通 1	T_3x_2	2314.07~2428.00	82.34	10.10	4.03	0.82	0.83	0.44	0.23	0.26	0.90	0.028	−41.3	−27.0	−24.2		
广安 2	T_3x_6	1764.70~1800.20											−40.2	−27.6	−26.4	−25.0	−24.3

续表

井号	层位	井深(m)	主要组分含量（%）										$\delta^{13}C$（‰，VPDB）				
			CH_4	C_2H_6	C_3H_8	iC_4	nC_4	iC_5	nC_5	CO_2	N_2	He	C_1	C_2	C_3	nC_4	iC_4
广安5-1	T_3x_6	1745.00~1469.00											−39.2	−27.4	−26.0	−23.4	−25.0
广安106	T_3x_4	2506.00~2512.00	94.16	4.78	0.49	0.09	0.07	0.03	—	—	0.39		−37.8	−25.7	−24.7	−22.1	−23.1
广安128	T_3x_4	2322.00~2327.00	94.31	4.33	0.54	0.20	0.07	—	—	—	0.59	—	−37.7	−25.2	−23.3	−21.1	−22.0
广安002-39													−38.8	−26.9	−25.6	−24.8	−24.5
西20	T_3x_4		90.84	6.06	1.55	0.33	0.38	0.13	0.08	—	0.64		−42.2	−28.2	−25.2	−24.2	−23.2
西20													−41.7	−27.8	−25.4	−24.6	−23.7
西35-1	T_3x_2												−42.8	−28.2	−24.9	−24.5	−22.9
西51	T_3x_4												−40.4	−27.0	−24.5	−22.9	−23.3
西72	T_3x_4												−41.7	−28.3	−26.0	−25.6	−24.3
磨64	T_3x_4												−42.5	−28.2	−25.3	−25.8	−24.0
磨85	T_3x_2	2095.00~2096.80	91.37	6.06	1.29	0.31	0.25	0.13	0.08	—	0.51		−42.3	−27.9	−24.6	−25.2	−23.4
莲深1	T_3x_2		91.88	5.92	1.22	0.21	0.22	0.08	0.05	—	0.42		−40.5	−27.4	−24.5	−23.4	−23.0
潼南101	T_3x_2	2231.80~2251.00	91.57	5.72	1.60	0.16	0.32	—	—	—	—	—	−42.2	−27.4	−24.2	−26.4	−23.8
金2	T_3x_{2+4}	3074.00~3390.00	92.20	5.88	1.07	0.20	0.20	0.15	0.15	—	0.30		−38.4	−26.3	−22.9		
金17	T_3x_2		91.89	6.36	0.51	0.15	0.22	0.09	0.07	0.45	0.63		−38.9	−25.0	−23.4	−22.6	−22.5
川35	T_3x_4	3970.00											−38.9	−24.3	−21.2	−21.6	−21.6
川93	T_3x_4	2625.00~2630.00	88.75	4.02	1.31	0.16	0.22	0.04	0.07	0.36	3.94		−35.0	−24.4	−21.6	−20.8	−20.8
川96	T_3x_5	3356.40	90.32	7.45	1.20	0.16	0.22	—	—	0.24	0.39		−38.9	−26.0	−22.3	−22.3	−22.3

表2　四川盆地须家河组烷烃气碳同位素组成

气田	井号	层位	$\delta^{13}C$（‰，VPDB）				文献
			C_1	C_2	C_3	C_4	
广安	广安1	T_3x_6	−39.3	−27.3	−25.1	−23.9	李登华等[11]
	广安7	T_3x_6	−42.5	−28.0	−24.2	−23.8	
	广安11	T_3x_6	−37.1	−27.4	−22.7	−23.7	
	广安12	T_3x_6	−38.8	−25.5	−23.1	−22.9	
	广安15	T_3x_6	−42.4	−27.8	−25.9	−25.6	
	广安101	T_3x_6	−38.2	−26.2	−25.1	−23.6	
	广安3	T_3x_4	−37.7	−24.2	−22.1	−20.4	
	广安5	T_3x_4	−37.2	−25.0	−23.7	−22.2	
	广安12	T_3x_4	−42.2	−25.7	−22.5	−21.4	
	广安13	T_3x_4	−42.2	−24.5	−21.4	−19.6	
	广安14	T_3x_4	−43.0	−26.0	−21.2	−20.5	
南充	N−X2	T_3x_2	T_3x_2	−26.5	−23.9		陈义才等[12]
	N−X6	T_3x_4	T_3x_4	−26.3	−23.7		
	N−X35	T_3x_2	T_3x_2	−27.7	−24.2		
龙女寺	L−X1	T_3x_2	−39.4	−25.7	−23.0		
	L−X2	T_3x_4	−41.1	−26.1	−22.8		
平落坝	平落1−2	T_3x	−34.3	−22.7	−22.8	−21.8	樊然学[15]
	平落1−3	T_3x	−33.8	−22.4	−22.0	−20.6	
	平落3	T_3x	−33.3	−21.7	−21.3	−20.3	
	平落6	T_3x	−33.5	−21.7	−22.6	−22.1	
	平落6−1	T_3x	−33.6	−22.0	−22.6	−22.2	
	平落8	T_3x	−33.6	−21.6	−21.6	−20.0	
	平落10	T_3x	−33.7	−21.7	−22.7	−22.6	
大兴	大兴5	T_3x	−32.7	−20.7	−21.6	−20.2	
邛西	邛西3	T_3x_2	−33.8	−21.8	−22.1		王顺玉等[16]
	邛西4	T_3x_2	−33.7	−22.0	−22.1		
	邛西5	T_3x_2	−36.5	−24.2	−21.2		
	邛西6	T_3x_2	−34.6	−22.1	−22.0		
	邛西8	T_3x_2	−34.2	−21.9	−21.7		
	邛西12	T_3x_2	−35.1	−22.1	−21.0		
	邛西13	T_3x_2	−33.2	−21.5	−21.7		
	邛西16	T_3x_2	−34.1	−22.0	−21.7		
普光	PG−1	T_3x	−37.4	−27.0			Hao[17]
	PG−2	T_3x	−30.8	−26.0			
新场	X851	T_3x_2	−30.3	−27.1			叶军[18]
合兴场	CH127	T_3x_2	−32.0	−26.0			
	CH100	T_3x_4	−34.6	−21.4			

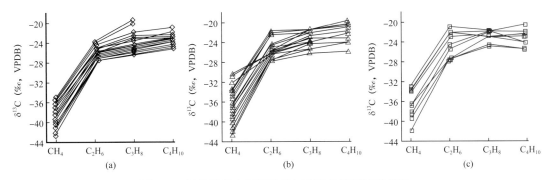

图 4　四川盆地须家河组天然气碳同位素系列折线图
（a）表 1 中的正碳同位素系列；（b）表 2 中的正碳同位素系列；（c）表 1、表 2 中的碳同位素倒转

须家河组煤成气的 $\delta^{13}C_2$ 值在四川盆地所有层位天然气中是最重的。由表 1、表 2 可知，$\delta^{13}C_2$ 值最重为 –20.7‰（大兴 5 井）[15]，最轻为 –28.3‰（西 72 井）。从图 5 可知，$\delta^{13}C_2$ 频率峰值在 –28‰～–24‰。四川盆地是个含气盆地，由于三叠系及其以下层位，除须家河组外，所有其他层系的烃源岩均处于裂解成气阶段（图 2），故三叠系及其以下地层发现的均是气藏（田）。须家河组虽在四川中部和东部还处于成熟阶段，但由于是煤系烃源岩，在成熟阶段以成气为主、成油为辅（仅有少量轻质油或凝析油）[22, 23]，故须家河组以形成气藏为主。由图 2 可知，须家河组煤成气的 $\delta^{13}C_2$ 值在四川盆地所有层位天然气中是最重的，这是由于须家河组以下层位其他烃源岩（除龙潭组有相对薄的煤系外）主要是腐泥型形成的油型气，所以 $\delta^{13}C_2$ 值轻。

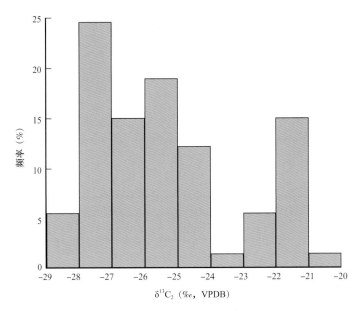

图 5　四川盆地须家河组煤成气 $\delta^{13}C_2$ 值频率图

在四川盆地 72 个须家河组煤成气样品中，川中地区发现的 $\delta^{13}C_1$ 值轻于 –40‰的气样有 22 个（表 1、表 2）。其中，最轻的为广安 14 井，$\delta^{13}C_1$ 值为 –43.0‰。故川中地区是

中国煤成气 $\delta^{13}C_1$ 值最轻的地区之一。在中国吐哈盆地中侏罗统—下侏罗统煤系形成的自生自储煤成气，其 $\delta^{13}C_1$ 值也有一批轻于 –40‰的。此外，在准噶尔盆地也有煤成气 $\delta^{13}C_1$ 值轻于 –40‰的。由于这些煤成气 $\delta^{13}C_1$ 值最轻的天然气都伴有乙烷、丙烷和丁烷，并具有 $\delta^{13}C_1<\delta^{13}C_2<\delta^{13}C_3<\delta^{13}C_4$ 的正碳同位素系列，说明烷烃气是原生型，未受次生改造或混合[19]。Patience 指出，煤成气 $\delta^{13}C_1$ 值在 –38‰~–22‰[24]。由表1、表2可见，须家河组煤成气 $\delta^{13}C_1$ 值最轻的为 –43.02‰（广安14井）[11]。由图6可见，在中国四川盆地、吐哈盆地和准噶尔盆地，煤成气 $\delta^{13}C_1$ 值有轻于 –40‰的，且 $\delta^{13}C_2$ 值均重于 –29‰，具有煤成气特征。故 Patience 指出的煤成气 $\delta^{13}C_1$ 上限最轻值为 –38‰值得商榷，根据中国的资料煤成气 $\delta^{13}C_1$ 最轻值应在小于 –44‰较合适。

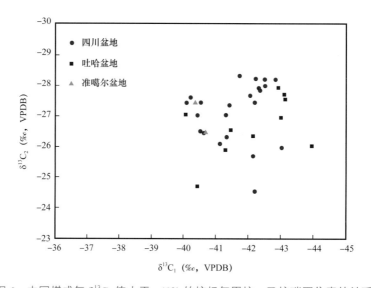

图6　中国煤成气 $\delta^{13}C_1$ 值小于 –40‰的烷烃气甲烷、乙烷碳同位素的关系

3.2　须家河组油型气碳同位素特征

戴金星等研究中国天然气的碳同位素后指出，油型气的 $\delta^{13}C_2$ 值小于 –29‰[14]。据此，在须家河组煤系砂岩中显然存在油型气气藏（卧龙河、纳溪和合江气藏）（表3~表5）。该煤系中发现的油型气气藏仅占很少比例（5.3%），并且仅在须家河组气源岩明显变薄的川南和川东地区（图1、图3）。根据须家河组油型气气藏和下伏各层系气藏的烷烃气碳同位素组成和硫化氢含量对比可以确定，须家河组煤系中油型气气藏的气源来自下伏相关地层。根据油型气来自下伏气藏层位的不同，可以分为两种类型。

3.2.1　油型气来自下伏嘉陵江组气藏

卧龙河气田和纳溪气田的须家河组气藏（卧浅1井、纳浅2井和纳14井）（表3、表4）气源来自下伏嘉陵江组气藏，其证据有二。

（1）卧龙河气田和纳溪气田须家河组气藏与嘉陵江组气藏的烷烃气碳同位素组成相

似（表3、表4）。

表3 四川盆地卧龙河气田须家河组气藏及其下伏各气藏天然气地球化学参数

井号	层位	井深（m）	主要组分含量（%）								$\delta^{13}C$（‰，VPDB）			
			CH_4	C_2H_6	C_3H_8	iC_4	nC_4	H_2S	CO_2	N_2	C_1	C_2	C_3	C_4
卧浅1	T_3x	244.00~290.45	95.96	1.18	0.47	0.10	0.04	0.24	1.01	0.44	-36.5	-30.3	-25.3	
卧2	T_1j_5	1633.00~1673.00	92.53	0.83	0.21	0.04	0.02	4.48	0.74	0.58	-32.8	-28.7	-23.5	
卧12	T_1j_5		96.74	1.42	0.50	0.30	0.30		0.33	0.51	-33.4	-33.4	-30.0	-25.8
卧13	T_1j_5	1570.00	92.40	0.80	0.20	0.06	0.10	4.97	0.46	0.78	-33.1	-28.7	-25.9	-24.2
卧25	T_1j_5	1649.50~1690.00	92.27	0.87	0.23	0.04	0.03	4.56	0.71	0.55	-33.0	-29.0	-24.2	
卧5	T_1j_{3-4}	1783.00~1890.00	93.97	0.79	0.19	0.05	0.08	3.73	0.29	0.76	-33.5	-29.2	-23.9	
卧50	T_1j_{3-4}	1855.00~1950.00	95.82	0.81	0.19	0.04	0.02	3.74	0.88	0.25	-33.6	-30.2	-24.2	
卧67	P_1^3	3275.00~3368.50	97.80	0.33	0.02			0.48	1.09	0.26	-31.9	-32.2	-26.7	
卧127	P_1^2	4245.50	92.02	0.26	0.01			2.09	5.29	0.32	-31.4	-32.8	-31.4	
卧48	C_2h	3804.50~3829.81	97.87	0.43	0.03			0.17	0.81	0.65	-32.9	-33.3		
卧58	C_2h	3752.00	97.13	0.46	0.05	0.002	0.003	0.24	1.44	0.66	-32.7	-36.3	-21.1	
卧88	C_2h	4372.00	97.02	0.52	0.06	0.002	0.002	0.12	1.38	0.86	-32.7	-34.6	-31.5	
卧120	C_2h	4439.00	96.40	0.65	0.06				1.19	1.65	-32.1	-36.1	-32.0	

表4 四川盆地纳溪气田须家河组气藏及其下伏各气藏天然气地球化学参数

井号	层位	井深（m）	主要组分含量（%）								$\delta^{13}C$（‰，VPDB）		
			CH_4	C_2H_6	C_3H_8	iC_4	nC_4	H_2S	CO_2	N_2	C_1	C_2	C_3
纳浅1	T_3x_6	440.00~441.95	97.16	0.69	0.08				0.75	1.18	-36.6	-30.0	-25.2
纳14	T_3x_{4-6}	530.09~651.69	96.95	1.24	0.29	0.03	0.05	0.01	0.53	0.79	-36.4	-30.7	-27.6
纳10	T_1j_{1-2}	1793.50~1831.00	94.58	2.00	0.70	0.19	0.31	0.03	0.04	1.69	-34.7	-32.1	-27.7
纳58	T_1j_{1-2}	2008.17~2049.64	89.48	4.17	1.61	0.54	0.68		0.05	1.49	-35.3	-33.2	-30.7
纳1	T_1j_1	1165.50~1185.00	96.28	1.36	0.37	0.07	0.10		0.25	1.13	-33.4	-33.0	-29.9
纳6	$P_1^{3(2)}$	2300.00~2339.24	97.62	1.21	0.27	0.01	0.02	0.02	0.72	0.09	-32.3	-35.2	-31.9
纳17	$P_1^{3(2)}$	2051.00~2052.31	97.63	1.08	0.21			0.02	0.75	0.24	-32.9	-35.4	-31.9
纳21	$P_1^{3(2)}$	2543.00~2649.00	97.31	0.81	0.20			0.07	0.73	0.84	-32.1	-35.1	-31.9
纳33	$P_1^{3(2)}$	2333.50~2355.00	97.30	1.08	0.22	0.005	0.008	0.02	0.73	0.59	-33.0	-35.4	-31.7

表5　四川盆地合江气田须家河组气藏及其下伏各气藏天然气地球化学参数

井号	层位	井深（m）	主要组分含量（%）						$\delta^{13}C$（‰，VPDB）		
			CH_4	C_2H_6	C_3H_8	H_2S	CO_2	N_2	C_1	C_2	C_3
合8	T_3x_6	1262.00~1276.98	98.49	0.65	0.07	0.03	0.24	0.41	−30.2	−33.8	
合10	T_1j_3	1882.00~1918.68	98.21	0.42	0.03	0.49	0.08	0.76	−29.9	−35.1	
合12	T_1j_2	1935.00~1975.00	98.76	0.44	0.06	0.25	0.03	0.42	−30.2	−33.8	
合9	T_1j_{1-2}	2000.00~2195.00	97.25	0.46	0.07	0.44	0.08	1.66	−29.4	−33.2	−29.5
合18	T_1f_1	2694.50~2700.50	98.80	0.52	0.08		0.37	0.10	−30.8	−33.9	−30.5
合4	$P_1^{3(3)}$	2891.00~2897.20	98.06	0.58	0.11	0	0.85	0.36	−30.7	−34.7	−31.1

　　烷烃气碳同位素值都随分子中碳数递增而有序增重，即具有正碳同位素系列[19, 25]，各气藏对应的组分 $\delta^{13}C_1$、$\delta^{13}C_2$、$\delta^{13}C_3$ 值相近或基本相近，$\delta^{13}C_1$、$\delta^{13}C_2$、$\delta^{13}C_3$ 值连线呈线状[图7（a）、（b）]；而嘉陵江组气藏下伏（卧龙河气田）的下二叠统和黄龙组气藏[图7（a）]，以及纳溪气田下二叠统气藏[图7（b）]的烷烃气碳同位素系列发生倒转（$\delta^{13}C_1>\delta^{13}C_2<\delta^{13}C_3$），其连线呈反V型。这些碳同位素发生倒转气藏的气源经大量研究证明来自志留系泥质烃源岩[17, 26]。关于嘉陵江组气藏的气源来自何方气源岩，以往的观点认为，主要来自上二叠统龙潭组煤系，并有腐泥型志留系烃源岩的贡献[20, 27]。但当深入研究嘉陵江组各层气藏烷烃气的碳同位素后，上述有关气源岩和天然气类型的观点值得商榷，因为 $\delta^{13}C_2$ 值轻重是衡量气类型的重要指标。卧龙河气田须家河组气藏和嘉陵江组各气藏 $\delta^{13}C_2$ 值相当接近，从 −30.3‰~−28.7‰，平均值为 −29.4‰；纳溪气田须家河组和嘉陵江组各气藏 $\delta^{13}C_2$ 值比较接近，从 −33.2‰~−30.0‰，平均值为 −31.8‰（表3、表4）。王世谦研究四川盆地各层系天然气碳同位素组成时煤成气的 $\delta^{13}C_2$ 值大于 −29‰[13]，而上述两气田须家河组和嘉陵江组气藏的 $\delta^{13}C_2$ 平均值均小于 −29‰。因此，卧龙河气田和纳溪气田须家河组和嘉陵江组气藏应属油型气，其气源岩不是龙潭组煤系。

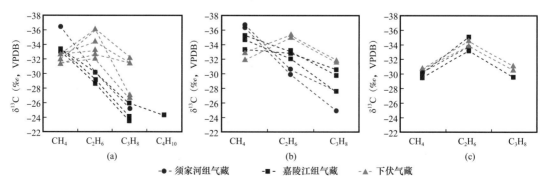

图7　四川盆地须家河组气藏及下伏气藏烷烃气碳同位素系列
（a）卧龙河气田；（b）纳溪气田；（c）合江气田

龙潭组煤系气源岩形成的煤成气 $\delta^{13}C_2$ 值重，近年来的研究证明了此点。普光气田普光 2 井龙潭组气源岩形成的煤成气向上运移至长兴组和飞仙关组，其 $\delta^{13}C_1$ 值十分接近。普光 2 井龙潭组天然气的 $\delta^{13}C_2$ 值为 –25.2‰[17]，具有典型的煤成气特征。川东北和川北地区龙潭组煤系形成的煤成气向上覆长兴组和飞仙关组运移，其天然气也同样表现出 $\delta^{13}C_2$ 值重的特征。如龙岗气田 LG1 井[28]、毛坝气田毛坝 1 井及元坝气田元坝 1- 侧 1 井的天然气 $\delta^{13}C_2$ 值重，从 –25.3‰～–22.7‰，也具有从龙潭组煤系生成的典型煤成气的特征[29]。故卧龙河气田和纳溪气田嘉陵江组天然气的 $\delta^{13}C_2$ 值较轻，为 –33.2‰～–28.7‰（表 3、表 4），它不是来自龙潭组生成的煤成气，可能是有机碳含量基本达到 0.50%，高可达 1.06%[7, 26] 的长兴组碳酸盐岩的产物（图 2）。

（2）卧龙河气田和纳溪气田须家河组砂岩储层中天然气具有相对高含量的 H_2S。

中国天然气中 H_2S 含量有无和高低明显受储层岩性控制。在碎屑岩里天然气中 H_2S 含量很低至没有；而碳酸盐岩中天然气则较普遍含 H_2S，有时含量很高。中国砂岩储层主要发育在石炭系—二叠系、上三叠统及较晚地层中。石炭系—二叠系碎屑岩气主要在鄂尔多斯盆地，绝大部分不含 H_2S 或含量极低。南海和东海大陆架上崖 13-1、东方 1-1 构造和春晓大气田古近系砂岩中基本不含 H_2S。渤海湾盆地砂岩中天然气也几乎不含 H_2S，辽河油田砂岩储层中 900 口井经 2800 井次天然气组分分析均是贫 H_2S 的（ H_2S 含量小于 4mg/m³，即小于 0.00025%）；大港油田各区砂岩中天然气 H_2S 含量也很低，414 个样品分析中 413 个 H_2S 含量为 4.3～17.0mg/m³，仅有一个样品 H_2S 含量超过民用标准达到 21mg/m³（0.0013%）；胜利油田胜坨地区和孤岛地区气层气和伴生气中 H_2S 含量绝大多数在 70mg/m³ 以下，仅有 1 口井最高含量达 1296mg/m³（0.0841%）[30]。四川盆地虽天然气产层很多，但除上三叠统须家河组储层为砂岩外，其他的均为碳酸盐岩，根据对须家河组 113 口井 225 井次气组分分析统计，不含硫化氢的井 104 口、204 井次，其余 9 口井除卧龙河气田的卧浅 1、卧浅 2 井外，H_2S 含量小于或等于 0.03%。砂岩中 H_2S 含量极低或没有是因为：① 砂岩一般在氧化环境中沉积而有较多氧化剂（ Fe_2O_3 ），故砂岩中即使聚集有 H_2S 也易被氧化为黄铁矿；② 砂岩表面积大而具有脱硫作用，致使 H_2S 无法存在；③ 在碳酸盐岩和膏盐组合地层中，通过 TSR（硫酸盐热化学还原反应）形成 H_2S[31~33]，H_2S 有利于在缺乏 Fe_2O_3 的碳酸盐岩储层中储存。

由表 3、表 4 可知，卧龙河气田除碳酸盐岩储层的黄龙组气藏（C_2h）、下二叠统气藏（P_1^2，P_1^3 ）和嘉陵江组气藏（T_1j_{3-4}，T_1j_5 ）均含 H_2S 外，卧浅 1 井须家河组砂岩中气藏 H_2S 含量高达 0.24%，是四川盆地须家河组砂岩中最高 H_2S 含量 0.03% 的 8 倍。卧龙河气田须家河组气藏中卧浅 2 井是中国碎屑岩中 H_2S 含量最高的井，H_2S 含量达 0.68%[30]。卧龙河气田须家河组砂岩中 H_2S 含量高，它是由下伏嘉陵江组高含 H_2S 的各气藏通过断裂或裂缝系统运移来的，属于次生成因，而且这种运移至今还未结束[30]。在中亚卡拉库姆盆地道列塔巴德—顿麦兹气田下白垩统沙特雷克层红色砂岩的天然气中 H_2S 含量高达

0.94％，它是沿着断裂和大裂缝系统从穆尔加勃坳陷等深部含 H_2S 的流体运移来的，这种运移至今仍在进行，故致使红色砂岩保持着高 H_2S 含量[34]。

由表 3 可见，卧龙河气田以嘉陵江组各层气藏 H_2S 含量最高，从 3.73％～4.97％；下二叠统气藏 H_2S 含量从 0.48％～2.09％；而黄龙组气藏 H_2S 含量最低，仅 0.12％～0.24％，与须家河组气藏 H_2S 含量相当，甚至还低。从烷烃气碳同位素组成和系列倒转及 H_2S 含量看，由下伏碳酸盐岩向上覆砂岩 H_2S 含量必降低，故须家河组气藏中 H_2S 不可能来自黄龙组和下二叠统气藏，而是来自嘉陵江组各层的气藏。用以上同样的原则分析与对比表 4，纳溪气田须家河组天然气也是来源于嘉陵江组气藏，不来自于下二叠统气藏。

3.2.2 油型气来自下伏下二叠统（$P_1^{3(3)}$）及更老气藏

由表 5 可知，合江气田须家河组气藏（合 8 井）与卧龙河气田及纳溪气田的须家河组气藏不同（表 3、表 4），其须家河组气藏之下虽有嘉陵江组气藏（合 9、合 10、合 12 井）、飞仙关组气藏（合 18 井）和下二叠统气藏（合 4 井），但以上 4 个气藏烷烃气碳同位素值都非常接近，如 $\delta^{13}C_1$ 值从 –30.8‰～–29.4‰，$\delta^{13}C_2$ 值从 –35.1‰～–33.2‰，$\delta^{13}C_3$ 值从 –31.1‰～–29.5‰（表 5）；并且碳同位素系列均发生倒转，即 $\delta^{13}C_1>\delta^{13}C_2<\delta^{13}C_3$；各气藏的 $\delta^{13}C_1$—$\delta^{13}C_2$—$\delta^{13}C_3$ 连线呈反 V 字形并十分一致 [图 7（c）]。这些特征均说明须家河组气藏的天然气来自下二叠统及更老气藏。

合江气田须家河组气藏到底来源于下伏什么气源岩？从表 3～表 5 与图 7 可见，下二叠统气藏和黄龙组气藏才出现烷烃气碳同位素系列倒转、且 $\delta^{13}C_1$—$\delta^{13}C_2$—$\delta^{13}C_3$ 连线呈反 V 字形，合江气田须家河组气藏也具此特征，故其气源可追踪到黄龙组气藏。上面已经指出黄龙组气藏的气源岩为志留系泥质烃源岩[17, 26]，故合江气田须家河组气藏的气源岩也是志留系烃源岩。

4 结论

四川盆地上三叠统须家河组煤系须一、须三、须五段以暗色泥岩和煤为主，泥岩干酪根以 II 和 III 型为主；该组须二、须四、须六段以砂岩为主。故须家河组有三套生储盖组合，形成许多自生自储煤成气田。在四川盆地须家河组发现的天然气储量仅次于下三叠统飞仙关组，并且在须家河组有该盆地第二大气田（广安气田）。须家河组煤成气碳同位素特征：（1）绝大部分具有正碳同位素系列，即 $\delta^{13}C_1<\delta^{13}C_2<\delta^{13}C_3<\delta^{13}C_4$；（2）$\delta^{13}C_2$ 值是全盆地 9 个产气层系中最重的，为 –28.3‰～–20.7‰；（3）川中地区有一批轻的 $\delta^{13}C_1$ 值，最轻为 –43.0‰。在川东和川南须家河组变薄的地区还发现少量油型气藏，这些气藏的碳同位素特征是 $\delta^{13}C_2$ 值轻，一般轻于 –30.0‰，最轻为 –36.3‰，易与煤成气区分。

参 考 文 献

［1］汪泽成，赵文智，张林，等.四川盆地构造层序与天然气勘探.北京：地质出版社，2002，1-9.

［2］王兰生，陈盛吉，杜敏，等.四川盆地三叠系天然气地球化学特征及资源潜力分析.天然气地球科学，2008，19（2）：222-228.

［3］杨建红，公禾，申洪亮.2007年中国天然气行业发展综述.世界石油经济，2008，16（6）：14-18.

［4］马永生，蔡勋育.四川盆地川东北区二叠系—三叠系天然气勘探成果与前景展望.石油与天然气地质，2006，27（6）：741-750.

［5］戴金星，夏新宇，卫延召，等.四川盆地天然气的碳同位素特征.石油实验地质，2001，23（2）：115-121.

［6］朱光有，张水昌，梁英波，等.四川盆地天然气特征及气源.地学前缘，2006，13（2）：234-248.

［7］黄籍中，陈盛吉，宋家荣，等.四川盆地烃源体系与大中型气田形成.中国科学（D辑），1996，26（6）：504-510.

［8］冉隆辉，谢姚祥，王兰生.从四川盆地解读中国南方海相碳酸盐岩油气勘探.石油与天然气地质，2006，27（3）：289-294.

［9］翟光明.中国石油地质志（卷十二）.北京：石油工业出版社，1992，68-70.

［10］马永生，蔡勋育，郭彤楼.四川盆地普光大型气田油气充注与富集成藏的主控因素.科学通报，2007（增刊Ⅰ）：149-155.

［11］李登华，李伟，汪泽成，等.川中广安气田天然气成因类型及气源分析.中国地质，2007，34（5）：829-836.

［12］陈义才，郭贵安，蒋裕强，等.川中地区上三叠统天然气地球化学特征及成藏过程探讨.天然气地球科学，2007，18（5）：737-742.

［13］王世谦.四川盆地侏罗系—震旦系天然气的地球化学特征.天然气工业，1994，14（6）：1-5.

［14］戴金星，秦胜飞，陶士振，等.中国天然气工业发展趋势和天然气地球化学理论重要进展.天然气地球科学，2005，16（2）：127-142.

［15］樊然学，周洪忠，蔡开平.川西坳陷南段天然气来源与碳同位素地球化学研究.地球学报，2005，26（2）：157-162.

［16］王顺玉，明巧，黄羚，等.邛西地区邛西构造须二段气藏流体地球化学特征及连通性研究.天然气地球科学，2007，18（6）：789-792.

［17］Hao F. Evidence for multiplestages of oil cracking and thermochemical sulfate reduction in the Puguang gas field, Sichuan Basin, China. AAPG Bulletin, 2008, 92（5）：611-637.

［18］叶军.川西新场851井深部气藏形成机制研究——X851井高产工业气流的发现及其意义.天然气工业，2001，21（4）：16-20.

［19］Dai J X, Xia X Y, Qin S F. et al. Origins of partially reserved alkane $\delta^{13}C$ values for biogenic gases in China. Organic Geochemistry, 2004, 35（4）：405-411.

［20］戴金星，夏新宇，秦胜飞，等.中国有机烷烃气碳同位素系列倒转的成因.石油与天然气地质，

2003, 24 (1): 3-6.

[21] 李云, 时志强. 四川盆地中部须家河组致密砂岩储层流体包裹体研究. 岩性油气藏, 2008, 20 (1): 27-32.

[22] 戴金星. 成煤作用中形成的天然气和石油. 石油勘探与开发, 1979, 6 (3): 10-17.

[23] 戴金星, 夏新宇, 秦胜飞, 等. 中国天然气勘探开发的若干问题 // 中国石油天然气股份有限公司 2000 年勘探技术座谈会报告集. 北京: 石油工业出版社, 2001, 186-192.

[24] Patience R. Where did all the coal gas go? Organic Geochemistry, 2003, 34: 375-387.

[25] Galimov E M. Isotope or ganic geochemistry. Organic Geochemistry, 2006, 37: 1200-1262.

[26] 胡光灿, 谢姚祥. 中国四川东部高陡构造石炭系气田. 北京: 石油工业出版社, 1997, 47-62.

[27] 胡安平, 陈汉林, 杨树峰, 等. 卧龙河气田天然气成因及成藏主要控制因素. 石油学报, 2008, 29 (5): 643-649.

[28] 陈盛吉, 谢邦华, 万茂霞, 等. 川北地区礁滩气藏的烃源条件与资源潜力分析. 天然气勘探开发, 2007, 30 (4): 1-6.

[29] 戴金星, 倪云燕, 周庆华, 等. 中国天然气地质和地球化学研究对天然气工业的意义. 石油勘探与开发, 2008, 35 (5): 513-525.

[30] 戴金星. 中国含硫化氢天然气分布特征、分类及其成因探讨. 沉积学报, 1985, 3 (4): 109-120.

[31] Cai C F, Worden R H. Bottrell S H. et al. Thermochemical sulphate reduction and the generation of hydrogen sulphide and thiols (mercaptans) in Triassic carbonate reservoirs from the Sichuan Basin, China. Chemical Geology, 2003, 202: 39-57.

[32] Zhang S C, Zhu G Y. Liang Y B. et al. Geochemical characteristics of the Zhaolanzhuang sour gas accumulation and thermochemical sulfate. Organic Geochemistry, 2005, 36: 1717-1730.

[33] Zhu G Y, Zhang S C, Liang Y B. The controlling factors and distribution prediction of H_2S formation in marine carbonate gas reservoir, China. Chineses Science Bulletin, 2007, 52 (Supp I): 150-163.

[34] Lomako P M, Hudaynazarov G B. Some features of the propagation of hydrogen sulphide gases of the subslat deposits of eastern Turkmenistan. Geology of Oil and Gas, 1983, (9): 41-46.

中国致密砂岩气及在勘探开发上的重要意义 ❶

1　致密砂岩及致密砂岩气藏分类

1.1　致密砂岩定义

按渗透率和孔隙度，可将砂岩分为多种类型。国内外学者和研究机构在致密砂岩气藏类型划分前提下提出了致密砂岩的孔隙度和渗透率划分标准。由表1可知，致密砂岩常泛指渗透率小于1mD（更多文献限定为小于0.1mD），孔隙度小于10%的砂岩[1~14]。

表1　致密砂岩分类孔隙度和渗透率参数

孔隙度上限（%）	渗透率上限（mD）	参考文献
	0.1	[1]
	0.1	[2]
10	0.1	[3]
	0.1	[4]
12	1.0（空气渗透率）	[5]
	0.1	[6]
10	0.1（有效渗透率）	[7]
5	0.1（有效渗透率）	[8]
	0.1（覆压基质渗透率）	[9]
12	0.1	[10]
10	0.5	[11]
3~12	0.1	[12]
12	1.0	[13]
10	1.0	[14]

---

❶　原载于《石油勘探与开发》，2012，39（3）：257-264，作者还有倪云燕、吴小奇。

1.2 致密砂岩气藏（田）分类

致密砂岩气藏系指聚集工业天然气的致密砂岩场晕或圈闭。根据其储层特征、储量大小及所处区域构造位置高低，可将致密砂岩气藏分为两类。

1.2.1 "连续型"致密砂岩气藏（田）

通常位于构造的低部位，圈闭界限模糊不清，储层展布广，往往气水分布倒置或无统一气水界面，储量很大，储量丰度相对较低，储源一体或近源。如中国鄂尔多斯盆地苏里格气田石炭系—二叠系盒 8 段砂岩平均孔隙度仅 9.6%，渗透率仅 1.01mD，山 1 段砂岩平均孔隙度仅 7.6%，渗透率仅 0.60mD[14]。截至 2011 年底，苏里格气田致密砂岩气藏探明地质储量为 $2.8 \times 10^{12} m^3$；西加拿大阿尔伯达盆地艾尔姆沃斯（Elmworth）气田气层孔隙度为 0.9%～17.7%，渗透率为 0.1～13.5mD[15]，可采储量为 $4760 \times 10^8 m^3$[12]；美国圣胡安盆地向斜轴部白垩系致密砂岩气田气层孔隙度为 1.2%～5.8%，渗透率为 0.06～0.96mD[16]，可采储量为 $7079 \times 10^8 m^3$；丹佛盆地向斜轴部瓦腾堡气田储层也是白垩系致密砂岩，储量为 $368 \times 10^8 m^3$[15]。以上气田均为气水分布倒置的深盆气田。需要指出的是，艾尔姆沃斯气田为典型的致密砂岩深盆气，但该气田部分地区孔隙度和渗透率超出表 1 中界限值，这些地区为"甜点"所在，故只要具备连续型致密砂岩气藏基本特征，孔渗标准也可变通。

1.2.2 "圈闭型"致密砂岩气藏（田）

与"连续型"致密砂岩气藏（田）共同点是储层为低孔渗致密砂岩，不同之处是天然气往往聚集在圈闭高处，气水关系正常，上气下水，储量规模相对偏小。中国四川盆地孝泉气藏天然气即聚集在侏罗系致密砂岩的高部位（图 1）[17]；渤海湾盆地户部寨气藏，储层沙河街组四段砂岩平均孔隙度为 8.3%，平均渗透率为 0.3mD，天然气在受断层复杂化的地垒高部位聚集成藏，储层裂缝发育[18, 19]；塔里木盆地库车坳陷大北气田下白垩统巴什基奇克组（K_1bs）为致密砂岩气层，大北 302 井 7203.64～7247.18m 的 5 个岩样孔隙度为 1.00%～4.63%，平均值为 2.62%；渗透率为 0.0137～0.0610mD，平均值为 0.0362mD，气藏分布在断背斜高部位（图 2）。

致密砂岩气藏一般自然产能不大或低于工业气流下限，甚至无自然产能，但在一定经济和技术措施下可获得工业天然气产能。

姜振学等[20]根据致密砂岩气藏烃源岩生排烃高峰期与储层致密演化史两者之间的先后关系，把致密砂岩气藏分为两种类型：（1）"先成型"致密砂岩气藏，储层致密化过程发生在烃源岩生排烃高峰期天然气充注之前；（2）"后成型"致密砂岩气藏，储层致密化过程发生在烃源岩生排烃高峰期天然气充注之后。

2 中国致密砂岩大气田概况

目前中国把地质储量达 $300 \times 10^8 m^3$ 及以上的气田定为大气田。截至 2010 年底，中国共发现了 45 个大气田，其中致密砂岩大气田 15 个（图 3）；致密砂岩大气田探明天然气地质储量 $28656.7 \times 10^8 m^3$（表 2），分别占全国探明天然气地质储量和大气田地质储量的 37.3% 和 45.8%。2010 年全国致密砂岩大气田共产气 $222.5 \times 10^8 m^3$，占当年全国产气量的 23.5%（表 2）。可见，中国致密砂岩大气田总储量和年总产量已分别约占全国天然气储量和产量的 1/3 和 1/4。

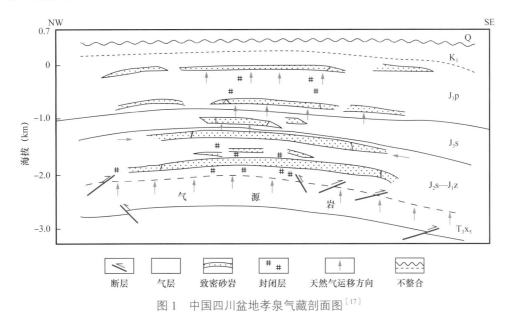

图 1　中国四川盆地孝泉气藏剖面图[17]

J₃p—上侏罗统蓬莱镇组；J₃s—上侏罗统遂宁组；J₂s—中侏罗统沙溪庙组；J₁z—下侏罗统自流井组；
T₃x—上三叠统须家河组

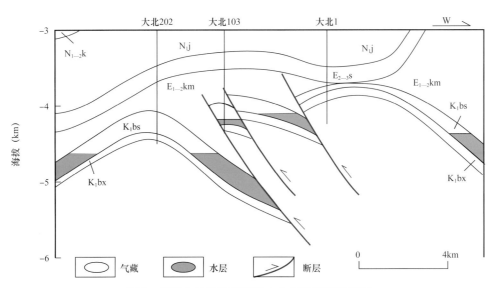

图 2　塔里木盆地库车坳陷大北气田剖面示意图

N₁₋₂k—中新统—上新统康村组；N₁j—中新统吉迪克组；E₂₋₃s—始新统—渐新统苏维依组；E₁₋₂km—古新统—始新统库姆格列木组；K₁bs—下白垩统巴什基奇克组；K₁bx—下白垩统巴西盖组

表2 中国致密砂岩大气田基础数据

盆地	气田	主要产层	气藏类型	地质储量① (10^8m^3)	年产量 (10^8m^3)	平均孔隙度（%）	渗透率（mD） 范围	渗透率（mD） 平均值	文献
鄂尔多斯	苏里格	P_2sh, P_2x, P_1s_1	连续型	11008.2	104.75	7.163（1434）②	0.001~101.099	1.284（1434）	本文
	大牛地	P, C		3926.8	22.36	6.628（4068）	0.001~61.000	0.532（4068）	
	榆林	P_1s_2		1807.5	53.30	5.630（1200）	0.003~486.000	4.744（1200）	
	子洲	P_1s, P_2x		1152.0	5.87	5.281（1028）	0.004~232.884	3.498（1028）	
	乌审旗	P_2sh, P_2x, O_1		1012.1	1.55	7.820（689）	0.001~97.401	0.985（687）	
	神木	P_1t, P_1s, P_2x		935.0	0.00	4.712（187）	0.004~3.145	0.353（187）	
	米脂	P_1s_1, P_2x, P_2sh		358.5	0.19	6.180（1179）	0.003~30.450	0.655（1179）	
四川	合川	T_3x	连续型	2299.4	7.46	8.45		0.313	[21]
	新场	J_3, T_3x	圈闭型为主	2045.2	16.29	12.31（>1300）		2.560（>1300）	[22]
	广安	T_3x	连续型	1355.6	2.79	4.20		0.350	[23]
	安岳	T_3x	连续型	1171.2	0.74	8.70		0.048	[21]
	八角场	J, T_3x	圈闭型为主	351.1	1.54	T_3x_4平均7.93		0.580	[24]
	洛带	J_3	圈闭型	323.8	2.83	11.80（926）		0.732（814）	[25]
	邛西	J, T_3x	圈闭型为主	323.3	2.65	T_3x_2平均3.29		0.0636	[24]
塔里木	大北	K	圈闭型	587.0	0.22	2.62（5）		0.036（5）	本文

① 数据采集年份为2010年；② 括号内数据为样品数。

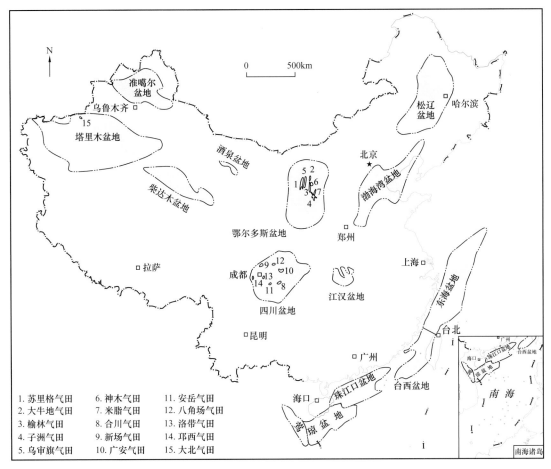

图3　中国致密砂岩大气田分布图

1. 苏里格气田　　6. 神木气田　　11. 安岳气田
2. 大牛地气田　　7. 米脂气田　　12. 八角场气田
3. 榆林气田　　　8. 合川气田　　13. 洛带气田
4. 子洲气田　　　9. 新场气田　　14. 邛西气田
5. 乌审旗气田　　10. 广安气田　　15. 大北气田

3　中国致密砂岩气藏的气源

由表3可知，中国致密砂岩大气田具有以下天然气地球化学特征：（1）天然气组分中非烃气（主要是 CO_2 和 N_2）含量低，一般为1.5%～2.5%，神木气田双20井非烃气含量最高，为3.29%。（2）天然气组分以烷烃气（C_{1-4}）为主，含量为96.23%（安岳气田岳101井）～99.59%（广安气田广安106井），其中甲烷含量最高，为84.38%（安岳气田岳101井）～96.04%（大北气田大北201井），故为优质商品气。由于天然气组分以烷烃气占绝对优势，故研究气源即是讨论烷烃气的气源。（3）表3中除个别井（如大北201井）碳同位素组成局部发生倒转外，绝大部分均为正碳同位素系列，说明这些烷烃气为有机成因[26]。（4）将表3中 $\delta^{13}C_1$、$\delta^{13}C_2$ 和 $\delta^{13}C_3$ 值投入戴金星于1992年提出的有机成因气 $\delta^{13}C_1$—$\delta^{13}C_2$—$\delta^{13}C_3$ 鉴别图中（图4）[27]❶，并把 $\delta^{13}C_1$ 与 C_1/C_{2+3} 值投入 Whiticar 天然

❶ 戴金星，关于有关成因气 $\delta^{13}C_1$—$\delta^{13}C_2$—$\delta^{13}C_3$ 鉴别图的简化和完善，2012。

表 3　中国致密砂岩大气田天然气地球化学参数

盆地	气田	井号	层位	天然气主要组分（%）					$\delta^{13}C$（‰，VPDB）							文献
				CH_4	C_2H_6	C_3H_8	iC_4	nC_4	C_{1-4}	CO_2	N_2	CH_4	C_2H_6	C_3H_8	C_4H_{10}	
鄂尔多斯	苏里格	苏 1	P_2x	92.24	4.16	0.81	0.18	0.14	97.53	1.70	0.56	−34.2	−22.2	−22.1	−21.6	本文
		苏 80	P_2x	88.34	3.94	3.02	1.69	1.52	98.51	1.46	0	−34.5	−26.5	−26.1	−25.0	
		苏 38	P_1s	92.98	3.45	0.79	0.31	0.32	97.85	2.15	0	−31.7	−22.1	−21.5	−20.6	
	大牛地	D16	P_2sh	94.37	2.52	0.26	0.06	0.09	97.30	0.37	1.96	−35.1	−27.1	−26.0	−23.9	
		DK13	P_1s	94.49	1.71	0.31	0.07		96.58	0.28	2.35	−36.6	−25.7	−24.5	−22.6	
	榆林	榆 37	P_1s	94.66	2.93	0.42	0.06	0.06	98.13	1.11	0.66	−31.8	−26.1	−24.6	−23.0	
		榆 44−4	P_1s	89.62	5.66	1.67	0.40	0.43	97.78			−31.4	−25.0	−22.8	−22.8	
	子洲	洲 16−19	P_1s	91.53	5.22	1.16	0.19	0.20	98.30			−34.5	−24.3	−21.7	−21.7	
		洲 26−26	P_1s	91.63	4.60	0.99	0.17	0.20	97.59			−31.6	−25.0	−22.9	−22.7	
	乌审旗	陕 215	P_2sh	93.60	3.79	0.55	0.08	0.08	98.10	0.76	0.46	−32.9	−26.0	−24.0	−22.3	
		陕 243	P_2x	90.85	5.46	1.03	0.18	0.17	97.69	0.54	1.55	−35.0	−24.0	−23.6	−22.4	
	神木	神 1	P_2x	92.86	4.69	1.23	0.16	0.18	99.12		0.73	−37.1	−24.7	−24.5	−23.9	
		双 20	P_1t	93.06	3.22	0.56	0.11	0.10	97.05	2.47	0.82	−35.8	−25.6	−24.0	−23.0	
	米脂	榆 17−2	P_2sh	91.16	5.31	0.84	0.14	0.14	97.59	1.81	0.11	−34.2	−25.5	−23.1	−21.1	[37]
		米 1	P_2x	93.39	3.53	0.40	0.09	0.06	97.47	0.32	1.79	−32.6	−23.0	−21.9	−20.6	
四川	合川	合川 106	T_3x_2	89.28	6.83	1.87	0.46	0.37	98.81	0.21	0.39	−39.8	−27.0	−24.1		本文
		潼南 105	T_3x_2	87.77	7.42	2.32	0.57	0.50	98.58	0.27	0.37	−40.4	−27.4	−24.0		
	新场	JS12	J	88.82	5.66	1.95	0.42	0.51	97.36		2.01	−34.4	−25.2	−22.3	−21.9	[32]
		新 882	T_3x_4	93.41	3.78	0.93	0.20	0.18	98.50	0.46	0.85	−34.3	−23.1	−21.4	−20.0	
	广安	广安 106	T_3x_4	94.16	4.78	0.49	0.09	0.07	99.59		0.39	−37.8	−25.7	−24.7	−22.5	[33]
		广安 128	T_3x_4	94.31	4.33	0.54	0.20	0.07	99.45		0.59	−37.7	−25.2	−23.3	−21.3	
	安岳	岳 101	T_3x_2	84.38	7.87	2.50	0.69	0.79	96.23	0.35	0.71	−41.3	−26.8	−23.7	−25.2	[35]
		安岳 2	T_3x_2	87.20	7.59	2.38	0.56	0.44	98.17	0.87	0.70	−41.2	−26.7	−23.8	−24.5	
	八角场	角 33	T_3x_6	92.28	5.02	1.20	0.23	0.27	99.00		0.86	−39.5	−25.7	−24.4	−23.4	本文
		角 53	T_3x_4	92.95	4.93	1.14	0.20	0.24	99.46		0.38	−40.1	−27.4	−24.6	−24.6	
	洛带	LS35	J	88.72	6.00	2.03	0.41	0.52	97.68		1.70	−33.5	−24.0	−21.5	−21.2	[32]
		Long42	$J_3p_4^2$	90.52	4.96	1.50	0.32	0.39	97.69		1.80	−32.9	−24.0	−21.2	−21.3	
	邛西	QX6	T_3x_2	95.95	2.48	0.30	0.04	0.04	98.81	0.92	0.21	−31.2	−23.2	−23.1	−20.9	
		QX13	T_3x_2	93.49	3.90	0.63	0.11	0.08	98.21	1.47	0.25	−33.7	−24.1	−23.4	−20.9	
塔里木	大北	大北 102	K	96.01	2.08	0.38	0.09	0.09	98.65	0.44	0.64	−29.5	−21.6	−21.0	−22.5	本文
		大北 201	K	96.04	1.93	0.35	0.08	0.09	98.49	0.53	0.65	−28.9	−21.7	−20.9	−22.3	

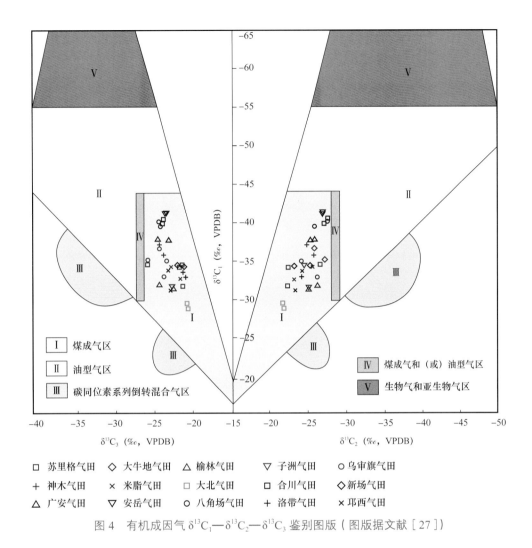

图4 有机成因气 $\delta^{13}C_1$—$\delta^{13}C_2$—$\delta^{13}C_3$ 鉴别图版（图版据文献［27］）

气成因鉴别图（图5）[28]，可见目前中国发现的致密砂岩大气田天然气均为煤成气，即气源都来自煤系中Ⅲ型泥岩和腐殖煤。鄂尔多斯盆地苏里格、大牛地、榆林、子洲、乌审旗、神木和米脂7个致密砂岩大气田气源来自石炭系本溪组、二叠系太原组和山西组3套煤系[29~31]；四川盆地合川、新场、广安、安岳、八角场、洛带和邛西7个致密砂岩大气田气源来自上三叠统须家河组煤系[32~36]。此外，"圈闭型"致密砂岩气藏，如渤海湾盆地户部寨沙河街组四段致密砂岩气藏，其气源为下伏石炭系—二叠系煤系[18]。四川盆地孝泉侏罗系致密砂岩气藏，其气源为下伏须家河组煤系[17]。塔里木盆地库车坳陷东部依南2侏罗系阿合组致密砂岩气藏气源主要来自下伏三叠系塔里奇克组煤系[13]，依南2井天然气 $\delta^{13}C_1$ 为 –32.2‰，$\delta^{13}C_2$ 为 –24.6‰，$\delta^{13}C_3$ 为 –23.1‰，$\delta_{13}C_4$ 为 –22.8‰[36]，为煤成气特征。综上所述，中国致密砂岩气藏的天然气都是煤成气，这是由于致密砂岩孔渗极低，只有"全天候"气源岩煤系连续不断供气，才能形成大气藏。

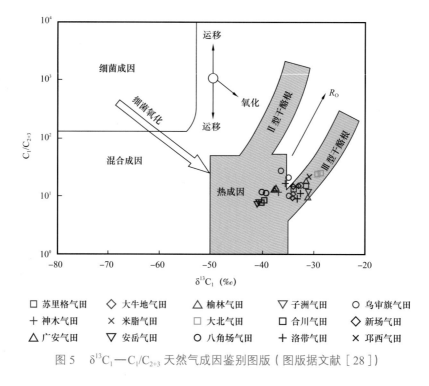

图 5 $\delta^{13}C_1$—C_1/C_{2+3} 天然气成因鉴别图版（图版据文献［28］）

4 中国致密砂岩气勘探开发优势

目前在中国非常规天然气（致密砂岩气、页岩气、煤层气和气水合物）勘探开发中，笔者认为应以致密砂岩气为先导，重点发展，以下从技术可采储量、探明储量、产量三个方面加以论证。

4.1 致密砂岩气技术可采资源量大且可信度最高

中国致密砂岩气技术可采资源量为 $11\times10^{12}m^3$，页岩气技术可采资源量为 $11\times10^{12}m^3$，煤层气技术可采资源量为 $12\times10^{12}m^3$[38]（文献［39］报道可采资源量约 $10.8\times10^{12}m^3$），三类天然气的可采资源量几乎相当。但可采资源量可信度以致密砂岩气最高，因为致密砂岩气可采资源量主要分布在鄂尔多斯盆地和四川盆地等区域，为全国第三次资源评价及一些研究单位和众多学者先后 40 年多次评价所证实[40]。对煤层气技术可采资源量也曾做过几次资源评价，但在研究层次、深度等方面与致密砂岩气相比差距较大，且近年来产量欠佳，说明其技术可采资源量可信度尚待检验。页岩气技术可采资源量与致密砂岩气等同，为 $11\times10^{12}m^3$，但中国 2003 年才开始进入页岩气研究的初始阶段[41]。因此，页岩气技术可采资源量可信度远差于致密砂岩气。

4.2 非常规气中致密砂岩气储量最丰富

由表 2 可见，截至 2010 年底，中国 15 个致密砂岩大气田探明天然气储量共计

$28656.7 \times 10^8 m^3$，占当年全国天然气总探明储量的 37.3%，如再加上全国中小型致密砂岩气田储量（$1452.5 \times 10^8 m^3$），中国致密砂岩气探明储量将达到 $30109.2 \times 10^8 m^3$，占全国天然气总探明储量的 39.2%。由图 6 可见，1990—2010 年的 20 年间美国天然气年产气量基本呈增长之势，主要是由于有致密砂岩气产量增长作支撑（美国储量排名前 100 的气藏中有 58 个是致密砂岩气藏[42]）。截至 2010 年底，中国共发现储量大于 $1000 \times 10^8 m^3$ 的大气田 18 个，其中 9 个为致密砂岩大气田，总探明地质储量 $25777.9 \times 10^8 m^3$，占 18 个大气田的 53.5%。由此可见，中国与美国致密砂岩气储量有相似之处，即致密砂岩气在全国天然气储量中占举足轻重的地位，故把致密砂岩气作为中国今后一段时间非常规气勘探开发之首是合理的。

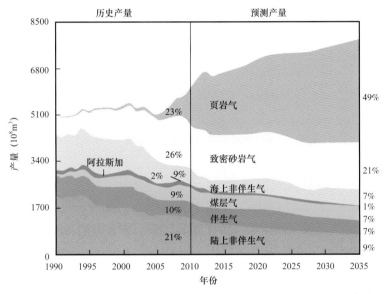

图 6　美国 1990—2035 年各类天然气历史产量和预测产量结构图[44]

图中数字为各类天然气占总产气量的比例

4.3　致密砂岩气的产量已占全国天然气总产量的 1/4

由图 7 可见，中国近 20 年来的天然气产量以常规气占优势，但其所占比例逐年下降，非常规气则以致密砂岩气为主，产量逐年增加。页岩气至今尚未形成规模工业产量，煤层气如上所述目前产量还很低。1990 年中国常规天然气产量占绝对优势，约占总产量的 95.1%，致密砂岩气产量（年产气量 $7.48 \times 10^8 m^3$）仅占 4.9%，且仅产于四川盆地；2000 年常规气产量占 84.7%，致密砂岩气产量所占比例上升为 15.3%，四川盆地和鄂尔多斯盆地致密砂岩气产量分别为 $20.5 \times 10^8 m^3$ 和 $20.2 \times 10^8 m^3$；2010 年中国致密砂岩气产量大幅度攀升，15 个致密砂岩大气田产量达 $222.5 \times 10^8 m^3$，再加上中小型致密砂岩气田产量（$10.46 \times 10^8 m^3$），2010 年中国致密砂岩气产量为 $232.96 \times 10^8 m^3$，占全国天然气总产量的 24.6%（图 7），成为中国近期天然气产量迅速提高的主要支撑。对比中美致密砂岩气产量递增趋势（图6、图7），笔者预计，至少在未来10年内，中国致密砂岩气对天然气总产量迅速提高有稳定支撑作用。Khlaifat等指出，近年来致密砂岩气产量几乎约占全球非常规气产量的70%[43]，说明了致密砂岩气在开发中的重要作用。

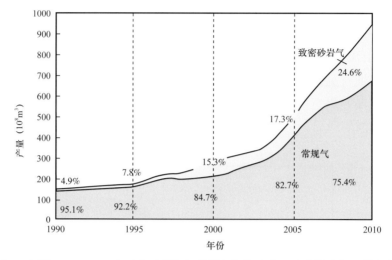

图 7　中国1990—2010年致密砂岩气与常规气历年产量及占全国产气量的比例

5　结论

致密砂岩气藏根据其储层特征、储量大小及所处区域构造位置高低，可分为两类："连续型"致密砂岩气藏及"圈闭型"致密砂岩气藏。前者圈闭界限模糊不清，无统一气水界面，往往气水倒置，常处构造低部位，储源一体或近源；后者位于圈闭高处，气水关系正常，上气下水，储量规模相对较小。

中国致密砂岩气均为煤成气，组分以烷烃气（C_{1-4}）为主，甲烷含量最高，非烃气（主要是CO_2和N_2）含量低；烷烃气具正碳同位素系列特征。截至目前，中国共发现了15个致密砂岩大气田。

在致密砂岩气、页岩气和煤层气三种非常规气中，近期对中国天然气产量和储量迅速提高做出最重要贡献的首推致密砂岩气。截至2010年底，致密砂岩气的储量和年产量分别占中国天然气总储量和产量的39.2%和24.6%，预计这一比例还将继续提高。因此，在今后一段时间内，中国非常规气勘探开发应以致密砂岩气为先。

致谢　王兰生教授提供了安岳气田的数据，胡国艺和朱光有高级工程师协助提供有关资料，在此一并谨致谢意！

参 考 文 献

[1] Federal Energy Regulatory Commission. Natural gas policy act of 1978. Washington : Federal Energy Regulatory Commission，1978.

[2] Elkins L E. The technology and economics of gas recovery from tight sands. New Mexico：SPE Production Technology Symposium，1978.

[3] Wyman R E. Gas recovery from tight sands. SPE 13940，1985.

[4] Spencer C W. Geologic aspects of tight gas reservoirs in the Rocky Mountain region. Journal of Petroleum Geology，1985，37（7）：1308–1314.

[5] Surdam R C. A new paradigm for gas exploration in anomalously pressured "tight gas sands" in the Rocky Mountain Laramide Basins. In：AAPG Memoir 67：Seals，traps，and the petroleum system. Tulsa：AAPG. 1997.

[6] Holditch S A. Tight gas sands，Journal of Petroleum Technology，2006，58（6）：86–93.

[7] 中国石油天然气总公司. SY/T6168—1995 中华人民共和国石油和天然气行业标准. 北京：石油工业出版社，1995.

[8] 国家能源局. SY/T 6168—2009 中华人民共和国石油和天然气行业标准. 北京：石油工业出版社，2009.

[9] 国家能源局. SY/T 6832—2011 中华人民共和国石油和天然气行业标准. 北京：石油工业出版社，2011.

[10] 关德师，牛嘉玉. 中国非常规油气地质. 北京：石油工业出版社，1995，60–85.

[11] 戴金星，裴锡古，戚厚发. 中国天然气地质学：卷二. 北京：石油工业出版社，1996，66–73.

[12] 邹才能，陶士振，侯连华，等. 非常规油气地质. 北京：地质出版社，2011，50–71.86–92.

[13] 邢恩袁，庞雄奇，肖中尧，等. 塔里木盆地库车坳陷依南 2 气藏类型的判别. 中国石油大学学报. 自然科学版，2011，35（6）：21–27.

[14] 邹才能，陶士振，袁选俊，等. "连续型" 油气藏及其在全球的重要性：成藏、分布与评价. 石油勘探与开发，2009，36（6）：669–682.

[15] Masters J A. Deep basin gas trap. Western Canada. AAPG Bulletin，1979，63（2）：152–181.

[16] Bruce S H. Seismic expression of fracture–swarm sweet sports，Upper Cretaceous tight–gas reservoirs，San Juan Basin. AAPG Bulletin，2006，90（10）：1519–1534.

[17] 耿玉臣. 孝泉构造侏罗系 "次生气藏" 的形成条件和富集规律. 石油实验地质，1993，15（3）：262–271.

[18] 许化政. 东濮凹陷致密砂岩气藏特征的研究. 石油学报，1991，12（1）：1–8.

[19] 曾大乾，张世民，卢立泽. 低渗透致密砂岩气藏裂缝类型及特征. 石油学报，2003，24（4）：36–39.

[20] 姜振学，林世国，庞雄奇，等. 两种类型致密砂岩气藏对比. 石油实验地质，2006，28（3）：210–214.

[21] 杜金虎，徐春春，魏国齐，等. 四川盆地须家河组岩性大气田勘探. 北京：石油工业出版社，2011，125–127.

[22] 康竹林，傅诚德，崔淑芬，等. 中国大中型气田概论. 北京：石油工业出版社，2000，252–257.

［23］邹才能，杨智，陶士振，等.纳米油气与源储共生型油气聚集.石油勘探与开发，2012，39（1）：13-26.

［24］刘宝和.中国油气田开发志：西南"中国石油"油气区油气田卷（一）.北京：石油工业出版社，2011，385-386，893-894.

［25］刘宝和.中国油气田开发志：西南"中国石化"油气区油气田卷.北京：石油工业出版社，2011，111-112.

［26］Dai J X, Xia X Y, Qin S F, et al. Origins of partially reserved alkane δ¹³C values for biogenic gases in China. Organic Geochemistry, 2004, 35（4）: 405-411.

［27］Dai J X. Identification and distinction of various alkane gases. Science in China : Series B, 1992, 35（10）: 1246-1257.

［28］Whiticar M J. Carbon and hydrogen isotope systematics of bacterial formation and oxidation of methane. Chemical Geology, 1999, 161: 291-314.

［29］戴金星，李剑，罗霞，等.鄂尔多斯盆地大气田的烷烃气碳同位素组成特征及其气源对比.石油学报，2005，26（1）：18-26.

［30］李贤庆，胡国艺，李剑，等.鄂尔多斯盆地中东部上古生界天然气地球化学特征.石油天然气学报，2008，30（4）：1-4.

［31］Hu G Y, Li J, Shan X Q, et al. The origin of natural gas and the hydrocarbon charging history of the Yulin gas field in the Ordos Basin, China. International Journal of Coal Geology, 2010, 81: 381-391.

［32］Dai J X, Ni Y Y, Zou C N. Stable carbon and hydrogen isotopes of natural gases sourced from the Xujiahe Formation in the Sichuan Basin. China. Organic Geochemistry, 2012, 43（1）: 103-111.

［33］Dai J X, Ni Y Y, Zou C N, et al. Stable carbon isotopes of alkane gases from the Xujiahe coal measures and implications for gas-source correlation in the Sichuan Basin, SW China. Organic Geochemistry, 2009, 40（5）: 638-646.

［34］李登华，李伟，汪泽成，等.川中广安气田天然气成因类型及气源分析.中国地质，2007，34（5）：829-836.

［35］王兰生，陈盛吉，杜敏，等.四川盆地三叠系天然气地球化学特征及资源潜力分析.天然气地球科学，2008，19（2）：222-228.

［36］李贤庆，肖中尧，胡国艺，等.库车坳陷天然气地球化学特征和成因.新疆石油地质，2005，26（5）：489-492.

［37］冯乔，耿安松，廖泽文，等.煤成天然气碳氢同位素组成及成藏意义：以鄂尔多斯盆地上古生界为例.地球化学，2007，36（3）：261-266.

［38］邱中建，邓松涛.中国非常规天然气的战略地位.天然气工业，2012，32（1）：1-5.

［39］徐凤银，刘琳，曾文婷，等.中国煤层气勘探开发现状与发展前景 // 钟建华.国际非常规油气勘探开发（青岛）大会论文集.北京：地质出版社，2011，372-380.

［40］戴金星.加强天然气地学研究勘探更多大气田.天然气地球科学，2003，14（1）：3-14.

［41］徐国盛，徐志星，段亮，等．页岩气研究现状及发展趋势．成都理工大学学报：自然科学版，2011，38（6）：603-610.

［42］Baihly J，Grant D，Fan L，et al. Horizontal wells in tight gas sands：a method for risk management to maximize success. SPE 110067，2009.

［43］Khlaifat A，Qatob H，Barakat N. Tight gas sands development is critical to future world energy resources. SPE 142049，2011.

［44］U. S. Energy Information Administration. Annual energy outlook 2012. Washington：U. S. Energy Information Administration，2012.

中国致密砂岩大气田的稳定碳氢同位素组成特征 ❶

非常规气的研究、勘探和开发日益被重视。非常规气主要包括致密砂岩气、页岩气、煤层气和天然气水合物。在世界产气大国中，非常规气勘探开发取得显著进展和效益的是致密砂岩气，世界第一产气大国——美国 2010 年致密砂岩气产量占该国总产量的 26%，而页岩气只占 23%（U.S.EIA, 2012）；中国致密砂岩气 2010 年产量为 $233 \times 10^8 m^3$，占全国总产量的 24.6%[1]，其中致密砂岩大气田年产量占全国的 23.5%，故中美两国非常规气中以致密砂岩气的产量为最多者。致密砂岩气的储量也占有重要地位，美国储量排名前 100 的气藏中有 58 个是致密砂岩气藏[2]。截至 2010 年底，中国致密砂岩气探明地质储量 $30109 \times 10^8 m^3$，占全国总储量的 39.2%[1]。因此，致密砂岩气的勘探开发对现今一些天然气大国和未来世界天然气工业持续发展有很大的意义。

与致密砂岩气的勘探开发相比，致密砂岩气的地球化学研究则相对逊色，特别是对其气源追踪、鉴别和成藏有重要作用的稳定碳氢同位素研究薄弱。目前仅对西加拿大盆地两个深盆气气田致密砂岩烷烃气的碳同位素[3]和 Appalachian 盆地北部深盆气的稳定碳氢同位素[4]组成做了研究。本文将对中国 15 个致密砂岩大气田烷烃气的碳、氢同位素做系统研究，以推动和丰富致密砂岩气这方面的进展。

1 中国致密砂岩大气田

根据中国国家能源局标准（SY/T 6832—2011）[5]，把覆压基质渗透率小于或等于 0.1mD 砂岩称为致密砂岩，这与世界上许多学者的致密砂岩标准是一致的[6~8]。以此标准衡量，美国落基山盆地群中众多深盆气藏的储层砂岩属于致密砂岩，所以 Surdam[9] 把深盆气藏纳入致密砂岩气藏之内。

目前，在中国鄂尔多斯盆地、四川盆地、塔里木盆地和渤海湾盆地均发现了致密砂岩气田（藏）[1, 10~17]。中国第一个致密砂岩气田是四川盆地中坝须家河组二段气藏（T_3x_2），1973 年发现并已投产多年。根据 1435 个岩心统计，该气藏砂岩平均孔隙度为 6.4%；根据 1319 个岩心统计，渗透率平均为 0.0804mD[18]。按中国标准把探明天然气储量大于 $300 \times 10^8 m^3$ 的气田称为大气田（表 1，图 1），截至 2010 年底，中国共发现致密砂岩大气田 15 个[1]。表 1 中一些大气田渗透率大于 0.1mD，如中国最大致密砂岩大气田苏

---

❶ 原载于《中国科学：地球科学》，2014，44（4），563-578，作者还有倪云燕、胡国艺、黄士鹏、廖凤蓉、于聪、龚德瑜、吴伟。

里格气田，3 个气层 1434 个样品平均渗透率为 1.284mD，其中山 1（P_1s_1）段砂岩产层平均渗透率为 0.60mD[19]，超过致密砂岩 0.1mD 的渗透率标准，但根据砂岩大面积致密化、成藏和气水分布研究，众多学者认为苏里格气田的三套气层均属致密砂岩[10, 11, 20, 21]。渗透率超标是由"甜点区"少量渗透率高的样品所致，实际上砂岩主流渗透率都小于 0.1mD，童晓光等[22] 指出苏里格气田和四川盆地须家河组（T_3x）砂岩产层的覆压渗透率小于 0.1mD 的占样品比例 80%～92%；杨华等[11] 指出鄂尔多斯盆地上古生界砂岩产气层，在覆压条件下，基质渗透率小于 0.1mD；张国生等[21] 指出四川盆地须家河组天然气主力产层须二段（T_3x_2）、须四段（T_3x_4）和须六段（T_3x_6）砂岩孔隙度为 6%～10%，渗透率为 0.01～0.5mD，均小于 0.1mD，所以属致密砂岩大气田。中国致密砂岩大气田在天然气工业中起着主要的作用，2010 年其探明天然气地质储量和产量（表 1）分别占全国的 37.3% 和 23.5%。苏里格致密气田是中国储量和产量最大的气田，2011 年产天然气 $137 \times 10^8 \text{m}^3$[11]。

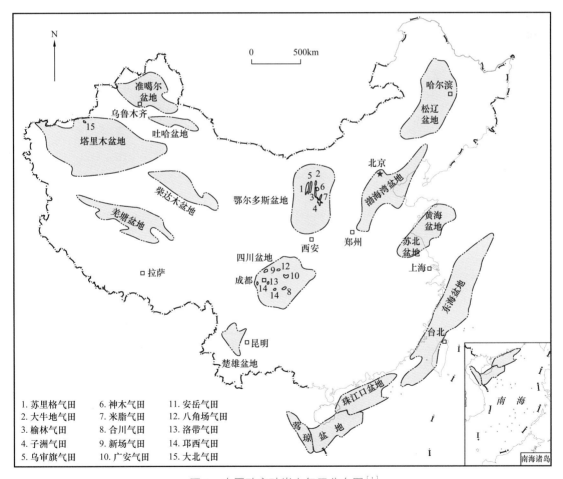

图 1　中国致密砂岩大气田分布图[1]

表 1　中国致密砂岩大气田基础数据①

盆地	气田	主要产层	探明储量（10^8m^3）	年产量（10^8m^3）	平均孔隙度（%）	渗透率（mD）	
						范围	平均值
鄂尔多斯	苏里格	P_2sh，P_2x，P_1s_1	11008.2	104.75	7.163（1434）	0.001～101.099	1.284（1434）
	大牛地	P，C	3926.8	22.36	6.628（4068）	0.001～61.000	0.532（4068）
	榆林	P_1s_2	1807.5	53.3	5.630（1200）	0.003～486.000	4.744（1200）
	子洲	P_2x	1152.0	5.87	5.281（1028）	0.004～232.884	3.498（1028）
	乌审旗	P_2sh，P_2x，O_1	1012.1	1.55	7.820（689）	0.001～97.401	0.985（687）
	神木	P_1t_1，P_1s，P_2x	935.0	0	4.712（187）	0.004～3.145	0.353（187）
	米脂	P_1s_1，P_2x，P_2sh	358.5	0.19	6.180（1179）	0.003～30.450	0.655（1179）
四川	合川	T_3x	2299.4	7.46	8.45		0.313
	新场	J_3，T_3x	2045.2	16.29	12.31（>1300）		2.560（>1300）
	广安	T_3x	1355.6	2.79	4.2		0.35
	安岳	T_3x	1171.2	0.74	8.7		0.048
	八角场	J，T_3x	351.1	1.54	T_3x_4 平均 7.93		0.58
	洛带	J_3	323.8	2.83	11.80（926）		0.732（814）
	邛西	J，T	323.3	2.65	T_3x_4 平均 3.29		0.0636
塔里木	大北	K	587.0	0.22	2.629（5）		0.036（5）

注：①据文献［1］简化。

2　样品和分析方法

在鄂尔多斯、四川及塔里木盆地采集致密砂岩大气田 81 个气样，基本的地球化学数据见表 2，样品测试分析均在中国石油勘探开发研究院廊坊分院测定。天然气组分分析采用 HP6890 型气相色谱仪。单个烃类气体组分通过毛细柱分离（Plot Al_2O_3 50m×0.53mm）。通过 2 个毛细柱分离稀有气体（Plot 5Å 分子筛 30m×0.53mm，Plot Q 30m×0.53mm）。气相色谱仪炉温首先设定在 30℃保持 10min，然后以 10℃/min 的速率升高到 180℃。

天然气碳同位素分析采用 Delta S GC-C-IRMS 同位素质谱仪。气体组分通过气相色谱仪分离，然后转化为 CO_2 注入质谱仪。单个烷烃气组分（C_1—C_5）和 CO_2 通过色谱柱分离（Plot Q 30m），色谱柱升温过程为 35～80℃（升温速率为 8℃/min），一直到 260℃（升温速率 5℃/min），在最终温度保持炉温 10min，一个样品分析 3 次。稳定碳同位素值采用 VPDB 标准，符号采用 δ，单位为‰，分析精度为 ±0.5‰。

表2 鄂尔多斯、四川和塔里木盆地致密砂岩大气田天然气组分、稳定碳和氢同位素组成

盆地	气田	序号	井号	地层	组分（%，vol）								$\delta^{13}C$（‰，VPDB）				δ^2H（‰，VSMOW）		
					CH_4	C_2H_6	C_3H_8	iC_4	nC_4	$C_{1\sim4}$	CO_2	N_2	$\delta^{13}C_1$	$\delta^{13}C_2$	$\delta^{13}C_3$	$\delta^{13}C_4$	δ^2H_1	δ^2H_2	δ^2H_3
鄂尔多斯	苏里格	1	苏21	P_1s，P_2x	92.39	4.48	0.83	0.13	0.14	97.97	0.99	0.68	-33.4	-23.4	-23.8	-22.7	-194	-167	-163
		2	苏53	P_1s，P_2x	86.05	8.36	2.17	0.37	0.44	97.39	1.13	0.72	-35.6	-25.3	-23.7	-23.9	-202	-165	-160
		3	苏75	P_2x	92.47	3.92	0.66	0.11	0.11	97.27	1.30	1.10	-33.2	-23.8	-23.4	-22.4	-194	-163	-157
		4	苏76	P_1s，P_2x	86.41	8.37	2.33	0.39	0.51	98.01	0.13	1.21	-35.1	-24.6	-24.4	-24.4	-203	-165	-161
		5	苏95	P_2x	92.24	3.95	0.66	0.11	0.11	97.07	1.64	1.00	-32.5	-23.9	-24.0	-22.7	-193	-167	-160
		6	苏139	P_1s，P_2x	93.16	3.05	0.51	0.07	0.07	96.86	1.31	1.45	-30.4	-24.2	-26.8	-23.7	-192	-178	-180
		7	苏336	P_1s，P_2x	90.20	1.40	0.15	0.02	0.01	91.78	0.00	8.06	-28.7	-22.6	-25.1		-189	-169	-168
		8	苏14-0-31	P_1s，P_2x	93.00	4.05	0.65	0.11	0.10	97.91	1.20	0.59	-32.0	-23.8	-24.7	-22.0	-196	-168	-172
		9	苏48-2-86	P_1s	92.85	4.00	0.63	0.11	0.10	97.69	1.44	0.57	-31.7	-23.2	-24.3	-22.3	-190	-172	-170
		10	苏48-14-76	P_1s，P_2x	92.73	3.48	0.65	0.13	0.11	97.10	1.47	1.14	-33.5	-22.8	-24.2	-22.2	-192	-172	-171
		11	苏48-15-68	P_2x_8	92.79	3.28	0.61	0.11	0.12	96.91	1.70	1.07	-29.8	-23.4	-25.0	-22.6	-195	-170	-172
		12	苏53-78-46H	P_1s，P_2x	89.82	6.21	1.24	0.22	0.24	97.73	0.93	0.87	-33.9	-23.9	-23.0	-23.2	-198	-165	-156
		13	苏75-64-5X	P_2x	89.45	6.36	1.26	0.22	0.24	97.53	0.13	0.93	-33.5	-24.0	-23.3	-22.8	-199	-167	-159
		14	苏76-1-4	P_2x	90.38	6.03	1.18	0.21	0.22	98.02	0.82	0.71	-32.7	-23.6	-22.9	-23.0	-198	-168	-165
		15	苏77-2-5	P_2x	89.90	5.53	1.24	0.24	0.27	97.18	1.46	0.70	-30.8	-22.7	-23.3	-22.9	-194	-168	-164
		16	苏77-6-8	P_2x_8	89.90	5.80	1.24	0.22	0.24	97.40	0.60	0.79	-33.6	-23.9	-24.1	-23.5	-201	-165	-165
		17	苏120-52-82	P_1s，P_2x	91.64	3.69	0.64	0.11	0.10	96.18	2.58	0.93	-31.1	-23.3	-25.6	-23.6	-192	-176	-179
		18	召61	P_1s	88.98	6.83	1.53	0.31	0.37	98.02	0.55	0.85	-33.2	-23.5	-23.3	-23.2	-194	-159	-154

续表

盆地	气田	序号	井号	地层	组分（%，vol）								δ¹³C（‰，VPDB）				δ²H（‰，VSMOW）		
					CH_4	C_2H_6	C_3H_8	iC_4	nC_4	C_{1-4}	CO_2	N_2	$\delta^{13}C_1$	$\delta^{13}C_2$	$\delta^{13}C_3$	$\delta^{13}C_4$	δ^2H_1	δ^2H_2	δ^2H_3
鄂尔多斯	榆林	19	榆217	P_1s	93.02	2.69	0.36	0.05	0.05	96.17	1.84	0.32	-31.1	-26.5	-24.4	-23.4	-201	-183	-171
		20	榆43-6	P_1s	88.81	6.04	2.03	0.50	0.57	97.95	0.24	n.d	-31.6	-26.1	-23.8	-22.9	-201	-181	-172
	子洲	21	洲1	O_1	94.43	2.64	0.35	0.05	0.05	97.51	1.17	1.09	-34.9	-23.8	-21.8	-21.0	-191	-174	-149
		22	洲16-19	P_1s	91.53	5.22	1.16	0.19	0.20	98.30	0.06	n.d.	-34.5	-24.3	-21.7	-21.7	-199	-169	-164
		23	洲22-18	P_1s	93.12	4.22	0.76	0.14	0.13	98.37	0.02	n.d.	-31.1	-25.7	-24.3	-23.1	-198	-174	-175
	大牛地	24	D11	P_2sh_1	94.66	2.90	0.53	0.08	0.11	98.28	0.18	1.39	-34.5	-26.3	-24.7	-22.9	-192	-166	-165
		25	D13	P_1s	94.49	1.71	0.31	0.07		96.58	0.28	0.25	-36.0	-25.7	-24.5	-22.6	-206	-164	-156
		26	D16	P_2sh	94.37	2.52	0.26	0.06	0.09	97.31	0.37	1.96	-35.1	-27.1	-26.0	-23.9	-192	-167	-164
		27	D22	P_1t_2	86.21	4.11	0.81	0.11	0.13	91.37	1.05	7.31	-38.1	-25.3	-23.0	-21.7	-204	-160	-159
		28	D24	P_2sh_1	87.95	6.92	1.83	0.45	0.63	97.78	0.33	1.49	-37.1	-26.1	-25.3	-23.7	-210	-170	-172
		29	DK4	P_2sh_3	96.19	2.48	0.32	0.05	0.05	99.09	0.32	0.35	-34.9	-26.4	-24.0	-23.0	-187	-164	-154
		30	DK9	P_2sh_1	96.31	2.21	0.18	0.04	0.03	98.77	0.26	0.42	-35.0	-26.0	-23.4	-21.9	-185	-164	-160
		31	DK17	P_2s	93.64	3.46	0.54	0.08	0.11	97.83	0.18	1.64	-36.0	-27.2	-25.6	-23.3	-186	-164	-156
	乌审旗	32	米37-13	P_1s	94.19	3.77	0.53	0.11	0.09	98.69	0.71	0.39	-33.0	-23.2	-22.4	-21.1	-182	-156	-145
		33	榆12	P_2sh	91.24	5.81	0.84	0.17	0.16	98.22	1.13	0.04	-34.2	-26.3	-24.0	-23.2	n.d.	n.d.	n.d.
		34	乌22-7	P_2x	92.97	4.27	0.76	0.11	0.11	98.22	0.74	0.87	-32.2	-23.5	-24.9	-21.9	n.d.	n.d.	n.d.
	神木	35	陕215	P_2sh	93.60	3.79	0.55	0.08	0.08	98.10	0.76	0.46	-32.9	-26.0	-24.0	-22.3	n.d.	n.d.	n.d.
		36	陕243	P_2x	90.85	5.46	1.03	0.18	0.17	97.69	0.54	1.55	-35.0	-24.0	-23.6	-22.4	n.d.	n.d.	n.d.

续表

盆地	气田	序号	井号	地层	组分（%，vol）								δ¹³C（‰，VPDB）				δ²H（‰，VSMOW）		
					CH_4	C_2H_6	C_3H_8	iC_4	nC_4	C_{1-4}	CO_2	N_2	$\delta^{13}C_1$	$\delta^{13}C_2$	$\delta^{13}C_3$	$\delta^{13}C_4$	δ^2H_1	δ^2H_2	δ^2H_3
鄂尔多斯	神木	37	神1	P_2x	92.86	4.69	1.23	0.16	0.18	99.12	n.d.	0.73	-37.1	-24.7	-24.5	-23.9	n.d.	n.d.	n.d.
		38	双15	P_1s	93.65	3.59	0.75	0.16	0.13	98.28	1.45	0.42	-35.9	-23.6	-22.6	-22.2	n.d.	n.d.	n.d.
		39	双20	P_1t	93.06	3.22	0.56	0.11	0.10	97.05	2.47	0.82	-35.8	-25.6	-24.0	-23.0	n.d.	n.d.	n.d.
四川	合川	40	合川106	T_3x_2	89.28	6.83	1.87	0.46	0.37	98.81	0.21	0.39	-39.8	-27.0	-24.1	n.d.	-172	-129	-119
		41	合川108	T_3x_2	85.76	8.24	3.25	0.67	0.68	98.60	0.26	0.54	-41.4	-28.3	-25.0	-27.2	-183	-135	-118
		42	合川109	T_3x_2	92.54	5.15	0.98	0.28	0.20	99.15	0.15	0.31	-38.3	-26.2	-23.6	n.d.	-163	-136	-126
		43	合川001-1	T_3x_2	89.27	6.98	1.89	0.46	0.35	98.95	0.16	0.44	-39.5	-27.1	-23.9	-24.4	-169	-132	-116
		44	合川001-2	T_3x_2	89.87	6.64	1.69	0.43	0.32	98.95	0.16	0.41	-39.0	-26.8	-23.8	n.d.	-166	-120	-111
		45	合川001-30-x	T_3x_2	90.46	6.14	1.51	0.41	0.35	98.87	0.20	0.39	-38.8	-27.6	-24.5	-25.5	-166	-121	-120
		46	潼南104	T_3x_2	86.44	7.69	2.96	0.73	0.67	98.49	0.26	0.43	-41.0	-27.4	-24.0	-26.7	-179	-128	-119
		47	潼南105	T_3x_2	87.78	7.42	2.32	0.57	0.50	98.59	0.27	0.37	-40.4	-27.4	-24.0	-25.9	-173	-128	-118
		48	潼南001-2	T_3x_2	87.10	7.65	2.56	0.65	0.59	98.55	0.30	0.39	-40.7	-27.5	-24.5	-26.1	-176	-123	-116
	新场	49	川孝254	J_2p	93.16	4.47	1.09	0.22	0.23	99.17	0.00	0.68	-33.2	-24.0	-21.6	-21.3	-176	-151	-147
		50	川孝263	J_2s	91.95	5.20	1.46	0.26	0.35	99.22	0.00	0.36	-33.4	-24.8	-22.3	-21.7	-178	-143	-137
		51	川孝480-1	J_2s	91.65	5.70	1.34	0.27	0.30	99.26	0.00	0.32	-34.8	-23.7	-20.1	-20.0	-182	-147	-117
		52	川孝480-2	J	92.62	4.94	1.23	0.26	0.26	99.31	0.00	0.32	-34.6	-24.4	-22.1	-21.5	-178	-147	-147
		53	新882	T_3x_4	93.41	3.78	0.93	0.20	0.18	98.50	0.46	0.85	-34.3	-23.1	-21.4	-20.0	-182	-151	-147

续表

盆地	气田	序号	井号	地层	组分 (%, vol)								$\delta^{13}C$ (‰, VPDB)				δ^2H (‰, VSMOW)		
					CH_4	C_2H_6	C_3H_8	iC_4	nC_4	C_{1-4}	CO_2	N_2	$\delta^{13}C_1$	$\delta^{13}C_2$	$\delta^{13}C_3$	$\delta^{13}C_4$	δ^2H_1	δ^2H_2	δ^2H_3
四川	广安	54	广安56	T_3x_6	88.98	6.16	2.51	0.57	0.60	98.82	0.29	0.40	-39.2	-27.4	-26.0	-24.2	n.d.	n.d.	n.d.
		55	广安002-39	T_3x_6	94.28	4.36	0.50	0.18	0.08	n.d.	0.10	0.50	-38.8	-26.9	-25.6	-24.7	-180	-145	-146
	安岳	56	岳101	T_3x_2	84.38	7.87	2.50	0.69	0.79	96.23	0.35	0.71	-41.3	-26.8	-23.7	-25.2	-188	-132	-125
		57	岳105	T_3x_2	84.64	8.67	3.86	0.70	0.73	98.60	0.29	0.59	-41.6	-28.5	-25.4	-26.2	-183	-129	-119
		58	岳101-11	T_3x_2	83.95	10.13	3.50	0.70	0.60	98.88	0.30	0.43	-41.1	-26.3	-23.0	-25.1	-178	-129	-117
		59	岳101-X12	T_3x_2	84.18	9.97	2.83	0.66	0.59	98.23	0.00	0.51	-40.8	-27.5	-23.8	-25.3	-184	-129	-120
		60	岳101-X12	T_3x_2	83.86	10.13	2.89	0.68	0.62	98.18	0.00	0.47	-40.8	-27.3	-23.3	-24.7	-181	-131	-116
	八角场	61	角33	T_3x_4	92.95	4.93	1.14	0.20	0.24	99.46	n.d.	0.38	-40.1	-27.4	-24.6	-24.6	-182	-144	-138
		62	角48	T_3x_6	91.90	5.30	1.38	0.26	0.31	99.15	n.d.	0.67	-40.3	-26.5	-24.2	-22.7	-185	-153	-142
		63	角49	T_3x_2	96.26	2.85	0.53	0.10	0.09	99.83	n.d.	0.11	-37.0	-27.3	-24.2	-22.9	-172	-144	-139
		64	角57	T_3x	90.99	5.51	1.71	0.33	0.33	98.87	0.41	0.25	-37.3	-25.5	-22.9	-22.7	-178	-144	-138
	洛带	65	龙3	J_3p	86.41	5.00	1.76	0.39	0.51	94.07	0.00	5.33	-34.0	-23.0	-21.0	-20.6	-173	-143	-143
		66	龙42	J_3p	90.52	4.96	1.50	0.32	0.39	97.69	n.d.	1.80	-32.9	-24.0	-21.2	-21.3	-173	-144	-143
		67	龙55	J_3p	90.01	5.45	1.76	0.40	0.48	98.10	0.00	1.19	-34.4	-24.6	-21.9	-21.6	-176	-144	-131
		68	LS3	J_3sn	89.65	5.87	1.90	0.41	0.50	98.33	0.00	0.96	-33.7	-24.3	-21.4	-21.0	-180	-146	-126
	邛西	69	LS35	J_3sn	88.72	6.00	2.03	0.41	0.52	97.68	n.d.	1.70	-33.5	-24.0	-21.5	-21.2	-177	-145	-117
		70	邛西3	T_3x_2	93.57	3.85	0.59	0.09	0.07	98.17	1.55	0.23	-33.1	-23.0	-22.7	-20.6	-173	-145	-150

续表

盆地	气田	序号	井号	地层	组分（%，vol）								δ¹³C（‰，VPDB）				δ²H（‰，VSMOW）		
					CH_4	C_2H_6	C_3H_8	iC_4	nC_4	C_{1-4}	CO_2	N_2	$\delta^{13}C_1$	$\delta^{13}C_2$	$\delta^{13}C_3$	$\delta^{13}C_4$	δ^2H_1	δ^2H_2	δ^2H_3
四川	邛西	71	邛西 4	T_3x_2	93.52	3.19	0.62	0.10	0.08	97.51	1.47	0.24	-32.9	-23.2	-23.0	-22.0	-173	-145	-152
		72	邛西 6	T_3x_2	95.95	2.48	0.30	0.04	0.04	98.81	0.92	0.21	-31.2	-23.2	-23.1	-20.9	-174	-144	-133
		73	邛西 10	T_3x_2	93.57	3.85	0.59	0.09	0.07	98.17	1.55	0.23	-33.2	-22.8	-22.8	-20.4	-170	-147	-138
		74	邛西 13	T_3x_2	93.49	3.90	0.63	0.11	0.08	98.21	1.47	0.25	-33.7	-24.1	-23.4	-20.9	-174	-146	-152
		75	邛西 14	T_3x_2	96.50	1.57	0.12	0.02	0.01	98.22	1.55	0.23	-30.5	-24.1	-23.8	n.d.	-173	-147	-152
		76	邛西 16	T_3x_2	96.46	1.74	0.16	0.02	0.02	98.40	1.39	0.20	-30.8	-23.8	n.d.	n.d.	-175	-146	-154
		77	邛西 006-X1	T_3x_2	93.17	4.12	0.71	0.13	0.11	98.24	1.36	0.26	-31.6	-22.4	-22.4	n.d.	-173	-144	-154
塔里木	大北	78	大北 102	K	96.01	2.08	0.38	0.09	0.09	98.65	0.44	0.64	-29.5	-21.6	-21.0	-22.5	-168	-135	-129
		79	大北 103	K	95.67	2.21	0.43	0.10	0.11	98.52	0.53	0.66	-30.2	-22.3	-21.1	-22.3	-171	-132	-117
		80	大北 201	K	96.04	1.93	0.35	0.08	0.09	98.49	0.53	0.65	-28.9	-21.7	-20.9	-22.3	-168	-128	-111
		81	大北 202	K	96.56	1.57	0.27	0.06	0.07	98.53	0.54	0.64	-28.6	-20.5	-20.6	-22.2	-168	-126	-110

烷烃气氢同位素测试采用装备有 Ultra TM 色谱仪的 MAT 253 同位素质谱仪测定。载气为氦气，色谱柱为 HP-PLOT Q 毛细色谱柱（30m×0.32mm×20μm），流速为 1.4mL/min。进口温度设定为 180℃，甲烷氢同位素测定时采用分流注入模式（分流比为 1：7）。色谱升温程序：初始温度为 40℃，恒温 5min，以 5℃/min 速度从 40℃程序升温到 80℃，随后以 5℃/min 程序升温至 140℃，30℃程序升温至 260℃。反应炉中的温度为 1450℃。天然气组分转化成 C 和 H_2，H_2 被带进质谱仪来测定氢同位素组成。氢同位素测试采用 VSMOW 标准，符号采用 δ，单位为‰，氢同位素测试精度为 ±3‰。实验所用的碳氢同位素标样 NG1（煤成气）和 NG3（油型气）由中国石油勘探开发研究院廊坊分院及国外著名实验室进行过校正[23]，并采用两点校正法与国家标样进行了校正[24]。

3 烷烃气稳定碳同位素组成特征

表 2 为中国 15 个致密砂岩大气田 81 个气样烷烃气稳定碳同位素 $\delta^{13}C_{1-4}$ 分析成果，由表 2 可得出如下结论。

3.1 中国致密砂岩大气田烷烃气碳同位素组成具有煤成气的特征

戴金星 1992 年[25]综合了中国各盆地、德国西北盆地、库珀盆地、瓦尔沃得—德拉瓦尔盆地、北海盆地、安大略盆地及苏联 11 个油气田大量油型气和煤成气的 $\delta^{13}C_1$、$\delta^{13}C_2$ 和 $\delta^{13}C_3$ 值，戴金星等[26]予以完善而编制了 $\delta^{13}C_1$—$\delta^{13}C_2$—$\delta^{13}C_3$ 图版鉴别煤成气和油型气。把表 2 中所有 $\delta^{13}C_1$、$\delta^{13}C_2$ 和 $\delta^{13}C_3$ 值投入该图版中（图 2），可见中国致密砂岩大气田的天然气均属于来自含煤岩系的煤成气。

Whiticar[27]根据 $\delta^{13}C_1$—C_1/C_{2+3} 参数编制了天然气成因鉴别图版（图 3），把表 2 中各井 $\delta^{13}C_1$ 值与 C_1/C_{2+3} 投入该图版（图 3），表明中国致密砂岩大气田的天然气是由 III 型干酪根的气源岩生成的煤成气。

中国致密砂岩气田烷烃气 $\delta^{13}C_1$—$\delta^{13}C_2$ 回归线和 Sacramento 盆地[28]及尼日尔三角洲[29] III 型气源岩生成的煤成气具有相似性，说明中国致密砂岩气属于煤成气（图 4）。

不仅天然气的 $\delta^{13}C_1$—$\delta^{13}C_2$—$\delta^{13}C_3$ 图版、$\delta^{13}C_1$—C_1/C_{2+3} 图版及 $\delta^{13}C_1$—$\delta^{13}C_2$ 回归线都可确定中国致密砂岩大气田的天然气是来自含煤岩系的煤成气，同时通过对中国各盆地致密砂岩大气田的生储盖组合、TOC 值和成藏等特征的分析也支持致密砂岩大气田的气源是煤成气。由图 5 可知：鄂尔多斯盆地山西组、太原组和本溪组是中国华北地区著名的大面积稳定展布的煤系，一般煤层总厚度为 10~15m，局部大于 40m，煤及泥岩累计厚度可达 200m 左右[12]；煤的平均有机碳含量为 60%，暗色泥质岩有机碳含量在 1%~5%，高的可达 10% 以上，一般为 2%~4%，以 III 型干酪根为主，是一套好的气源岩[12, 30~32]；本溪组、太原组和山西组是海陆交互相，分别产有 2~5m 和 20~40m 的石灰岩，TOC 含量一般分布在 0.5%~5%，以 II_1 型干酪根为主，石灰岩最厚发育在靖边气

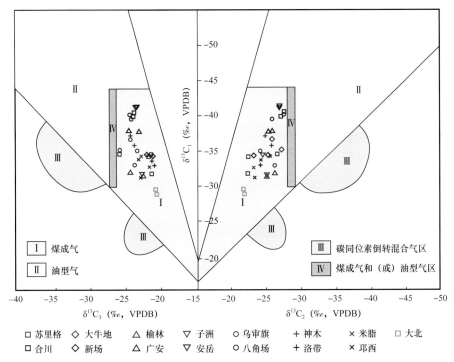

图2　$\delta^{13}C_1$—$\delta^{13}C_2$—$\delta^{13}C_3$ 不同有机成因烷烃气鉴别图版

图版据文献〔25〕，文献〔26〕完善

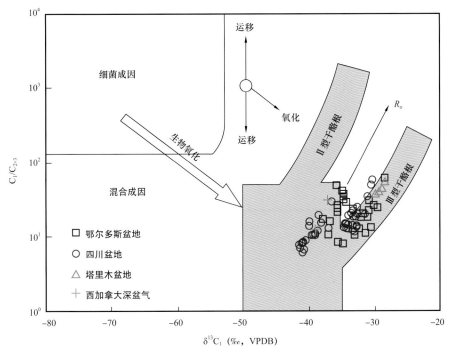

图3　$\delta^{13}C_1$—C_1/C_{2+3} 天然气成因鉴别图版

图版据文献〔27〕

田地区，向外减薄或缺失，在苏里格气田地区厚度常在 10m 以下，是套分布区域有限的次要油型气源岩，仅在靖边气田发现部分油型气或煤成气和油型气的混合气[12]。该煤系下伏地层是经过 1.4 亿年古喀斯特作用形成的下奥陶统马家沟组泥质云岩偶夹石膏层。根据马家沟组泥质云岩 449 个样品的 TOC 分析，TOC 最高值为 1.81%，最低值为 0.04%，平均值为 0.24%[12, 33]。因此，马家沟组为非烃源岩，故该套煤系中及煤系之上的紫色、红色或杂色的下石盒子组（P_2x）、上石盒子组（P_2sh）和石千峰组（P_3s）中气层，其气源岩只能是本溪组、太原组和山西组煤系。而且从图 5 可看出从本溪组到石千峰组各相关 $\delta^{13}C$ 值，特别是 $\delta^{13}C_2$、$\delta^{13}C_3$ 和 $\delta^{13}C_4$ 值具有上下基本一致性，旁证了石千峰组、上石盒子组和下石盒子组气源来自下伏煤系气源岩。

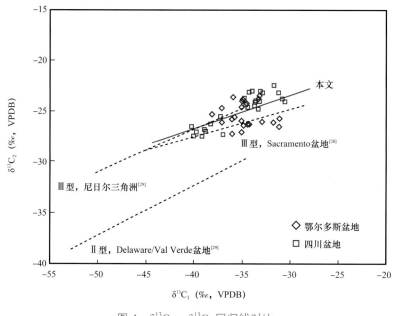

图 4 $\delta^{13}C_1$ — $\delta^{13}C_2$ 回归线对比

图 6 为四川盆地致密砂岩大气田的主要产气层须家河组须二段（T_3x_2）、须四段（T_3x_4）和须六段（T_3x_6），与次要产层上沙溪庙组（J_2s）、遂宁组（J_2sn）和蓬莱镇组（J_3p）的地层柱状图及 TOC、碳氢同位素值的垂直剖面分布图。须家河组煤系底一般与中三叠统雷口坡组海相的灰白色白云岩或部分石灰岩接触，该组碳酸盐岩 60 个样品平均 TOC 为 0.13%[34]，为非烃源岩。陆相为主的须家河组分六段，一、三、五段为以平原沼泽相沉积为主的深灰色、灰色泥岩、页岩夹煤层，间夹少许石英砂岩和粉砂岩，是烃源岩，烃源岩西厚东薄，暗色泥岩厚度为 10～1500m，平均厚度为 232m。煤系烃源岩有机质丰度较高，据对 863 块样品分析统计，泥岩有机碳含量为 0.5%～6.5%，绝大部分样品大于 1.0%，烃源岩有机显微组分是镜质组—惰质组组合，壳质组和腐泥组含量低，属腐殖型。盆地西部烃源岩 R_o 普遍大于 1.5%，而在盆地中部一般小于 1.3%[35]。须二、须四、

须六段为以分支河道和河口坝（须六段）沉积为主的灰、深灰色石英砂岩、岩屑砂岩夹深灰色砂质页岩、页岩、薄煤层或煤线，是储层。沙溪庙组、遂宁组和蓬莱镇组是棕紫色、紫红色、棕红色泥岩、砂质泥岩与岩屑砂岩、含钙砂岩不等厚互层。从泥质岩颜色可知这三组为非烃源岩而可作储层。此三组产气层以下自流井组有暗色泥岩和介壳灰岩，干酪根为 II_1 型为主，处于生油阶段，目前产少量含伴生气极低的石油，由图6纵向气层 $\delta^{13}C_{1-4}$ 值一致性，说明油型气未对其上产气层产生影响。

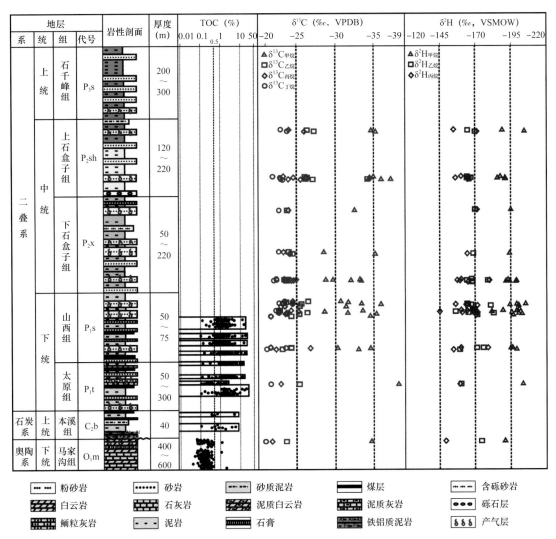

图5　鄂尔多斯盆地上古生界致密砂岩大气田产层综合地层及 $\delta^{13}C_{1-4}$ 和 δ^2H_{1-3} 值图

由图6可知，从须二段（T_3x_2）至蓬莱镇组（J_3p）各相关 $\delta^{13}C$ 值特别是 $\delta^{13}C_2$、$\delta^{13}C_3$ 和 $\delta^{13}C_4$ 值上下基本一致，旁证了蓬莱镇组、遂宁组和上沙溪庙组这些杂色地层中天然气气源是从下伏须家河组煤系烃源岩中运移来的，而运移未使同位素产生明显分馏，这种情况与图5中 $\delta^{13}C$ 十分相似。

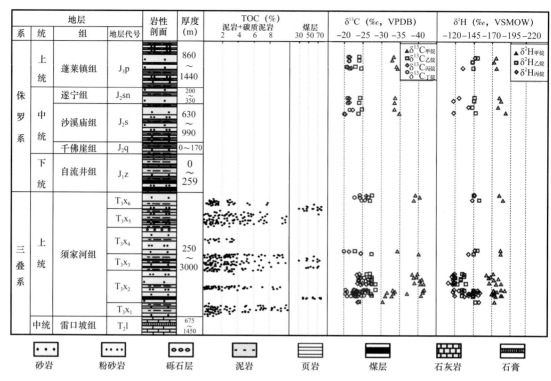

图 6 四川盆地中生界中部致密砂岩大气田的产层综合地层及 $\delta^{13}C_{1-4}$ 和 δ^2H_{1-3} 值图

为什么中国致密砂岩大气田的天然气均为来自含煤岩系的煤成气？这是因为致密砂岩孔渗很低，由于腐殖煤系是"全天候"气源岩，从褐煤开始至无烟煤各煤阶的成烃作用中都以形成天然气为主，而且含煤岩系分布广而稳定，能有长期供应的充足气源，使致密砂岩获得大量天然气成为大气田。腐泥型烃源岩在热演化中期有相当长时间是形成石油为主的"生油窗"，而为"中断型气源岩"，故相对在地史上不能长期充足地向致密砂岩供气，因此油型气成为致密砂岩的气源比煤成气的逊色得多。中国除致密砂岩大气田气源均为煤成气外，还有许多致密砂岩中、小型气田的气源也是煤成气，如中坝气田须二段（T_3x_2）气藏、孝泉气藏、户部寨气藏[16, 17, 36]。不仅在中国煤成气成为大、中、小型致密砂岩气气田的气源，在北美煤成气也是致密砂岩的主流气源。西加拿大盆地西缘是著名深盆气区，下白垩统 Spirit River 组暗色泥岩、页岩夹煤层，有机质以腐殖型为主，TOC 平均在 2% 以上，是煤成气的气源岩，该组中 Father A 段、Peace River 组 Cadotte 段致密砂岩是深盆气的主要气层，在该盆地气田内发现了 Elmworth 气田、Edson 气田、Hoadley 气田和 Simonette 气田等一批致密砂岩气田[37]。Edson 气田的烷烃气 $\delta^{13}C_1$、$\delta^{13}C_2$、$\delta^{13}C_3$、$\delta^{13}C_{i4}$ 和 $\delta^{13}C_{n4}$ 值分别为 −37.3‰、−23.59‰、−23.29‰、−22.42‰ 和 −22.42‰；Simonette 气田的烷烃气 $\delta^{13}C_1$、$\delta^{13}C_2$、$\delta^{13}C_3$、$\delta^{13}C_{i4}$ 和 $\delta^{13}C_{n4}$ 值分别为 −39.22‰、−24.77‰、−22.25‰、−22.41‰ 和 −22.23‰[3]，均具有煤成气的特征

（图 2，图 3）。美国落基山盆地群中众多深盆气（致密砂岩气）主要气源来自白垩系煤层和煤系有机碳含量丰富的Ⅲ型干酪根泥质岩[22, 38]。Law[39]认为大绿河盆地深盆气的气源来自上白垩统 Lance、Almond 和 Rock Springs 组的煤层和腐殖型的碳质页岩。圣胡安盆地深盆气的气源主要来自上白垩统 Mesaverde、Fruitland 组中暗色泥页岩和广泛夹的煤层[40]。目前，中国发现的致密砂岩气的气源均来自煤系烃源岩，北美科迪勒拉山和落基山脉东部的致密砂岩深盆气的气源也来自煤系烃源岩，但不排除少数致密砂岩气的气源可以来自腐泥型烃源岩的油型气，如阿巴拉契亚盆地北部深盆气[4]。

3.2 原生烷烃气碳同位素值随分子碳数顺序递增

原生的未受次生改造的烷烃气，碳同位素值随烷烃气分子碳数顺序递增，$\delta^{13}C$ 值依次递增称正碳同位素系列，即 $\delta^{13}C_1 < \delta^{13}C_2 < \delta^{13}C_3 < \delta^{13}C_4$[41]。烷烃气正碳同位素系列在国内外含油气盆地天然气中普遍存在[12, 42~45]。根据表 2 鄂尔多斯盆地和四川盆地具有正碳同位素系列的气样值绘制了图 7a 和 b。从图 7 可见各盆地的正碳同位素系列，其 $\delta^{13}C_1$、$\delta^{13}C_2$、$\delta^{13}C_3$ 和 $\delta^{13}C_4$ 的最重值连线（A′–D′）、最轻值连线（A–D）和平均值连线均具有随

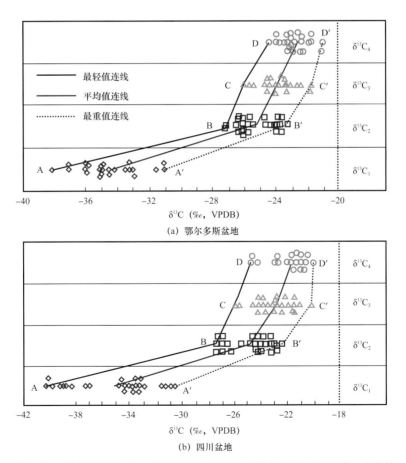

图 7 鄂尔多斯盆地（a）和四川盆地（b）致密砂岩烷烃气碳同位素分布及最重值、最轻值和平均值连线

烷烃气碳数分子增加而递重的规律。表 3 为鄂尔多斯盆地和四川盆地 $\delta^{13}C_1$、$\delta^{13}C_2$、$\delta^{13}C_3$ 和 $\delta^{13}C_4$ 正碳同位素系列最大值、最小值和平均值的井号及 $\delta^{13}C$ 值。由于中国致密砂岩大气田天然气都是煤成气，表 3 的 $\delta^{13}C_1$ 分布范围从 $-40.3‰ \sim -30.5‰$，也是煤成气 $\delta^{13}C_1$ 分布数值域。Patience[46] 认为煤成气的 $\delta^{13}C_1$ 值分布在 $-38‰ \sim -22‰$，中国的 $\delta^{13}C_1$ 最轻值和最重值比 Patience 报道的都轻。

表 3　鄂尔多斯盆地和四川盆地正碳同位素系列的最大值、最小值和平均值

盆地		$\delta^{13}C_1$ (‰, VPDB)	井号	$\delta^{13}C_2$ (‰, VPDB)	井号	$\delta^{13}C_3$ (‰, VPDB)	井号	$\delta^{13}C_4$ (‰, VPDB)	井号
鄂尔多斯盆地	最大值	−31.1	洲 22−8	−23.2	米 37−13	−21.7	洲 16−9	−21.0	洲 1
	最小值	−38.1	D22	−27.2	DK17	−26.0	D16	−24.4	苏 76
	平均值	−34.5		−25.2		−23.8		−22.7	
四川盆地	最大值	−30.5	邛西 14	−22.4	邛西 006−x1	−20.1	CX480−1	−20.0	CX480−1，新 882
	最小值	−40.3	角 48	−27.4	广安 56，角 33	−26.0	广安 56	−24.7	广安 002−39
	平均值	−35.1		−24.8		−22.9		−21.8	

3.3　重烃气与甲烷碳同位素的差值随烃源岩成熟度增加而渐减

对于有机成因的烷烃气，随着气源岩成熟度的增加，干燥系数（C_1/C_{1-4}）也逐渐增大[47, 48]。中国致密砂岩大气田煤成气的重烃气与甲烷碳同位素的差值，有随气源岩成熟度增加而渐减的特征。煤成气的 R_o 值可以利用 $\delta^{13}C_1 = 14.12 \lg R_o - 34.39$[49] 求得。图 8（a）、图 8（c）表明鄂尔多斯盆地和四川盆地具有 $\delta^{13}C_2$—$\delta^{13}C_1$ 及 $\delta^{13}C_3$—$\delta^{13}C_1$ 差值随着气源岩 R_o 增大而渐减的特征。同时重烃气与甲烷碳同位素的差值，也有随 C_1/C_{1-4} 值增大而渐减的特征［图 8（b）～（d）］。

3.4　烷烃气稳定碳同位素倒转的成因

当烷烃气的 $\delta^{13}C$ 值不按分子碳数顺序递增或递减，即排列出现混乱时，称为碳同位素倒转，如 $\delta^{13}C_1 > \delta^{13}C_2 < \delta^{13}C_3 < \delta^{13}C_4$ 或 $\delta^{13}C_1 < \delta^{13}C_2 > \delta^{13}C_3 < \delta^{13}C_4$ 等。表 2 中 81 个气样中有 31 个发生碳同位素倒转，倒转率为 38%。值得注意的是中国 15 个致密砂岩大气田，多数气田（榆林、子洲、大牛地、米脂、神木、新场、广安、八角场和邛西）碳同位素没有发生倒转，而苏里格气田、合川气田、安岳气田和大北气田多口井烷烃气碳同位素倒转，乌审旗气田和洛带气田仅个别井出现碳同位素倒转。苏里格气田 18 个气样中 14 个出现碳同位素倒转（表 2），倒转率高达 78%。

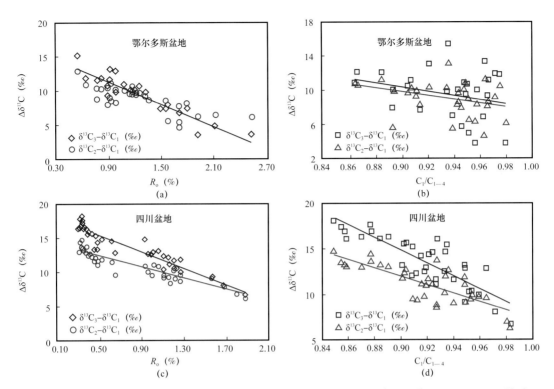

图 8　鄂尔多斯盆地和四川盆地致密砂岩气烷烃气重烃气与甲烷碳同位素之差值和 R_o、C_1/C_{1-4} 关系图

由表 2 和图 9 可知，在倒转的 31 个样品中以 $\delta^{13}C_4$ 值变轻即 $\delta^{13}C_3 > \delta^{13}C_4$ 占首位的有 19 个，四川盆地合川气田、安岳气田、洛带气田和塔里木盆地大北气田均属此类倒转，倒转值 0.1‰（龙 42）～2.7‰（潼南 104），一般为 0.8‰以上，四川盆地此类倒转明显（图 9）；倒转占第 2 位的为 $\delta^{13}C_3$ 变轻即 $\delta^{13}C_2 > \delta^{13}C_3$，倒转值为 0.1‰（苏 95）～1.6‰（苏 139，苏 48–15–68），一般为 0.9‰以上；倒转占第 3 位的为 $\delta^{13}C_2$ 变重，倒转值为 0.2‰（苏 77–6–8）～2.3‰（苏 120–52–82），一般在 0.6‰以上。后两种倒转仅出现在鄂尔多斯盆地，主要在苏里格气田（图 10）。前人认为 $\delta^{13}C_3 > \delta^{13}C_4$ 相当普遍[50]，而 $\delta^{13}C_2 > \delta^{13}C_3$ 则很少见[50, 51]。本文研究也说明 $\delta^{13}C_3 > \delta^{13}C_4$ 倒转是普遍占首位的，同时也指出 $\delta^{13}C_2 > \delta^{13}C_3$ 并不是很少见，在苏里格气田还成为倒转的主流。

烷烃气碳同位素倒转的成因有以下几种：（1）有机烷烃气和无机烷烃气的混合；（2）煤成气和油型气的混合；（3）同型不同源气或同源不同期气的混合；（4）天然气的某一或某些组分被细菌氧化[41]；（5）气层气和水溶气的混合[52]；（6）硫酸盐热还原反应（TSR）[53, 54]；（7）氧化还原反应过程中的瑞利分馏作用[4]。

利用与烷烃气伴生的氦同位素的 R/R_a 值可作为旁证烷烃气是有机成因或无机成因的指标。一般认为与壳源氦伴生的烷烃气是有机成因烷烃气，与幔源氦伴生的烷烃气可能是无机成因烷烃气，通常认为壳源氦的 R/R_a 值为 0.01～0.1[55~57]，Poreda 等[58]认为壳源氦 $^3He/^4He$ 值为 2×10^{-8}～3×10^{-8}，即 R/R_a 为 0.014～0.021。四川盆地 57 个气样

的 $^3He/^4He$ 分布在 $0.40 \times 10^{-8} \sim 4.86 \times 10^{-8}$，平均为 1.89×10^{-8}，塔里木盆地 32 个气样的 $^3He/^4He$ 分布在 $2.09 \times 10^{-8} \sim 23.5 \times 10^{-8}$，平均 6.07×10^{-8}[59]；鄂尔多斯盆地 46 个气样的 $^3He/^4He$ 分布在 $3.1 \times 10^{-8} \sim 1.2 \times 10^{-7}$，平均为 4.36×10^{-8}，R/R_a 值为 $0.022 \sim 0.085$[60]。由此可见，致密砂岩大气田所在的鄂尔多斯盆地、四川盆地和塔里木盆地 R/R_a 均具壳源气的特征。并且一些倒转气井的氦同位素（表 4）也是壳源型，由此得出发生碳同位素倒转井的烷烃气均为有机成因烷烃气。由表 2 可见烷烃气大部分是正碳同位素系列，具有机成因气的特征，没有发现无机成因烷烃气的负碳同位素系列（$\delta^{13}C_1 > \delta^{13}C_2 > \delta^{13}C_3 > \delta^{13}C_4$）[25, 61~63]。以上两方面说明碳同位素倒转不是有机成因气和无机成因气混合所致。

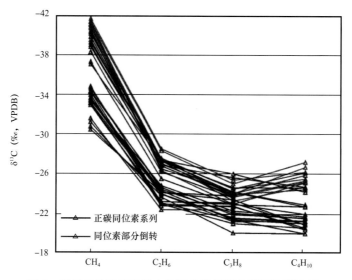

图 9　四川盆地致密砂岩大气田烷烃气稳定碳同位素连线

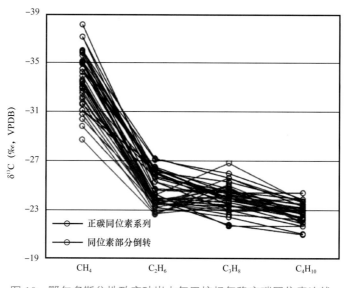

图 10　鄂尔多斯盆地致密砂岩大气田烷烃气稳定碳同位素连线

表 4　有关碳同位素倒转井的氦同位素

井号	氦同位素		井号	氦同位素	
	$^3He/^4He/10^{-8}$	R/R_a		$^3He/^4He/10^{-8}$	R/R_a
苏 21	4.478±0.34	0.032	岳 105	2.124±0.26	0.015
苏 139	9.171±0.48	0.066	大北 102	5.962±0.65	0.043
苏 48-2-86	5.650±0.36	0.040	大北 103	5.037±0.63	0.036
苏 77-2-5	4.190±0.27	0.030	大北 201	6.505±0.27	0.046
苏 77-6-8	4.687±0.30	0.033	大北 202	6.507±0.37	0.046

天然气烷烃气的某一或某些组分被细菌氧化致使的倒转，往往某组分含量降低[41]。所有倒转的某组分含量并没有降低；同时细菌一般在80℃以下繁殖，由于普遍出现倒转的苏里格气田所有倒转的井气层埋深均大于3321m，气层地温高于80℃，故倒转并不是细菌氧化某烷烃气组分造成的（表2）。

由图9及上述可知，四川盆地产于须家河组和上覆杂色地层蓬莱镇组（J₂p）、遂宁组（J₂sn）和上沙溪庙组（J₂s）的天然气，尽管有须一段（T₃x₁）和自流井组（J₂z）Ⅱ型烃源岩形成少许油型伴生气，但图2、图3和图9中$\delta^{13}C_{1-4}$值均具煤成气性质，说明四川盆地致密砂岩大气田烷烃气碳同位素倒转不是煤成气和油型气混合造成的。由图5和上述可知，鄂尔多斯盆地杂色地层的上石盒子组（P₂sh）和下石盒子组（P₂x）为非烃源岩，而山西组（P₁s）、太原组（P₁t）和本溪组（C₂b）是主要煤成气源岩，但太原组和本溪组石灰岩是油型气源岩，并在石灰岩烃源岩发育的靖边气田马家沟组（O₁m）储层中发现少量油型气，并致使出现煤成气和油型气混合的烷烃气碳同位素倒转[12, 33]。但从图2、图3、图10中$\delta^{13}C_{1-4}$值均具煤成气性质，说明鄂尔多斯盆地苏里格气田出现大量的碳同位素倒转和乌审旗气田出现的个别碳同位素倒转，不是煤成气和油型气相混合的结果。

许多学者利用包裹体、生烃史模拟、古地温史、地层埋藏史和甲烷碳同位素动力学的综合分析，得出苏里格气田和乌审旗气田具有多期充注和成藏。但各家确定成藏期次多少不一：6期充注—成藏[64]，3期充注—成藏[65, 66]和2期充注—成藏[67~69]。尽管各学者充注—成藏期2、3、6期不一，但都认为168～156Ma或190～154Ma和148～143Ma或137～96Ma是两个主要充注—成藏期。由此可以确定苏里格气田和乌审旗气田烷烃气碳同位素倒转，是由煤成气不同充注—成藏期气的混合造成的。苏里格气田碳同位素倒转率高达78%，是与多次充注—成藏有关。四川盆地合川气田和安岳气田烷烃气碳同位素倒转，是侏罗纪末和白垩纪末两期充注—成藏的煤成气混合所致[70]。塔里木盆地大北气田在5Ma充注大量煤成气，在3～1Ma充注少量煤成气相混合而导致烷烃气碳同位素倒转[71]。综上所述，中国致密砂岩大气田烷烃气的碳同位素倒转是不同期充注—成藏所致。

4 烷烃气稳定氢同位素组成特征

表2为中国15个致密砂岩大气田73个气样烷烃气稳定氢同位素 δ^2H_{1-3} 分析成果，由表2可得如下特征。

4.1 原生烷烃气随分子中碳数增加氢同位素值递增

原生的未发生次生改造的烷烃气随着分子中碳数递增氢同位素值而逐渐变重，称正氢同位素系列，即 $\delta D_1 < \delta D_2 < \delta D_3$。烷烃气正氢同位素系列在国内外含油气盆地中普遍存在[4, 13, 42, 53, 72, 73]。鄂尔多斯盆地和四川盆地致密砂岩大气田烷烃气的氢同位素系列绝大部分呈现正氢同位素系列，从图11可见两盆地致密砂岩大气田烷烃气呈正氢同位素系列。根据表2中氢同位素值编制图12，该图中烷烃气最轻氢同位素值连线 A—B—C、最重氢同位素值连线 A′—B′—C′ 及平均值连线均呈现随分子中碳数增加而逐渐变重的规律。

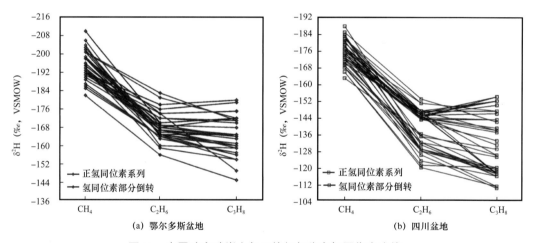

图 11　中国致密砂岩大气田烷烃气稳定氢同位素连线

4.2 重烃气与甲烷稳定氢同位素的差值随成熟度增加而逐渐减小

对于有机热成因的烷烃气，随着成熟度的增加，干燥系数也会逐渐增大[48, 74]。利用中国煤成气 $\delta^{13}C_1=14.12 \lg R_o-34.39$ 关系式[49]，计算了鄂尔多斯盆地和四川盆地致密砂岩气（表2）的烃源岩成熟度。中国致密砂岩气烷烃气重烃气与甲烷氢同位素之差值随着成熟度（干燥系数）的增加呈现逐渐减小的趋势（图13）。另外，鄂尔多斯盆地二叠系致密砂岩气的源岩成熟度明显比四川盆地三叠系及侏罗系致密砂岩气的高，而鄂尔多斯盆地致密砂岩气的重烃气与甲烷氢同位素的差值要小于四川盆地，表明天然气生成过程中，越到后期，重烃气与甲烷氢同位素值越趋向一致。

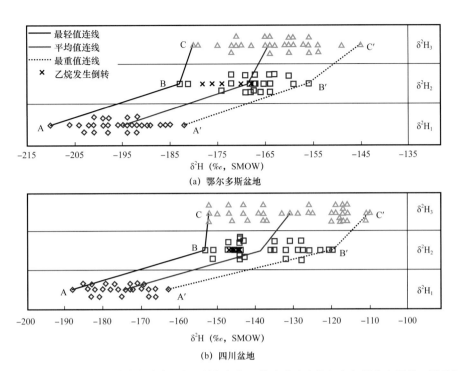

图 12　鄂尔多斯盆地和四川盆地致密砂岩大气田烷烃气氢同位素分布和烷烃气氢同位素最轻、最重及平均值

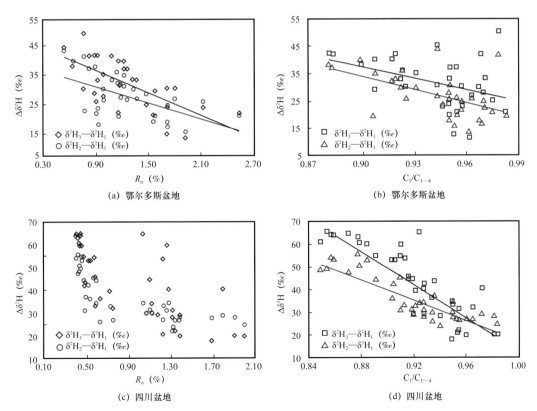

图 13　致密砂岩气重烃气与甲烷氢同位素差值和 R_o —C_1/C_{1-4} 关系图

4.3　烷烃气稳定氢同位素倒转的成因

由表 2 可知鄂尔多斯盆地和四川盆地致密砂岩大气田 73 个氢同位素系列样品中仅有 13 个发生倒转，倒转率为 17.8%，明显低于碳同位素倒转率，且均表现为乙烷氢同位素值相对于丙烷偏重，即 $\delta^2H_2 > \delta^2H_3$（图 11）。鄂尔多斯盆地致密砂岩气 $\delta^2H_2 > \delta^2H_3$ 倒转幅度为 1‰（洲 22–18）～4‰（苏 14-0-31），而四川盆地的倒转幅度较大，为 1‰（广安 002–39）～10‰（邛西 006–X1）。中国 15 个致密砂岩大气田中大部分气田的烷烃气表现为正氢同位素系列，仅有少部分气田发生倒转，如苏里格气田、子洲气田、新场气田、广安气田、洛带气田和邛西气田。其中苏里格气田和邛西气田发生氢同位素倒转的比例最大。

烷烃气氢同位素倒转在世界多个地区广泛发现，不同的学者对其原因进行了探讨[4, 53, 75]。烷烃气受到细菌氧化及煤成气和油型气的混合是造成氢同位素倒转的两个重要原因[75]。Kinnaman 等[76]定量研究了海洋沉积物中细菌氧化对甲烷、乙烷及丙烷氢同位素的分馏效应，天然气中不同组分抗生物降解的能力不同，丙烷、正丁烷最容易遭到生物降解，剩余天然气组分碳、氢同位素会逐渐变重。Liu 等[77]研究塔里木盆地天然气氢同位素组成时，认为硫酸盐热还原反应（如 TSR）会造成油型气的甲烷和乙烷氢同位素发生倒转（如 $\delta^2H_1 > \delta^2H_2$）。Burruss 等[4]研究 Appalachian 盆地奥陶系和志留系储层深盆气时，发现甲烷和乙烷氢同位素之间存在倒转现象，他们认为这是由于原生天然气和在高温条件下与水介质发生反应的高成熟甲烷混合所造成。中国致密砂岩气烷烃气未发生细菌氧化，并且中国致密砂岩气均是煤成气，前文分析造成碳同位素倒转的原因是同源不同期煤成气的混合，故造成氢同位素倒转的原因也是不同期煤成气的混合。苏里格气田烷烃气碳、氢同位素均表现出较高的倒转率，这与其多期成藏充注有着密切联系。

5　结论

2010 年底中国致密砂岩大气田的年产量和储量分别为 $222.5 \times 10^8 m^3$ 和 $28657 \times 10^8 m^3$，分别占中国年产量和储量的 23.5% 和 37.3%，是中国非常规气中的最高者和最多者，对中国天然气工业快速发展起到重要作用。

中国致密砂岩大气田烷烃气的稳定碳、氢同位素组成特征是：（1）综合 $\delta^{13}C_1$—$\delta^{13}C_2$—$\delta^{13}C_3$ 图版、$\delta^{13}C_1$—C_1/C_{2-3} 图版和 $\delta^{13}C_1$ 与 $\delta^{13}C_2$ 关系对比确定，中国致密砂岩大气田的气源是煤成气；（2）原生烷烃气随分子中碳数递增，其碳同位素值和氢同位素值也随之递重，即 $\delta^{13}C_1 < \delta^{13}C_2 < \delta^{13}C_3 < \delta^{13}C_4$ 和 $\delta^2H_1 < \delta^2H_2 < \delta^2H_3$；（3）碳氢同位素倒转的成因多达 6 种，中国致密砂岩大气田碳氢同位素倒转主要是多期成藏充注所致；（4）$\delta^{13}C_2$—$\delta^{13}C_1$、$\delta^{13}C_3$—$\delta^{13}C_1$ 随 R_o（%）和 C_1/C_{1-4} 的增大而减小。

致谢　张文正教授在鄂尔多斯盆地气样采集时给予协助；中国石油勘探开发研究院

廊坊分院马新华和李谨高级工程师对碳氢同位素测试给予支持，审稿人为本文提供了宝贵的修改意见，在此深表感谢。

参 考 文 献

［1］ Dai J X，Ni Y Y，Wu X Q.Tight gas in China and its significance in exploration and exploitation.Petrol Explor Dev，2012，39：274–284.

［2］ Baihly J，Grant D，Fan L，et al.Horizontal wells in tight gas sands：A method for risk management to maximize success.SPE Annual Technical Conference and Exhibition，Anaheim，California，USA，2007.

［3］ James A T.Correlation of reservoired gases using the carbon isotopic compositions of wet gas components.AAPG Bull，1990，74：1441–1458.

［4］ Burruss R C，Laughrey C D.Carbon and hydrogen isotopic reversals in deep basin gas：Evidence for limits to the stability of hydrocarbons.Org. Geochem.，2010，41：1285 –1296.

［5］ 中国国家能源局 . 中华人民共和国石油与天然气行业标准（SY/T 6832—2011）. 北京：石油工业出版社，2011.

［6］ Elkins L E.The technology and economics of gas recovery from tight sands.SPE Production Technology Symposium，1978.

［7］ Spencer C W.Geologic aspects of tight gas reservoirs in the Rocky Mountain region.J Petrol Geol，1985，37：1308–1314.

［8］ Holditch S A.Tight gas sands.J Petrol Technol，2006，58：86–93.

［9］ Surdam R C.A new paradigm for gas exploration in anomalously pressured "tight gas sands" in the Rocky Mountain Laramide basins.In：Seals，traps，and the petroleum system.AAPG Memoir，1997，67：283–298.

［10］ Yang H，Fu J H，Wei X S，et al. Sulige field in the Ordos Basin：Geological Setting，field discovery and tight gasreservoirs. Mar Petrel. Geol.，2008，25：387–400.

［11］ 杨华，刘新社，杨勇 . 鄂尔多斯盆地致密气勘探开发形势与未来发展展望 . 中国工程科学，2012，14：40–48.

［12］ Dai J X，Li J，Luo X，et al. Stable carbon isotope compositions and source rock geochemistry of the giant gasaccumulations in the Ordos Basin，China. Org. Geochem.，2005，36：1617–1635.

［13］ Dai J X，Ni Y Y，Zou C N.Stable carbon and hydrogen isotopes of natural gases sourced from the Xujiahe Formation in the Sichuan Basin，China. Org. Geochem.，2012，43：103–111.

［14］ Zhang S C，Mi J K，Liu L P，et al. Geological features and formation of coal–formed tight sandstone gas pools in China：Cases from Upper Paleozoic gas pools，Ordos Basin（in Chinese）. Petrol. Explor. Dev.，2009，36：320–330.

［15］ Zou C N，Jia J H，Tao S Z，et al. Analysis of Reservoir Forming Conditions and Prediction of

Continuous Tight Gas Reservoirs for the Deep Jurassic in the Eastern Kuqa Depression, Tarim Basin. Acta Geol Sin, 2011, 85: 1173–1186.

[16] 许化政. 东濮凹陷致密砂岩气藏特征的研究. 石油学报, 1991, 12: 1-8.

[17] 曾大乾, 张世民, 卢立泽. 低渗透致密砂岩气藏裂缝类型及特征. 石油学报, 2003, 24: 36-39.

[18] 刘宝和. 中国油气田开发志（卷13-1）. 北京：石油工业出版社, 2011, 753-768.

[19] 邹才能, 陶士振, 袁选俊, 等. "连续型"油气藏及其在全球的重要性：成藏、分布与评价. 石油勘探与开发, 2009, 36: 669-682.

[20] 杨涛, 张国生, 梁坤, 等. 全球致密气勘探开发进展及中国发展趋势预测. 中国工程科学, 2012, 14: 64-68.

[21] 张国生, 赵文智, 杨涛, 等. 我国致密砂岩气资源潜力、分布与未来发展地位. 中国工程科学, 2012, 14: 87-93.

[22] 童晓光, 郭彬程, 李建忠, 等. 中美致密砂岩气成藏分布异同点比较研究与意义. 中国工程科学, 2012, 14: 9-15.

[23] Dai J X, Xia X Y, Li ZS, et al. Inter-laboratory calibration of natural gas round robins for δ^2H and δ^{13}C using off-lineand on-line techniques. ChemGeol, 2012, 49-55, 310-311.

[24] Coplen T B, Brand W A, Gehre M, et al. New Guidelines for δ^{13}C measurements. Anal Chem, 2006, 78: 2439-2441.

[25] 戴金星. 各类烷烃气的鉴别. 中国科学（B辑）, 1992, 22: 183-195.

[26] 戴金星, 倪云燕, 黄士鹏, 等. 煤成气研究对中国天然气工业发展的重要意义. 天然气地球科学, 2014, 25: 1-22.

[27] Whiticar M J. Carbon and hydrogen isotope systematics of bacterial formation and oxidation of methane. Chem Geol, 1999, 161: 291-314.

[28] Jenden P D, Kaplan I R, Poreda R, et al. Origin of nitrogen-rich natural gases in the California Great Valley: Evidencefrom helium, carbon and nitrogen isotope ratios. Geochim Cosmochim Acta, 1988, 52: 851-861.

[29] Rooney M A, Claypool G E, Chung H M, et al. Modeling thermogenic gas generation using carbon isotope ratios of natural gas hydrocarbons. Chem Geol, 1995, 126: 219-232.

[30] 戴金星. 我国煤系含气性的初步研究. 石油学报, 1980, 1: 27-37.

[31] 张士亚. 鄂尔多斯盆地天然气气源及勘探方向. 天然气工业, 1994, 14: 1-4.

[32] 杨俊杰, 裴锡古. 中国天然气地质学（卷四：鄂尔多斯盆地）. 北京：石油工业出版社, 1996, 107-120.

[33] 夏新宇. 碳酸盐岩生烃与长庆气田气源. 北京：石油工业出版社, 2000.

[34] 翟光明. 中国石油地质志（卷十）. 北京：石油工业出版社, 1989, 121-122.

[35] 戴金星, 钟宁宁, 刘德汉, 等. 中国煤成大中型气田地质基础和主控因素. 北京：石油工业出版社, 2000, 180-182.

<<<   中国致密砂岩大气田的稳定碳氢同位素组成特征

［36］耿玉臣.孝泉构造侏罗系"次生气藏"的形成条件和富集规律.石油实验地质,1993,15:262-271.

［37］Masters J A.Lower Cretaceous oil and gas in Western Canada.Pressured "Elimworth-case study of a deep basin gas field".AAPG Memoir,1984,38:1-33.

［38］张金亮,常象春.深盆气地质理论及应用.北京:地质出版社,2002.

［39］Law B E.Relationships of source rocks,thermal maturity and overpressuring to gas generation and occurrence in lowpermeability Upper Cretaceous and Lower Tetiary rocks,Greater Green River Basin,Wyoming,Colorado,and Utah.Rock Mountain.Assiciation of Geologists Guidebook,1984,469-490.

［40］Law B E.Thermal maturity patterns of Cretaceous and Tertiary rock,San Juan Basin,Colorado and New Mexico.Geol Soc Am Bull,1992,104:192-207.

［41］Dai J X,Xia X Y,Qin S F,et al.Origins of partially reversed alkane $\delta^{13}C$ values for biogenic gases in China. Org. Geochem.,2004,35:405-411.

［42］戴金星,裴锡古,戚厚发.中国天然气地质学(卷一).北京:石油工业出版社,1992,35-60.

［43］Chen J F,Xu Y C,Huang D F.Geochemistry characteristics and origin of natural gas in Tarim basin,Chi-na.AAPG Bull,2000,84:591-606.

［44］Boreham C J,Edwards D S.Abundance and carbon isotopic composition of neo-pentane in Australian natural gases. Org. Geochem.,2008,39:550-566.

［45］N iY Y,Ma Q S,Ellis G F,et al.Fundamental studies on kinetic isotope effect(KIE)of hydrogen isotope fractionationin natural gas systems.Geochim Cosmochim Acta,2011,75:2696-2707.

［46］Patience R.Where did all the coal gas go? Org. Geochem.,2003,34:375-387.

［47］Stahl W J.Geochemische Daten Nordwestdeutscher Oberkarbon,Zechtein-und Buntsandsteingase.Erdlöl Kohle Erdgal Petrochem,1979,32:65-70.

［48］Prinzhofer A,Mello M R,Takaki T.Geochemical characterization of natural gas:A physical multivariable approach and its applications in maturity and migration estimates.AAPG Bull,2000,84:1152-1172.

［49］戴金星,戚厚发.我国煤成烃气的 $\delta^{13}C$—R_o 关系.科学通报,1989,34:690-692.

［50］Fuex A A.The use of stable carbon isotopes in hydrocarbon exploration.J Geochem Explor,1977,7:155-188.

［51］Erdman J G,Morris D A.Geochemical correlation of petroleum.AAPG Bull,1974,58:2326-2377.

［52］Qin S F.Carbon isotopic composition of water-soluble gases and its geological significance in the Sichuan Basin.Petrol Explor Dev,2012,39:335-342.

［53］刘全有,戴金星,李剑,等.塔里木盆地天然气氢同位素地球化学与对热成熟度和沉积环境的指示意义.中国科学(D辑),2007,37:1599-1608.

［54］Hao F,Guo T L,Zhu Y M,et al.Evidence for multiple stages of oil cracking and thermochemical sulfate reduction in the Puguang gas field, Sichuan Basin, China.AAPG Bull, 2008, 92: 611–637.

[55] Jenden P D, Kaplan I R, Hilton D R, et al.Abiogenic hydrocarbons and mantle helium in oil and gas fields.The future of energy gases.US Geol Surv Professional Paper, 1993, 1570: 31–56.

[56] 王先彬.稀有气体同位素地球化学和宇宙化学.北京：科学出版社, 1989, 112.

[57] 徐永昌, 沈平, 刘文汇, 等.天然气中稀有气体地球化学.北京：科学出版社, 1998, 17–25.

[58] Poreda R J, Jenden P D, Kaplan E R.Mantle helium in Sacramento basin natural gas wells.Geochim Cosmochim Acta, 1986, 65: 3847–2853.

[59] Dai J X, Song Y, Dai C S, et al.Conditions governing the formation of abiogenic gas and gas pools in Eastern China.Beijing and New York: Science Press, 2000, 65–66.

[60] 戴金星, 李剑, 侯路.鄂尔多斯盆地氦同位素的特征.高校地质学报, 2005, 11: 473–478.

[61] Des Marais D J, Donchin J H, Nehring N L, et al.Molecular carbon isotope evidence for the origin of geo-thermal hydrocarbon.Nature, 1981, 292: 826–828.

[62] Dai J X, Yang S F, Chen H L, et al.Geochemistry and occurrence of abiogenic gas accumulations in the Chinese sedimentary basins. Org. Geochem., 2005, 36: 1664–1688.

[63] Hosgörmez H.Origin of the natural gas seep of Cirali (Chimera), Turkey: Site of the first Olympic fire. J Asian Earth Sci, 2007, 30: 131, 141.

[64] 刘建章, 陈红汉, 李剑, 等.运用流体包裹体确定鄂尔多斯盆地上古生界油气成藏期次和时期.地质科技情报, 2005, 24: 60–66.

[65] 丁超, 陈刚, 郭兰, 等.鄂尔多斯盆地东北部上古生界油气成藏期次.地质科技情报, 2011, 30: 69–73.

[66] 刘新社, 周立发, 侯云东.运用流体包裹体研究鄂尔多斯盆地上古生界天然气成藏.石油学报, 2007, 28: 37–42.

[67] 李贤庆, 李剑, 王康东, 等.苏里格低渗砂岩大气田天然气充注.运移及成藏特征.地质科技情报, 2012, 31: 55–62.

[68] 薛会, 王毅, 毛小平, 等.鄂尔多斯盆地北部上古生界天然气成藏期次——以杭锦旗探区为例.天然气工业, 2009, 29: 9–12.

[69] 张文忠, 郭彦如, 汤达祯, 等.苏里格气田上古生界储层流体包裹体特征及成藏期次划分.石油学报, 2009, 30: 685–691.

[70] Zhao W Z, Wang H J, Xu C C, et al.Reservoir-forming mechanism and enrichment conditions of extensive Xujiahe Formation gas reservoirs, central Sichuan Basin (in Chinese).Petrol Explor Dev, 2010, 37: 146–157.

[71] 朱忠谦, 杨学君, 赵力彬, 等.陆相湖盆致密砂岩储层裂缝形成机理研究——以塔里木盆地 A 气田巴什基奇克组为例 // 国际非常规油气勘探开发（青岛）大会论文集.北京：地质出版社, 2011, 147–158.

[72] Barker J F, Pollock S J.The geochemistry and origin of natural gases in southern Ontario.Bull Canadian

Petrol. Geol., 1984, 32: 313–326.

［73］ Laughrey C D, Baldassare F J.Geochemistry and origin of some natural gases in the plateau province, central Appalachian basin, Pennsylvania and Ohio.AAPG Bull, 1998, 82: 317–335.

［74］ Stahl W J.Carbon and nitrogen isotopes in hydrocarbon research and exploration.Chem Geol, 1977, 20: 121–149.

［75］ 戴金星.我国有机烷烃气的氢同位素的若干特征.石油勘探与开发, 1990, 5: 27–32.

［76］ Kinnaman F S, Valentine D L, Tyler S C.Carbon and hydrogen isotope fractionation associated with the aerobic microbial oxidation of methane, ethane, propane and butane.Geochim, 2007, 71: 271–283.

［77］ Liu Q Y, Dai J X, Li J, et al. Hydrogen isotope composition of natural gases from the Tarim Basin and its indication of depositional environments of the source rocks.Sci China Ser D–Earth Sci, 2008, 51: 300–311.

四川盆地南部下志留统龙马溪组高成熟页岩气地球化学特征 ❶

1 页岩气地质及其勘探开发概况

四川盆地面积达 $18.1 \times 10^4 \mathrm{km}^2$，是中国最稳定的大型沉积盆地之一及重要天然气产区（图1），目前已发现含气层系21个、气田136个，2012年年产天然气 $242.1 \times 10^8 \mathrm{m}^3$。

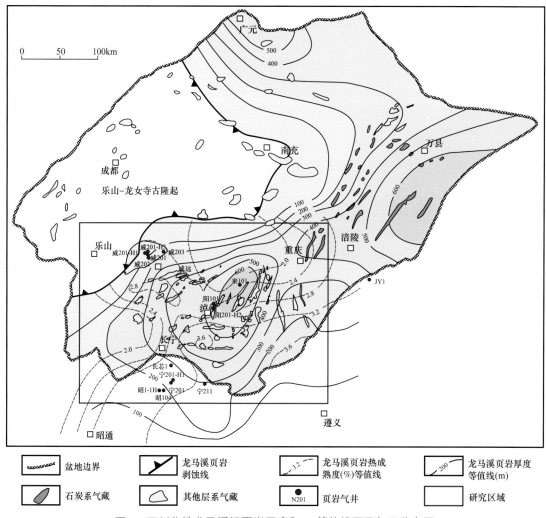

图1 四川盆地龙马溪组页岩厚度和 R_o 等值线图及气田分布图

---

❶ 原载于《Organic Geochemistry》，2014，74：3-12。作者还有邹才能、廖仕孟、董大忠、倪云燕、黄金亮、吴伟、龚德瑜、黄士鹏、胡国艺。

该盆地基底由中、新元古界变质岩、岩浆岩及部分沉积岩构成，厚1000～10000m，盆地边缘分布元古宇、古生界构成环绕盆地周边的龙门山、米仓山、大巴山等大型造山带，中生界遍及盆地内部，新生界主要分布在盆地西北部[1~3]。

本文研究区位于盆地南部，总面积约 $8.8 \times 10^4 km^2$，包括长宁—威远、云南昭通和富顺—永川等主要页岩气勘探区（图1）。

研究区内共发育8套黑色页岩（图2），自下而上分别是元古宇下震旦统陡山沱组、

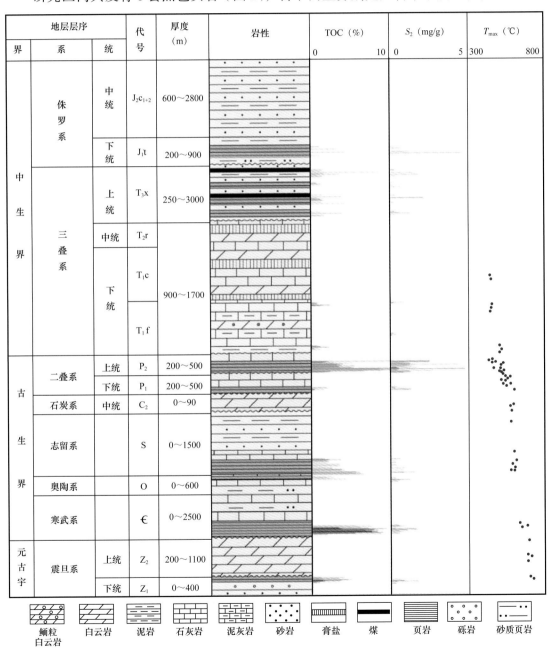

图2　四川盆地地层综合柱状图

古生界下寒武统筇竹寺组、下奥陶统大乘寺组、下志留统龙马溪组、下二叠统梁山组、上二叠统龙潭组、上三叠统须家河组及中—下侏罗统自流井—沙溪庙组。其中龙马溪组（S_1l）页岩具有厚度大、有机质丰富、成熟度高、生气能力强、岩石脆性好等特点，有利于页岩气形成与富集，是页岩气勘探开发重要目的层，研究区已经成为中国页岩气勘探开发前沿地区。

据不完全统计，截至 2013 年 7 月底，四川盆地及其周缘（主要为盆地南部地区）已完钻页岩气井 32 口，获工业性气流 19 口，显示出良好的页岩气勘探前景。中国石油在盆地南部的长宁—威远、云南昭通地区的龙马溪组、筇竹寺组页岩气勘探中获得突破，并与荷兰壳牌公司在富顺—永川地区合作开发龙马溪组页岩气获得高产气流，单井初始产量为（0.3~43）×10^4m^3/d。中国石化在四川盆地东北部下侏罗统自流井组—大安寨组陆相页岩、东部龙马溪组与西南部筇竹寺组海相页岩中获得工业性气流，单井初始产量约（0.3~50）×10^4m^3/d。在上述地区取得突破的页岩层系中，证实四川盆地南部地区海相页岩是目前最现实的页岩气勘探开发目的层系。目前勘探开发中，从页岩气单井产量工业价值和层位上，以龙马溪组为最佳。因此，本文仅研究龙马溪组页岩气地质、地球化学特征。

1.1　龙马溪组页岩分布特征

早志留世龙马溪期，四川盆地发育川东北、川东—鄂西、川南三个深水陆棚区[4, 5]。龙马溪组因加里东运动抬升遭受区域性剥蚀，在盆地西南部缺失，围绕乐山—龙女寺古隆起向南、东部逐渐增厚，最厚 400~600m[3]（图 1）。

龙马溪组页岩下部由深灰—黑色砂质页岩、碳质页岩、笔石页岩夹生物碎屑灰岩组成，上部为灰绿、黄绿色页岩及砂质页岩夹粉砂岩及泥灰岩。研究区内龙马溪组页岩除在威远构造西南部缺失，其他地区均分布广泛，厚 50~600m（图 1）；富有机质页岩（TOC 含量>2%）主要发育于龙马溪组底部，厚约 20~70m，向西北、向南逐渐变薄，威远构造厚约 0~40m，长宁构造厚约 30~50m，天宫堂构造厚约 40m（图 3）。

1.2　页岩地球化学特征

四川盆地油气勘探实践表明，龙马溪组页岩是盆地东部石炭系黄龙组气田的主力气源岩[6, 7]，具有以下几个特征。

（1）页岩有机质含量丰富。龙马溪组页岩 TOC 含量 0.35%~18.4%，平均 2.52%，TOC 含量大于 2% 以上占 45%。如图 4 所示，在四川长宁—威远、云南昭通以及重庆涪陵地区，龙马溪组优质页岩储层（TOC 含量>2%）主要发育在页岩层系的下部，向上随着粉砂质、钙质的增加，页岩颜色变浅，TOC 含量随之降低。

（2）页岩热成熟度高，已达高—过成熟裂解成气阶段，以生成干气或油型裂解气为主。龙马溪组由盆地西北部到东南缘埋深逐渐增大，热成熟度 R_o 值也相应由西北部到东南缘逐渐增高（图1），成熟度 R_o 值为 1.8%～4.2%（图1，图4）。

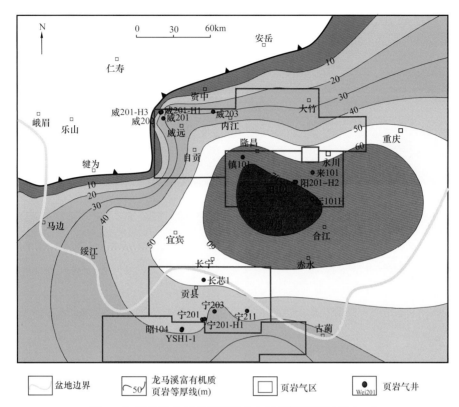

图 3 四川盆地南部龙马溪组富有机质页岩等厚图（m）

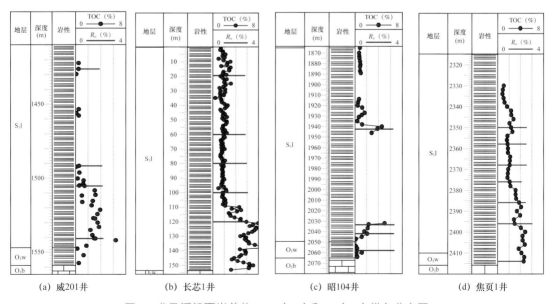

（a）威201井 （b）长芯1井 （c）昭104井 （d）焦页1井

图 4 龙马溪组页岩单井 TOC（%）和 R_o（%）纵向分布图

（3）页岩有机质类型较好，有机质呈无定形状，以Ⅰ、Ⅱ₁型为主，母质来源于低等水生生物；有机显微组分中，腐泥质组分占72%～78.4%，属典型的腐泥型干酪根（图5）。

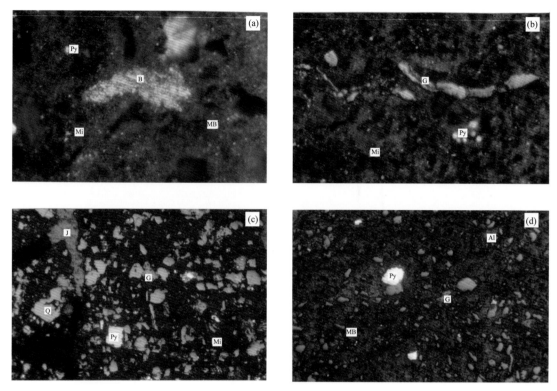

图5　龙马溪组页岩有机显微组分特征

（a）碳质粉砂质页岩，孔洞中充填碳沥青（B），微粒集合体，外形不规则，单颗粒非均质性显著。矿物沥青基质
（MB）见微粒体（Mi）、黄铁矿（Py）等。光片，油浸，×480；长芯1井，S₁l，100m。

（b）碳质粉砂质页岩中平行层面分布的笔石壳层体（G），具双层结构，部分破碎成粒状；黄铁矿（Py）成堆产出，
少量微粒体（Mi）分散分布。光片，油浸，×300；长芯1井，S₁l，120m。

（c）含粉砂质碳质页岩，碎屑主要为陆源碎屑石英（Q），也见笔石壳层体（G）碎屑、微粒体（Mi）及黄铁矿（Py）
微裂隙空留或被胶结物（J）充填。光片，×120；长芯1井，S₁l，140m。

（d）含粉砂质碳质页岩，少量笔石壳层体（G）碎屑零星分布，微孔结构；藻类体（Al）碎屑与矿物沥青基质
（MB）边界不清；见黄铁矿（Py）球粒集合体。光片，×120；长芯1井，S₁l，153m

1.3　页岩储层特征

龙马溪组页岩具有一定的孔渗条件[3, 8~11]。龙马溪组页岩孔隙度1.15%～10.8%，平均3.0%，渗透率为0.00025～1.737mD，平均为0.421mD。

龙马溪组页岩主要发育无机矿物基质微—纳米孔、有机质纳米孔和微裂缝3种孔隙类型，无机矿物基质孔隙类型为粒间孔、晶间孔、溶蚀孔、黏土矿物层间孔等（图6），孔隙直径一般小于2μm，以0.1～1μm大小孔隙为主，部分小于0.1μm，孔隙结构复杂，比表面积大，是页岩气的主要储集空间。有机质纳米孔包括有机质内孔、有机质间孔及有机质与无机矿物颗粒间孔3种类型，形态以圆形、椭圆形、不规则多边形、复杂网状、

线状或串珠状为主，孔隙直径 5～750nm，平均 100nm。微裂缝在三维空间成网状分布，部分被方解石、沥青等次生矿物充填。

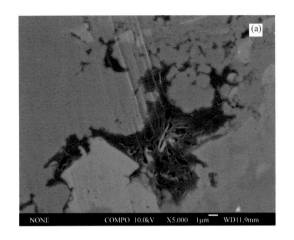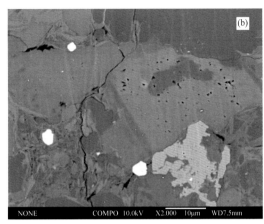

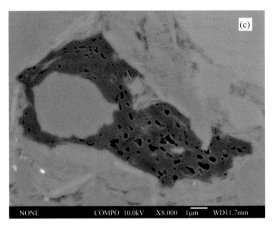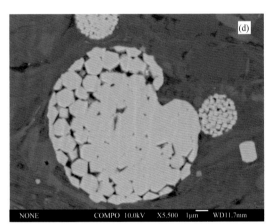

图 6　龙马溪组页岩孔隙结构的扫描电镜镜下特点

（a）有机质孔，S_1l，N201 井，×5000；（b）溶蚀孔，S_1l，N201 井，×2000；（c）有机质孔，S_1l，N201 井，×8000；
（d）粒间孔，黄铁矿莓球体，S_1l，N201 井，×5500

　　龙马溪组页岩储层脆性矿物含量较高，易于压裂，与美国 Barnett 页岩、Haynesville 页岩脆性矿物分布具有可比性[3, 10, 12, 13]。区域上，龙马溪组页岩的矿物成分变化不明显，页岩脆性矿物含量 47.6%～74.1%，平均 56.3%，黏土矿物含量 25.6%～51.5%，平均 42.1%，黏土矿物以伊利石、绿泥石为主（图 7）。

2　分析方法

　　页岩气组分分析采用配有火焰离子化检测器和热导检测器的 Agilent 6890N 气相色谱仪。单个烃类气体组分（C_1—C_5）通过毛细管柱分离（PIOT Al_2O_3，50m×0.53mm），气相色谱仪炉温首先设定在 30℃，保持 10min，然后以 10℃ /min 的速率升高到 180℃并维持 20～30min。

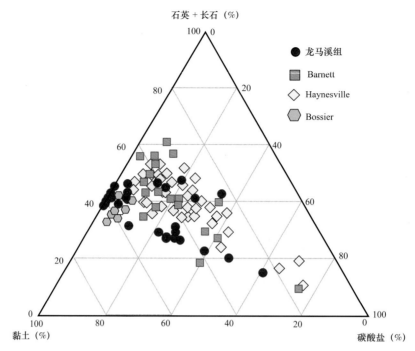

图 7　四川盆地南部龙马溪组与美国主要页岩矿物组成对比图

稳定碳同位素组成测定在 HP 5890II 气相色谱和 Finnigan Mat Delta S 同位素质谱联用仪上进行。载气为 He，分离后的气体被氧化为 CO_2 进入质谱分析。单个烃类气体组分（C_1—C_5）通过毛细管柱分离（PIOT，30m×0.32mm）。气相色谱仪设定初始温度为 35℃，以 8℃/min 的升温速率从 35℃ 升到 80℃，然后以 5℃/min 的升温速率升温到 260℃，在最终温度保持炉温 10min。每个样品分析 3 次以上取平均值，分析精度保持为 ±0.5‰，采用 V–PDB 标准。

页岩气氢同位素组成分析应用赛默飞 MAT 253 同位素质谱仪与 UltraTM 色谱仪联用。气体组分通过色谱柱（HP–PLOTQ column 30m×0.32mm×20μm）分离，载气为 He，流速为 1.4mL/min。进样口温度为 180℃，甲烷氢同位素检测设置分流比为 1∶7，升温程序设定为，40℃ 稳定 5min，以 5℃/min 升温至 80℃，再以 10℃/min 升温至 140℃，最后以 30℃/min 升温至 260℃。热解炉温设置为 1450℃。气体组分被转化为 C 和 H_2 以便检测。氢同位素标准气为来自中国石油勘探开发研究院廊坊分院和国外实验室共同制备的 NG1（煤成气）和 NG3（油型气）。样品均分析两次，分析精度需达到 ±3‰ 以内，采用 V–SMOW 标准。

氦同位素分析是在中国石油勘探开发研究院廊坊分院的 VG5400 质谱仪上进行的。气体样品被输送到一条制备线中，该制备线可将惰性气体与其他气体分子分离并净化，而后进入分析仪。$^3He/^4He$ 比值标准为兰州空气中氦的绝对值（R_a=1.4×10^{-6}）。分析精度可达到 ±3‰ 以内。

3 页岩气地球化学

表 1 为 10 口井 13 井次（图 1）龙马溪组页岩气的地球化学参数。龙马溪组页岩也是四川盆地东部石炭纪黄龙组众多气田（大天池等）的气源岩[6,7]（图 1）。

3.1 页岩气组分特征

由表 1 可见页岩气组分以甲烷占绝对优势，为 95.52%（威 201-H1 井）～99.59%（阳 201-H2 井）。贫重烃气，没有丁烷，无或者痕量丙烷（0～0.03%），乙烷含量为 0.23%（来 101 井）～0.68（威 202 井）。无 H_2S，含低量的 CO_2（0.01%～1.48%）和 N_2（0～2.95%）。页岩气烷烃气和由其为气源岩生成四川盆地东部黄龙组常规气田的烷烃气含量有相似的特征[2]，也与高成熟的 Fayetteville 页岩气和 Barnett 页岩气高成熟阶段烷烃气相似，但与成熟阶段 Barnett 页岩气高含重烃气（C_{2-5}）的湿气不同[14~16]（图 8，图 9）。从图 9 可知龙马溪组页岩气是目前世界上甲烷含量最高、乙烷含量最低的页岩气，阳 201-H2 井是世界上页岩气甲烷含量最高的。

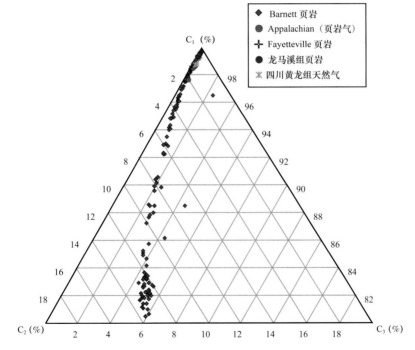

图 8　中国四川盆地蜀南地区龙马溪组页岩气和美国主要页岩气的烷烃气含量对比

3.2 烷烃气碳同位素组成特征

由表 1 可见，龙马溪组页岩气 $\delta^{13}C_1$ 值为 -37.7‰（威 201 井）～-26.7‰（昭 104 井），$\delta^{13}C_2$ 值为 -43.5‰（威 202 井）～-31.6‰（昭 1-1H 井）。除来 101 井 $\delta^{13}C_1 < \delta^{13}C_2$ 外，所有龙马溪组页岩气烷烃气的碳同位素组合具有 $\delta^{13}C_1 > \delta^{13}C_2 > \delta^{13}C_3$ 的特征。由此可见研

表 1 龙马溪组页岩气主要地球化学参数

井名	深度（m）	主要组分（%）					湿度（%）	$\delta^{13}C$（‰，VPDB）				δD（‰，SMOW）		$^3He/^4He$（10^{-8}）	R/R_a	$\delta^{13}C_2-\delta^{13}C_1$
		CH_4	C_2H_6	C_3H_8	CO_2	N_2		$\delta^{13}C_1$	$\delta^{13}C_2$	$\delta^{13}C_3$	$\delta^{13}C_{CO_2}$	δD_1	δD_2			
威 201	1520~1523	98.32	0.46	0.01	0.36	0.81	0.48	-36.9	-37.9			-140		3.594±0.653	0.03	-1.0
威 201*	1520~1523	99.09	0.48		0.42		0.48	-37.3	-38.2		-0.2	-136				-0.9
威 201-H1	2840	95.52	0.32	0.01	1.07	2.95	0.34	-35.1	-38.7			-144		3.684±0.697	0.03	-3.6
威 201-H1*	2840	98.56	0.37		1.06	0.43	0.37	-35.4	-37.9		-1.5	-138				-2.5
威 202	2595	99.27	0.68	0.02	0.02	0.01	0.70	-36.9	-42.8	-43.5	-2.2	-144	-164	2.726±0.564	0.02	-5.9
威 203*	3137~3161	98.27	0.57		1.05	0.08	0.58	-35.7	-40.4		-1.2	-147				-4.7
宁 201-H1	2745	99.12	0.50	0.01	0.04	0.3	0.51	-27.0	-34.3			-148		2.307±0.402	0.02	-7.3
宁 201-H1*	2745	99.04	0.54		0.40		0.54	-27.8	-34.1							-6.3
宁 211	2313~2341	98.53	0.32	0.03	0.91	0.17	0.35	-28.4	-33.8	-36.2	-9.2	-148	-173	1.867±0.453	0.03	-5.4
昭 104	2117.5	99.25	0.52	0.01	0.07	0.15	0.53	-26.7	-31.7	-33.1	3.8	-149	-163	1.958±0.445	0.01	-5.0
YSL1-1H	2002~2028	99.45	0.47	0.01	0.01	0.03	0.48	-27.4	-31.6	-33.2		-147	-159	1.556±0.427	0.01	-4.2
阳 201-H2	4568	99.59	0.33	0.01	0.06	0.01	0.34	-33.8	-36.0	-39.4	5.4	-151	-140	3.263±0.636	0.02	-2.2
未 101	4700	97.64	0.23		1.48	0.61	0.24	-33.2	-33.1			-151	-130	2.606±0.470	0.02	0.1

* 数据为 2012 年 10 月取样，其他数据为 2013 年 4 月取样。

究区基本上是 $\delta^{13}C_1 > \delta^{13}C_2$。这是与龙马溪组页岩的高—过成熟度有关，从图 4 可见，R_o 值为 1.6%～4.2%、湿度（$\Sigma C_2 - C_5 / \Sigma C_1 - C_5$）小的两指标体现出来。Arkoma 盆地 R_o 为 2.5%～3.0% 左右的 Fayettville 页岩，Fort Worth 盆地东部 R_o 约 1.2%～1.7% 的 Barnett 页岩[15]；西加拿大盆地湿度小于或等于 1 高过成熟度的 Horn River 页岩，DoigFm 页岩气[16] 等均具有 $\delta^{13}C_1 > \delta^{13}C_2$ 的特征。但成熟阶段的页岩气则具有 $\delta^{13}C_1 < \delta^{13}C_2$ 的特征，如 Fort worth 盆地西部众多页岩气[15]，以及西加拿大盆地部分页岩气[16]。

3.2.1　$\delta^{13}C_1$ 和 $\delta^{13}C_2$ 值

根据表 1 中国龙马溪组页岩气 $\delta^{13}C_1$ 值与 $\delta^{13}C_2$ 值，并利用美国 Barnett 页岩气、Fayettville 页岩气[14, 15]，西加拿大盆地 Horn River 页岩气[16] $\delta^{13}C_1$ 值与 $\delta^{13}C_2$ 值，编制成 $\delta^{13}C_2 - \delta^{13}C_1$ 关系图（图 9）。从图 9 中可见：AB 连线代表 $\delta^{13}C_1 = \delta^{13}C_2$，在 AB 线上方是成熟阶段页岩气，其特征是 $\delta^{13}C_1 < \delta^{13}C_2$；在 AB 线下方是高—过成熟阶段页岩气，其特征是 $\delta^{13}C_1 > \delta^{13}C_2$。

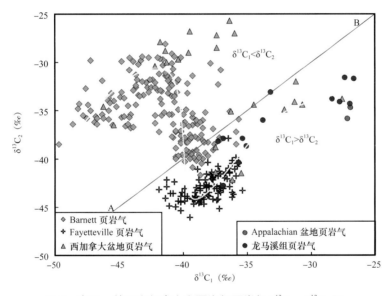

图 9　中国、美国和加拿大主要海相页岩气 $\delta^{13}C_1 - \delta^{13}C_2$ 图

3.2.2　$\delta^{13}C_2$ 和湿度

根据表 1 中国龙马溪组页岩气 $\delta^{13}C_2$ 和湿度值，美国 Barnett 页岩气、Fayettville 页岩气[14, 15]，Appalachian 盆地奥陶系页岩气[17] 和西加拿大盆地 Horn River 页岩气[16] 相应数据，编制了图 10。发现该图同图 9 相似，也呈卧 "S" 形，第一个拐点在 5.8% 处，有可能是二次裂解的开始[18, 19]，第二个拐点在 1.2% 处，反映了非常高的成熟度，为二次裂解高峰。

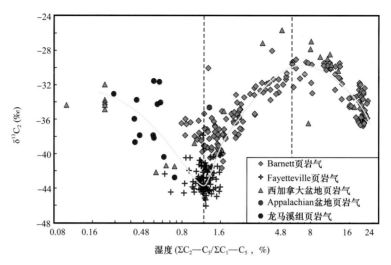

图 10　中国、美国、加拿大海相主要页岩气 $\delta^{13}C_2$—湿度关系图呈卧 "S" 形

3.3　烷烃气氢同位素组成

3.3.1　δD_1—$\delta^{13}C_1$

由表 1 可见，龙马溪组页岩气 δD_1 值为 –151‰（阳 201–H2 井和来 101 井）～–140‰（威 201 井）。δD_2 值为 –173‰（宁 211 井）～–130‰（来 101 井）。龙马溪组页岩气烷烃气的氢同位素组成以 $\delta D_1 < \delta D_2$ 为主，仅有两个样品表现为 $\delta D_1 > \delta D_2$。

根据表 1 龙马溪组页岩气 δD_1 值和 $\delta^{13}C_1$ 值，Barnett 页岩气、Fayettvile 页岩气、Antrim 页岩气、New Albany 页岩气和 Appalachian 页岩气的 δD_1 值和 $\delta^{13}C_1$ 值[14, 15, 17, 20~22]，编制了 δD_1—$\delta^{13}C_1$ 图（图 11）。从图 11 可知，中国龙马溪组有目前世界上一批 $\delta^{13}C_1$ 值最重的甲烷碳同位素井。其中昭 104 井 $\delta^{13}C_1$ 值为 –26.7‰，比美国页岩气中 $\delta^{13}C_1$ 值最重的 –26.97‰还高（Appalachian 盆地 Utica 页岩 MLU#2）。

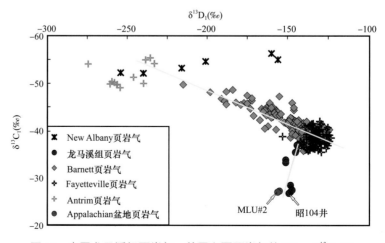

图 11　中国龙马溪组页岩气、美国主要页岩气的 δD_1—$\delta^{13}C_1$ 图

3.3.2 δD_1—湿度

根据表 1 中国龙马溪组页岩气 δD_1 值和湿度值，同时利用 Barnett 页岩气、Fayetteville 页岩气和 Appalachian 盆地页岩气的相关值，编制了 δD_1—湿度图（图 12）。图 12 展现了从干气至湿气，δD_1 值呈抛物线演变的特点，龙马溪组页岩气填补最干段的空白，并表现出随湿度增加 δD_1 值增长之势。

3.4 氦同位素组成

由表 1 可见：龙马溪组页岩气中 $^3He/^4He$ 值为 $2.3 \times 10^{-8} \sim 3.6 \times 10^{-8}$，$R/R_a$ 为 $0.01 \sim 0.03$。壳源氦 R/R_a 值为 $0.01 \sim 0.1$ [23]。Jenden 等 [24] 指出当 $R/R_a > 0.1$ 时指示有幔源气的存在。应用这些参数鉴别研究区龙马溪组页岩气中的氦属于壳源氦。壳源氦的存在表示所在处构造稳定，例如四川盆地 57 个 $^3He/^4He$ 平均值为 1.89×10^{-8}，R/R_a 为 0.01；鄂尔多斯盆地 25 个 $^3He/^4He$ 平均值为 3.74×10^{-8}，R/R_a 为 0.04；塔里木盆地 32 个 $^3He/^4He$ 平均值 6.07×10^{-8}，R/R_a 为 0.04。以上三个盆地的 He 均属壳源气，说明此三个盆地属稳定的沉积盆地 [25]。与壳源氦伴生的烷烃气是有机成因，所以龙马溪组烷烃气也应该如此。阳 201-H2 井和焦页 1 井获得高产稳产页岩气（ $> 10 \times 10^4 m^3/d$ ），说明构造稳定区有利于勘探开发高效页岩气。

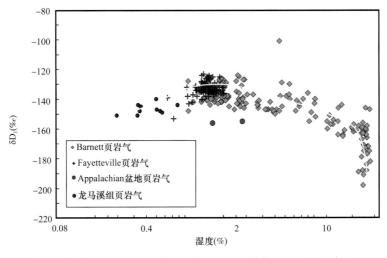

图 12　中国龙马溪组页岩气、美国主要页岩气的 δD_1—湿度图

3.5 二氧化碳碳同位素组成

由表 1 可见，龙马溪组页岩气 $\delta^{13}C_{CO_2}$ 值为 $-9.2‰ \sim 5.4‰$。关于二氧化碳的成因鉴别，好些学者有研究：Moore 等 [26] 指出太平洋中脊玄武岩包裹体中 $\delta^{13}C_{CO_2}$ 值为 $-6.0‰ \sim -4.5‰$；Gould 等 [27] 认为岩浆来源的 $\delta^{13}C_{CO_2}$ 值虽多变，但一般在 $-7‰ \pm 2‰$；Shangguan 和 Gao [28] 指出，变质成因的 $\delta^{13}C_{CO_2}$ 值应与沉积碳酸盐岩的相近，即在 $-3‰ \sim 1‰$，而幔源 CO_2 的 $\delta^{13}C$ 值平均为 $-8.5‰ \sim -5‰$。综合中国大量 CO_2 研究成果，并同时利用国外许多相关文献资料，指出有机成因二氧化碳的 $\delta^{13}C_{CO_2}$ 值 $< -10‰$，主要在 $-30‰ \sim -10‰$；

无机成因二氧化碳的 $\delta^{13}C_{CO_2}$ 值>−8‰，主要在 −8‰～3‰[29]。无机成因二氧化碳中，由碳酸盐岩变质形成的二氧化碳的 $\delta^{13}C_{CO_2}$ 值接近于碳酸盐岩的 $\delta^{13}C$ 值，在 0±3‰左右；火山岩浆成因和幔源二氧化碳的 $\delta^{13}C_{CO_2}$ 值大多在 −6‰±2‰。根据上述鉴别指标，龙马溪组页岩气除 Ning211 井 $\delta^{13}C_{CO_2}$ 值为 −9.2‰外，其余井 $\delta^{13}C_{CO_2}$ 值均介于 −3.8‰～−2.2‰，即在碳酸盐岩变质成因二氧化碳的 $\delta^{13}C_{CO_2}$ 值范围（0±3‰）之内。由图 7 可知，部分龙马溪组页岩样品中碳酸盐矿物含量相当高（20%～60%），含碳酸钙页岩在高温下（龙马溪组 R_o 值为 1.6%～4.2%）分解变质生成无机成因 CO_2，这种无机成因 CO_2 在中国南海莺琼盆地存在，$\delta^{13}C_{CO_2}$ 值一般在 −3.4‰～−2.8‰，伴生的 $^3He/^4He$ 值为 6.99×10^{-7}～9.8×10^{-8}，即 R/R_a 为 0.01～0.03[29]，二者十分一致（表 1），也说明两者具有相同的成因。Ning211 井 $\delta^{13}C_{CO_2}$ 值为 −9.2‰，相对较轻，可能是高含碳酸钙页岩在高温下热解生成的 $\delta^{13}C_{CO_2}$ 值较重的 CO_2 和页岩中有机质生成的 $\delta^{13}C_{CO_2}$ 值更轻的 CO_2（$\delta^{13}C_{CO_2}$<−10‰）混合所致。

4 结论

中国四川盆地南部下志留统龙马溪组海相页岩，厚度大（100～600m），有机质丰度高（TOC：0.35%～18.4%），类型好（Ⅰ、Ⅱ₁型为主），成熟度高（R_o：1.8%～4.2%），岩石脆性好（脆性矿物含量平均为 56.3%），生气能力强。尤其是该组底部富有机质页岩（TOC 含量大于 2%），厚度 20～70m，成为近期中国页岩气开发的主要目的层，并成为中国页岩气突破区。本文根据该区 10 口井 13 井次页岩气地球化学参数研究了龙马溪组页岩气主要地球化学特征，并与美国 Barnett、Fayettville 和西加拿大盆地等页岩气进行了比较研究：

（1）气组分以甲烷占绝对优势，为 95.52%～99.59%，乙烷含量 0.23%～0.68%，丙烷含量 0～0.03%，是世界上页岩气中最干的；无 H_2S，含少量的 CO_2（0.01%～1.48%）和 N_2（0～2.95%）。

（2）烷烃气碳同位素组成表现出正碳同位素系列特征（$\delta^{13}C_1>\delta^{13}C_2>\delta^{13}C_3$）；具有一批目前世界上 $\delta^{13}C_1$ 值最重的页岩气井；$\delta^{13}C_1$ 与 $\delta^{13}C_2$ 存在正相关关系；$\delta^{13}C_2$ 随湿度值变大，呈卧"S"形演变轨迹，本次研究数据填补了该演变轨迹在高—过成熟阶段的空白。

（3）δD_1 值为 −151‰～−140‰；δD_2 值为 −173‰～−130‰，氢同位素组成特征以 $\delta D_1<\delta D_2$ 为主，δD_1 与 $\delta^{13}C_1$ 呈负相关关系。

（4）氦气中 $^3He/^4He$ 值为 2.3×10^{-8}～4.3×10^{-8}，R/R_a 为 0.01～0.03，是壳源氦。

（5）$\delta^{13}C_{CO_2}$ 值主要分布在 −2.2‰～5.4‰，属于碳酸盐高温变质无机成因。仅有一口井为 −9.2‰，是有机和无机成因二氧化碳混合所致。

参 考 文 献

［1］Zhai G M. Petroleum geology of China（vol. 10）.Petroleum Industry Press，Beijing，1989，28−150（in

Chinese）.

［2］Dai Jinxing, Ni Yunyan, Zou Caineng, Tao Shizhen, Hu Guoyi, Hu Anping, Yang Chun, Tao Xiaowan, Carbon isotope features of alkane gases in the coal measures of the Xujiahe Formation in the Sichuan Basin and their significance to gas-source correlation. Oil and Gas Geology, 2009, 30（5）: 519–529（in Chinese）.

［3］Zou Caineng, Unconventional petroleum geology（Second edition）. Geology Press, Beijing, 2013, 127–167.

［4］Liang Digang, Guo Tonglou, Chen Jianping, Bian Lizeng, Someprogresses on studies of hydrocarbon generation and accumulation in marine sedimentary regions, southern China（Part 1）: Distribution of four suits of regional marine source rocks. Marine Origin Petroleum Geology, 2008, 13（2）: 1–16（in Chinese）.

［5］Liang Digang, Guo Tonglou, Chen Jianping, Bian Lizeng, Zhao Zhe, Some progresses on studies of hydrocarbon generation and accumulation in marine sedimentary regions, southern China（Part 3）: Controlling Factors on the Sedimentary Facies and Development of Palaeozoic Marine Source Rocks. Marine Origin Petroleum Geology, 2009, 14（2）: 1–19（in Chinese）.

［6］Hu Guoyi, Xie Zengye, Carboniferous gas field in steep structure region of eastern Sichuan Basin, China. Petroleum Industry Press, Beijing, 1997, 47–60（in Chinese）.

［7］Dai Jinxing, Ni Yunyan, Huang Shipeng, Discussion on the carbon isotopic reversal of alkane gases from the Huanglong Formation in the Sichuan Basin, China. Acta Petrolei Sinica, 2010, 31（5）: 710–717（in Chinese）.

［8］Wang Shejiao, Wang Lansheng, Huang Jinliang, Li Xinjing, Li Denghua, Accumulation conditions of shale gas reservoirs in Silurian of the Upper Yangtze region. Natural Gas Industry, 2009, 29（5）: 45–50（in Chinese）.

［9］Wang Yuman, Dong Dazhong, Li Jianzhong, Wang Shejiao, Li Xinjing, Wang Li, Cheng Keming, Huang Jinliang, Reservoir Characteristics of shale gas in Longmaxi Formation of the Lower Silurian, southern Sichuan. Acta Petrolei Sinica, 2012, 33（4）: 551–565（in Chinese）.

［10］Zou Caineng, Dong Dazhong, Wang Shejiao, Li Jianzhong, Li Xinjing, Wang Yuman, Li Denghua, Cheng Keming, Geological characteristics, formation mechanism and resource potential of shale gas in China. Petroleum Exploration and Development, 2010, 37（6）: 641–653.

［11］Huang Jinliang, Zou Caineng, Li Jian, Dong Dazhong, Wang Shejiao, Wang Shiqian, Wang yuman, Li Denghua, Shale gas accumulation conditions and favorable zones of Silurian Longmaxi Formation in south Sichuan Basin, China. Journal of China Coal Society, 2012, 37（5）: 782–787（in Chinese）.

［12］Montgomery S, Jarvie D, Bowker K, Pollastro R, Mississippian Barnett Shale, Fort Worth basin, north-central Texas: Gas-shale play with multi-trillion cubic foot potential. AAPG Bulletin, 2005, 89（2）: 155–175.

［13］Hammes U, Hamlin H S, Ewing T E, Geologic analysis of the Upper Jurassic Haynesville Shale in east Texas and west Louisiana. AAPG Bulletin, 2011, 95（10）: 1643–1666.

[14] Rodriguez N D, Paul Philp R P, Geochemical characterization of gases from the Mississippian Barnett Shale, Fort Worth Basin, Texas. AAPG Bulletin, 2010, 94（11）: 1641–1656.

[15] Zumberge J, Ferworn K, Brown S, Isotopic reversal（'rollover'）in shale gases produced from the Mississippian Barnett and Fayetteville formations. Marine and Petroleum Geology, 2012, 31, 43–52.

[16] Tilley B, Muehlenbachs K, Isotope reversals and universal stages and trends of gas maturation in sealed, self–contained petroleum systems. Chemical Geology, 2013, 339: 194–204.

[17] Burruss R C, Laughrey C D, Carbon and hydrogen isotopic reversals in deep basin gas : evidence for limits to the stability of hydrocarbons. Organic Geochemistry, 2010, 42: 1285–1296.

[18] Hao Fang, Zou Huayao, Cause of shale gas geochemical anomalies and mechanisms for gas enrichment and depletion in high–maturity shales. Marine and Petroleum Geology, 2013, 44: 1–12.

[19] Xia Xinyu, Chen James, Braun Robert, Tang Yongchun, Isotopic reversals with respect to maturity trends due to mixing of primary and secordary products in source rocks. chemical Gedogy, 2013, 339: 205–212.

[20] Martini A M, Walter L M, Ku T C W, Budai J M, McIntosh J C, Schoell M, Microbial production and modification of gases in sedimentary basins : a geochemical case study from a Devonian shale gas play, Michigan Basin. AAPG Bulletin, 2003, 87: 1355–1375.

[21] Martini A M, Walter L M, McIntosh J C, Identification of microbial and thermogenic gas components from Upper Devonian black shale cores, Illinois and Michigan basins. AAPG Bulletin, 2008, 92, 327–339.

[22] Strąpoć D M, Mastalerz M S, Schimmelmann A D, Drobniak A H, Hasenmueller N R, Geochemical constraints on the origin and volume of gas in the New Albany Shale（Devonian–Mississippian）, eastern Illinois Basin. AAPG Bulletin, 2010, 94: 1713–1740.

[23] Wang Xianbin, Geochemistry and cosmochemistry of noble gas isotope. Science Press, Beijing, 1989, 112（in Chinese）.

[24] Jenden P, Kaplan I, Hilton D, Craig H, Abiogenic hydrocarbons and mantle helium in oil and gas fields. The future of energy gases. US Geol Surv Professional Paper, 1993, 1570: 31–56.

[25] Dai Jinxing, Song Yan, Dai Chunsen, Chen Anfu, Sun Mingliang, Liao Yongsheng, Conditions governing the formation of abiogenic gas and gas pools in Eastern China. Beijing and New York : Science Press, 2000, 65–66.

[26] Moore J G, Bachlader J N, Cunningham C G, CO_2 filled vesicle in mid–ocean basalt. Journal of Volcano Geothermal Research, 1977, 2: 309–327.

[27] Gould K.W, Hart G H, Smith J W, Carbon dioxide in the Southern Coalfields–a factor in the evaluation of natural gas potential Proceedings of the Australasian Institute of Mining and Metallurgy, 1981, 279: 41–42.

[28] Shangguan, Zhiguan, Gao Songsheng, The CO_2 discharges and earthquakes in Western Yunnan. Acta Seismoloigica Sinica, 1990, 12（2）, 186–193.

[29] Dai Jinxing, Chen Jinxing, Zhong Ningining, Pang Xiongqi, Qin Shengfei, Large gas fields in China and their gas sources. Science Press, Beijing, 2003, 73–83（in Chinese）.

次生型负碳同位素系列成因 ❶

天然气中烷烃气碳同位素按其分子中碳数相互关系有一定排列规律：若随烷烃气分子碳数递增，$\delta^{13}C$ 值依次递增（$\delta^{13}C_1 < \delta^{13}C_2 < \delta^{13}C_3 < \delta^{13}C_4$）称为正碳同位素系列，是有机成因烷烃气的一个特征；随烷烃气分子碳数递增，$\delta^{13}C$ 值依次递减（$\delta^{13}C_1 > \delta^{13}C_2 > \delta^{13}C_3 > \delta^{13}C_4$）称为负碳同位素系列。不按以上两规律而出现不规则的增减（$\delta^{13}C_1 > \delta^{13}C_2 < \delta^{13}C_3 > \delta^{13}C_4$）则称为碳同位素倒转[1-2]，可简称为倒转。

1 负碳同位素系列

1.1 原生型负碳同位素系列

在岩浆岩包裹体、现代火山岩活动区（美国黄石公园）、大洋中脊和陨石中（澳大利亚）（表1）发现一些烷烃气体的 $\delta^{13}C$ 值具有负碳同位素系列特征，其明显属于无机成因烷烃气[3~7]，这种负碳同位素系列可称为原生型负碳同位素系列[1~2]。

表1　原生型负碳同位素系列

气样位置	$\delta^{13}C$（‰，VPDB）				出处
	CH_4	C_2H_6	C_3H_8	C_4H_{10}	
俄罗斯西比内山岩浆岩	−3.2	−9.1	−16.2		[3]
美国黄石公园泥火山	−21.5	−26.5			[4]
土耳其喀迈拉	−11.9	−22.9	−23.7		[5]
北大西洋洋中脊失落城市	−9.9	−13.3	−14.2	−14.3	[6]
澳大利亚默奇森陨石	9.2	3.7	1.2		[7]

1.2 次生型负碳同位素系列

近年来，在一些沉积盆地过成熟地区，发现一些规模性负碳同位素系列，尤其在某些页岩气中，例如中国四川盆地蜀南地区（表2）五峰组—龙马溪组页岩气中[8~9]，美国阿科玛（Arkoma）气区 Fayetteville 页岩气中[10]，以及加拿大西加拿大盆地 Horn River 页岩气中[11]（表3）。这些页岩气均产自高 TOC 值页岩且都处于低湿度和过成熟阶段：从

❶ 原载《天然气地球科学》，2016，27（1）：1-7，作者还有倪云燕、黄士鹏、龚德瑜、刘丹、冯子齐、彭威龙、韩文学。

表 2 可知五峰组—龙马溪组页岩气湿度为 0.34%～0.77%，R_o>2.2%[12]或 2.2%～3.13%[13]，Fayetteville 页岩气湿度在 0.86%～1.6% 之间（表 3）。R_o 值为 2%～3%[11]；Horn River 页岩气湿度为 0.2%（表 3）。而且五峰组—龙马溪组页岩气与 R/R_a 值为 0.01～0.04 壳源氦伴生（表 2）说明页岩气为有机成因气，所以其负碳同位素系列与原生型无机成因负碳同位素系列不同，是由有机成因烷烃气改造而成，可称为次生型负碳同位素系列。

表 2   四川盆地礁石坝、长宁—威远五峰组—龙马溪组页岩气组分及同位素

井位	层位	天然气主要组分（%）					湿度（%）	$\delta^{13}C$（‰，VPDB）			$^3He/^4He$（10^{-8}）	R/R_a	来源
		CH$_4$	C$_2$H$_6$	C$_3$H$_8$	CO$_2$	N$_2$		CH$_4$	C$_2$H$_6$	C$_3$H$_8$			
JY1	O$_3$l, S$_1$l	98.52	0.67	0.05	0.32	0.43	0.72	−30.1	−35.5		4.851±0.944	0.03	本文
JY1−2	O$_3$l, S$_1$l	98.8	0.7	0.02	0.13	0.34	0.73	−29.9	−35.9		6.012±0.992	0.04	
JY1−3	O$_3$l, S$_1$l	98.67	0.72	0.03	0.17	0.41	0.75	−31.8	−35.3				
JY4−1	O$_3$l, S$_1$l	97.89	0.62	0.02		1.07	0.65	−31.6	−36.2				
JY4−2	O$_3$l, S$_1$l	98.06	0.57	0.01		1.36	0.59	−32.2	−36.3				
JY−2	O$_3$l, S$_1$l	98.95	0.63	0.02	0.02	0.39	0.65	−31.1	−35.8		2.870±1.109	0.02	
JY7−2	O$_3$l, S$_1$l	98.84	0.67	0.03	0.14	0.32	0.7	−30.3	−35.6		5.544±1.035	0.04	
JY12−3	O$_3$l, S$_1$l	98.87	0.67	0.02	0	0.44	0.69	−30.5	−35.1	−38.4			
JY12−4	O$_3$l, S$_1$l	98.76	0.66	0.02	0	0.57	0.68	−30.7	−35.1	−38.7			
JY13−1	O$_3$l, S$_1$l	98.35	0.6	0.02	0.39	0.64	0.62	−30.2	−35.9	−39.3			
JY13−3	O$_3$l, S$_1$l	98.57	0.66	0.02	0.25	0.51	0.68	−29.5	−34.7	−37.9			
JY20−2	O$_3$l, S$_1$l	98.38	0.71	0.02		0.89	0.74	−29.7	−35.9	−39.1			
JY42−1	O$_3$l, S$_1$l	98.54	0.68	0.02	0.38	0.38	0.71	−31	−36.1				
JY42−2	O$_3$l, S$_1$l	98.89	0.69	0.02	0	0.39	0.71	−31.4	−35.8	−39.1			
JY1HF	S$_1$l	97.22	0.55	0.01		2.19	0.56	−30.3	−34.3	−36.4			[8]
	S$_1$l	98.34	0.68	0.02	0.1	0.84	0.7	−29.6	−34.6	−36.1			
	S$_1$l	98.34	0.66	0.02	0.12	0.81	0.69	−29.4	−34.4	−36.1			
	S$_1$l	98.41	0.68	0.02	0.05	0.8	0.71	−30.1	−35.5				
	S$_1$l	98.34	0.68	0.02	0.1	0.84	0.7	−30.6	−34.1	−36.3			
JY1−3HF	S$_1$l	98.26	0.73	0.02	0.13	0.81	0.77	−29.4	−34.5	−36.3			
	S$_1$l	98.23	0.71	0.03	0.12	0.86	0.74	−29.6	−34.7	−35			
Wei201	S$_1$l	98.32	0.46	0.01	0.36	0.81	0.48	−36.9	−37.9		3.594±0.653	0.03	

续表

井位	层位	天然气主要组分（%）					湿度（%）	$\delta^{13}C$（‰，VPDB）			$^3He/^4He$（10^{-8}）	R/R_a	来源
		CH_4	C_2H_6	C_3H_8	CO_2	N_2		CH_4	C_2H_6	C_3H_8			
Wei201-H1	S_1l	95.52	0.32	0.01	1.07	2.95	0.34	−35.1	−38.7		3.684±0.697	0.03	
Wei202	S_1l	99.27	0.68	0.02	0.02	0.01	0.7	−36.9	−42.8	−43.5	2.726±0.564	0.02	
Ning201-HI	S_1l	99.12	0.5	0.01	0.04	0.3	0.51	−27	−34.3		2.307±0.402	0.02	[9]
Ning211	S_1l	98.53	0.32	0.03	0.91	0.17	0.35	−28.4	−33.8	−36.2	1.867±0.453	0.03	
Zhao104	S_1l	99.25	0.52	0.01	0.07	0.15	0.53	−26.7	−31.7	−33.1	1.958±0.445	0.01	
YSL1-H1	S_1l	99.45	0.47	0.01	0.01	0.03	0.48	−27.4	−31.6	−33.2	1.556±0.427	0.01	

注：湿度（%）=$\sum(C_2—C_5)/\sum(C_1—C_5)$。

表3 北美页岩气中次生型负碳同位素系列

盆地	层位	天然气主要组分（%）					湿度（%）	$\delta^{13}C$（‰，VPDB）				来源
		CH_4	C_2H_6	C_3H_8	CO_2	N_2		CH_4	C_2H_6	C_3H_8	CO_2	
东阿科玛盆地	Fayetteville	98.22	1.14	0.02	0.61		1.17	−38.0	−43.5	−43.5	−17.2	[10]
		98.06	1.34	0.02	0.58		1.37	−41.3	−42.2	−43.6	−19.5	
		95.3	1.14	0.02	3.53		1.20	−36.8	−42.0	−42.6	−9.9	
		95.84	0.82	0.01	3.33		0.86	−36.2	−40.5	−40.6	−8.8	
		98.01	1.28	0.02	0.69		1.31	−41.3	−42.9	−43.5	−19.9	
		97.95	1.1	0.02	0.93		1.13	−38.4	−42.8	−43.2	−11.7	
		93.1	1.25	0.02	5.63		1.35	−35.7	−40.4	−40.4	−10.2	
		93.72	1.16	0.02	5.1		1.24	−37.7	−41.9	−42.3	−12.5	
		98.31	1.19	0.02	0.48		1.22	−40.8	−43.6	−43.6	−17.6	
		97.98	0.96	0.02	1.04		0.99	−41.4	−44.1	−44.3	−15.7	
		97.82	1.23	0.03	0.92		1.27	−41.9	−43.2	−45.2	−17.6	
		96.8	1.51	0.03	1.67		1.57	−39.9	−44.4	−44.6	−11.7	
		92.38	1.11	0.02	6.49		1.21	−36.4	−41.4	−41.5	−8.9	
		95.57	1.11	0.02	3.29		1.17	−36.5	−37.9	−39.7		
		96.28	1.55	0.03	2.14		1.61	−35.9	−39.9	−41.1	−6.2	
		96.51	1.53	0.03	1.94		1.59	−36.2	−40.2	−40.2	−5.7	
		96.47	1.31	0.03	2.2		1.37	−37.9	−41.7	−42.0	−4.7	
		97.08	1.26	0.02	1.64		1.30	−37.3	−41.8	−41.9	−8.9	
		97.01	1.36	0.02	1.61		1.40	−38.1	−40.4	−41.8	−6.9	

盆地	层位	天然气主要组分（%）					湿度（%）	$\delta^{13}C$（‰，VPDB）				来源
		CH_4	C_2H_6	C_3H_8	CO_2	N_2		CH_4	C_2H_6	C_3H_8	CO_2	
西加拿大沉积盆地	Horn River						0.20	−27.6	−33.8			[11]
							0.20	−32.1	−34.9	−38.8		
							0.20	−31.3	−34.1	−37.3		
							0.20	−31.2	−32.0	−35.5		
							0.20	−30.7	−34.4	−36.9		

注：湿度（%）= $\sum$（C_2—C_5）/ $\sum$（C_1—C_5）。

不仅在过成熟页岩气中发现次生型负碳同位素系列，而且在中国鄂尔多斯盆地南部过成熟的煤成气区也发现了规模性次生型负碳同位素系列（表4，图1）。这些煤成气的气源岩是本溪组（C_2b）、太原组（P_1t）和山西组（P_1s）煤系中的煤和暗色泥岩。煤层主要发育于太原组和山西组。煤层厚度一般为2～20m，其残余有机碳平均含量为70.8%～74.7%，氯仿沥青"A"平均为0.61%～0.80%，为腐殖煤。暗色泥岩厚度为20～150m，大部分地区平均残余有机碳含量变化在2.0%～3.0%之间，氯仿沥青"A"平均值为0.04%～0.12%[14]。从图1可知：这些次生型负碳同位素系列煤成气，出现在鄂尔多斯盆地南部 R_o >2.2%地区，同时与部分碳同位素系列倒转相伴存。这些具有次生型负碳同位素系列煤成气的湿度为0.46%～1.41%（表4），平均为0.87%，比北美页岩气的次生型负碳同位素系列湿度小（表3），而比四川盆地五峰组—龙马溪组页岩气次生型负碳同位素系列湿度大（表2）。

表4　鄂尔多斯盆地南部过成熟区次生型负碳同位素系列

井号	层位	天然气主要组分（%）							湿度（%）	$\delta^{13}C$（‰，VPDB）			$^3He/^4He$（10^{-8}）	R/R_a
		CH_4	C_2H_6	C_3H_8	C_4H_{10}	C_5H_{12}	CO_2	N_2		CH_4	C_2H_6	C_3H_8		
试2	盒8	96.68	0.73	0.09	0.08		1.41	1.07	0.92	−29.20	−30.70	−31.90	6.64±0.7	0.06
试225	山2	93.87	0.42	0.03			5.01	0.67	0.48	−28.80	−34.10			
试48	本2	94.89	0.52	0.04			4.29	0.25	0.59	−29.90	−36.50		7.66±1.04	0.07
试37	本1–2	96.60	0.42	0.03			2.74	0.22	0.46	−30.80	−37.10	−37.30	7.49±1.41	0.07
陕380	盒8	90.58	0.94	0.13	0.02	0.01	1.13	7.18	1.20	−24.50	−28.30	−29.30		
陕428	山1	90.20	0.67	0.11	0.02		3.21	5.79	0.88	−28.10	−29.20	−29.30		
苏353	山1–盒8	93.12	1.11	0.17	0.04	0.01	1.86	3.69	1.41	−24.10	−25.60	−28.70		
苏243	盒8	92.81	0.80	0.14	0.02		0.56	5.51	1.02	−26.20	−28.90	−30.60		

注：湿度（%）= $\sum$（C_2—C_5）/ $\sum$（C_1—C_5）。

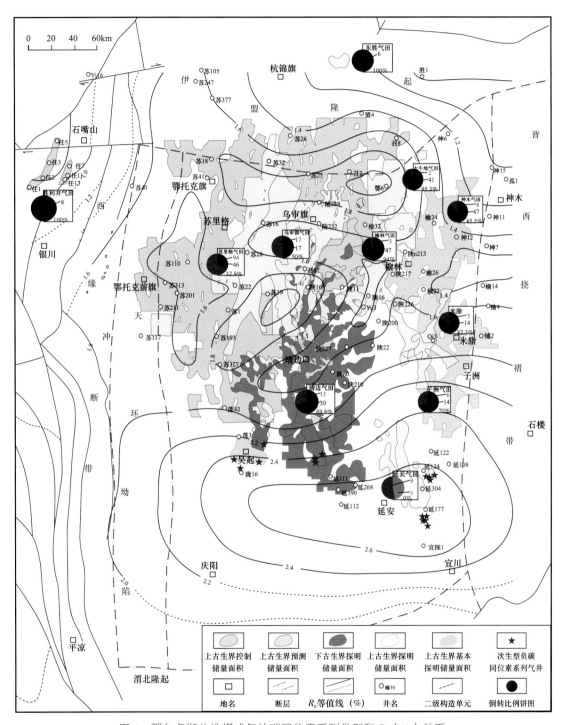

图 1 鄂尔多斯盆地煤成气的碳同位素系列类型和 R_o （%）关系

2 次生型负碳同位素系列成因讨论

此前，关于在煤成气中出现规模性次生型负碳同位素系列未见报导，而在页岩气中次生型负碳同位素系列的成因则有较多的研究，以下对其主要成因观点进行综述和推敲而提出主要控制因素。

2.1 页岩气中次生型负碳同位素系列仅出现在过成熟页岩中，而低成熟、成熟和高成熟页岩中则未见

表2和表3中次生型负碳同位素系列出现在过成熟页岩中，中国四川盆地南部五峰组—龙马溪组页岩上述已指出均处在过成熟阶段，而美国则有不同成熟阶段的页岩气，特别是Barnett页岩有许多成熟和过成熟阶段页岩气（R_o值为0.7%～2.0%），烷烃气碳同位素值[10, 15]绝大部分是正碳同位素系列，还有少量碳同位素倒转，仅有个别为次生型负碳同位素系列。Marcellus页岩气当湿度大时（14.7～20.8）为正碳同位素系列，当湿度小时（1.49～1.57）则出现次生型负碳同位素系列[16]。湿度大为低成熟和成熟阶段，湿度小则为过成熟阶段。在西加拿大盆地Montney页岩中烷烃气湿度大的出现许多正碳同位素系列，只有湿度小的才有碳同位素倒转。Horn River页岩气湿度为0.2时则都为次生型负碳同位素系列（表3）[11]。把表2、表3与上述Barnett、Marcellus和Montney页岩气烷烃气碳同位素和湿度关系编为图2。从图2明显可见：中国、美国和加拿大次生型负碳同位素系列出现在过成熟阶段或湿度小的页岩气中；在低成熟和成熟阶段或者湿度大的页岩气中，正碳同位素系列是主流，而未见次生型负碳同位素系列。大量次生型负碳同位素系列只出现在过成熟页岩气中，说明了其成因受高温控制。

2.2 煤成气中次生型负碳同位素系列仅出现在过成熟源岩区中，而在低成熟、成熟和高成熟区中则未见

由鄂尔多斯盆地433个气样编制的煤成气碳同位素系列类型分布与R_o（%）关系图（图1）可见，该盆地南部过成熟烃源岩区出现规模性次生型负碳同位素系列（表4），即R_o值在2.3%～2.7%之间，湿度在0.46～1.41间。从图1还可看出，次生型负碳同位素系列仅分布在延安气田和靖边气田的南缘。鄂尔多斯盆地煤成气的气源岩成熟度在胜利井气田最低至0.75%，在神木气田最低为1.1%（处于成熟阶段），以及其他从成熟至高熟地区的气田至今未发现次生型负碳同位素系列。在神木气田分析烷烃气碳同位素组成气样55个，正碳同位素系列占47个，占有率达85.5%，仅有8个样品发生小幅度倒转。同样统计了大牛地、榆林、子洲、靖边、乌审旗和苏里格、东胜和胜利井等气田，发现在成熟和高成熟源岩区煤成气中正碳同位素系列占优势，仅有部分的碳同位素系列倒转，未发现次生型负碳同位素系列（图1）。通过对鄂尔多斯盆地433个碳同位素系列类型与低成熟、成熟、高成熟及过成熟关系的系统研究，确定次生型负碳同位素系列只出现在过成熟区，也说明次生型负碳同位素系列的成因受高温控制。

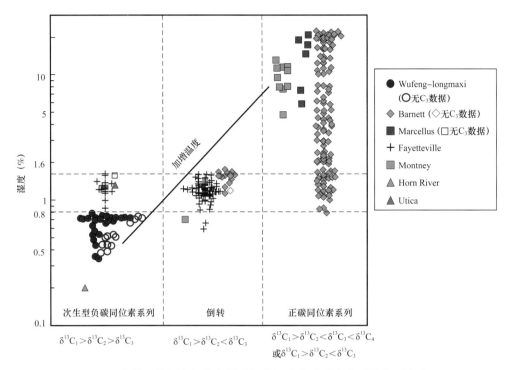

图 2　中国、美国和加拿大页岩气的湿度和碳同位素系列类型关系

2.3　二次裂解产生次生型负碳同位素系列

在高过成熟演化阶段中，由于二次裂解，页岩气系统内的天然气来自干酪根、滞留油和湿气的同时裂解，其中油或凝析物的裂解可产生轻碳同位素乙烷。此时原天然气中的乙烷含量已经很少，少量的轻碳同位素乙烷的掺入可造成碳同位素系列倒转[17]。

2.4　过渡金属和水介质在 250~300℃环境中发生氧化还原作用导致乙烷和丙烷瑞利分馏

Burruss 和 Laughrey[18] 指出部分深盆气次生型负碳同位素系列，是在过渡金属和水介质在 250~300℃地质环境中发生氧化还原作用，导致乙烷和丙烷瑞利分馏的结果。

2.5　烷烃气分子中碳数渐增扩散速度递减，和 ^{13}C 组成分子扩散速度递减，导致次生型负碳同位素系列形成

分子的扩散受分子量和分子大小的影响，分子量大比小的扩散慢。烷烃气分子中随碳数增大分子量增大，分子直径也增大，故扩散速度 $CH_4 > C_2H_6 > C_3H_8 > C_4H_{10}$。

CH_4、C_2H_6、C_3H_8 和 C_4H_{10} 中有 ^{12}C 和 ^{13}C 以下分子组构型式：

$$CH_4 \longrightarrow {}^{12}CH_4、{}^{13}CH_4 \tag{1}$$

$$C_2H_6 \longrightarrow {}^{12}C^{12}CH_6、{}^{12}C^{13}CH_6、{}^{13}C^{13}CH_6 \tag{2}$$

$$C_3H_8 \longrightarrow {}^{12}C^{12}C^{12}CH_8、{}^{12}C^{12}C^{13}CH_8、{}^{12}C^{13}C^{13}CH_8、{}^{13}C^{13}C^{13}CH_8 \tag{3}$$

$$C_4H_{10} \longrightarrow {}^{12}C^{12}C^{12}C^{12}CH_{10} \text{、} {}^{12}C^{12}C^{12}C^{13}CH_{10} \text{、} {}^{12}C^{12}C^{13}C^{13}CH_{10} \text{、}$$
$${}^{12}C^{13}C^{13}C^{13}CH_{10} \text{、} {}^{13}C^{13}C^{13}C^{13}CH_{10} \qquad (4)$$

由于 ^{12}C 的质量小于 ^{13}C，所以 $^{12}CH_4$ 质量小于 $^{13}CH_4$ 而导致前者扩散速度快于后者，使 CH_4 集群碳同位素产生分馏而使该集群 $\delta^{13}C_1$ 值变大；由（2）可知 C_2H_6 集群 ^{12}C 和 ^{13}C 分子组构型式有 3 种，同理，质量上 $^{12}C^{12}CH_6 < {}^{12}C^{13}CH_6 < {}^{13}C^{13}CH_6$，故前者扩散速度最快，中者居中，后者扩散速度最慢，结果使 C_2H_6 集群碳同位素产生分馏而使该集群 $\delta^{13}C_2$ 值也变大；由（3）和（4）可知 C_3H_8 集群和 C_4H_{10} 集群的 ^{12}C 和 ^{13}C 分子组构形式分别为 4 种和 5 种，由于与 CH_4 集群、C_2H_6 集群同理扩散分馏结果使 $\delta^{13}C_3$ 值和 $\delta^{13}C_4$ 值变大。

但由于（1）、（2）、（3）和（4）所代表集群的 ^{12}C 和 ^{13}C 组构形式不同，使扩散体（烃源岩）中产生分馏功能（1）＞（2）＞（3）＞（4）；同时又存在扩散速度 $CH_4 > C_2H_6 > C_3H_8 > C_4H_{10}$，在此双重作用下，经历相当长时间后可使正碳同位素系列（$\delta^{13}C_1 < \delta^{13}C_2 < \delta^{13}C_3 < \delta^{13}C_4$），改造为次生型负碳同位素系列（$\delta^{13}C_1 > \delta^{13}C_2 > \delta^{13}C_3 > \delta^{13}C_4$）。

腐泥型烃源岩在不同热阶段油气初次运移相态不同：在未成熟和低成熟阶段为水溶相；成熟阶段为油溶相；高成熟阶段为气相；过成熟阶段为扩散相。腐殖型烃源岩在未成熟和低成熟阶段也为水溶相；在成熟阶段和高熟阶段为气相；在过成熟阶段为扩散相[19]。由于不论腐泥型或腐殖型烃源岩形成的天然气在过成熟阶段初次运移相态均为扩散相，对扩散作用最为有利，故过成熟阶段页岩气利于由扩散作用形成次生型负碳同位素系列。

2.6 地温高于 200℃形成次生型负碳同位素系列

Vinogradov 等[20]指出不同温度下碳同位素交换平衡作用有异：地温高于 150℃，出现 $\delta^{13}C_1 > \delta^{13}C_2$；高于 200℃则使正碳同位素系列改变为次生型负碳同位素系列，即 $\delta^{13}C_1 > \delta^{13}C_2 > \delta^{13}C_3$。

以上综合了 6 种次生型负碳同位素系列的成因观点。页岩气和煤成气过成熟阶段出现次生型负碳同位素系列，是综合研究了中国五峰组—龙马溪组页岩和美国 Barnett 页岩、Marcellus 页岩、Montney 页岩、Fayettyille 页岩、Horn River 页岩以及中国鄂尔多斯盆地石炭系—二叠系煤成气从低成熟—成熟—高成熟—过成熟阶段的整个演化过程，得出次生型负碳同位素系列仅形成于过成熟阶段。二次裂解形成次生型负碳同位素系列，关键是二次裂解只有在高过成熟阶段才出现。过渡金属和水介质氧化还原作用致使乙烷和丙烷瑞利分馏，导致次生型负碳同位素系列形成，关键是水介质温度在 250～300℃之间。扩散致使出现次生型负碳同位素系列，关键是最利于天然气初次运移时期的过成熟阶段的扩散。Vinogradov 等[20]指出地温高于 200℃出现次生型负碳同位素系列。

综合以上 6 种观点，次生型负碳同位素系列形成的主控因素是高温。只有在高温环境下，可由以上一种或几种作用而形成次生型负碳同位素系列。规模性次生型负碳同位素系列出现，是油气演化进入过成熟阶段的标志。

3 结论

碳同位素系列可分为原生型和次生型 2 种。原生型负碳同位素系列是无机成因气的标志。次生型负碳同位素系列的天然气，是由有机成因正碳同位素系列在高温条件下次生改造来的。次生型负碳同位素系列既可形成于过成熟阶段的腐泥型页岩气中，也可形成于腐殖型烃源岩的过熟阶段的煤成气中。

规模性次生型负碳同位素系列出现，是油气演化进入过熟阶段的标志。

参 考 文 献

[1] 戴金星，夏新宇，秦胜飞，等. 中国有机烷烃气碳同位素系列倒转的成因. 石油与天然气地质，2003，24（1）：1-6.

[2] Dai J，Xia X，Qin S，et al. Origins of partially reversed alkane $\delta^{13}C$ values for biogenic gases in China. Organic Geochemistry，2004，35（4）：405–411.

[3] Zorikin L M，Starobinets I S，Stadnik E V. Natural Gas Geochemistry of Oil–gas Bearing Basin. Moscow：Mineral Press，1984.

[4] Marais D J D，Donchin J H，Nehring N L，et al. Molecular carbon isotopic evidence for the origin of geothermal hydrocarbons. Nature，1981，292（5826）：826–828.

[5] Hosgörmez H. Origin of the natural gas seep of Cirali（Chimera），Turkey：Site of the first Olympic fire. Journal of Asian Earth Sciences，2007，30（1）：131–141.

[6] Proskurowski G，Lilley M D，Seewald J S，et al. Abiogenic hydrocarbon production at Lost City Hydrothermal Field. Science，2008，319（5863）：604–607.

[7] Yuen G，Blair N，Marais D J D，et al. Carbon isotope composition of low molecular weight hydrocarbons and monocarboxylic acids from Murchison meteorite. Nature，1984，307（5948）：252–254.

[8] 刘若冰. 中国首个大型页岩气田典型特征. 天然气地球科学，2015，26（8）：1488–1498.

[9] Dai J，Zou C，Liao S，et al. Geochemistry of the extremely high thermal maturity Longmaxi shale gas，southern Sichuan Basin. Organic Geochemistry，2014，74：3–12.

[10] Zumberge J，Ferworn K，Brown S. Isotopic reversal（'rollover'）in shale gases produced from the Mississippian Barnett and Fayetteville formations. Marine & Petroleum Geology，2012，31（1）：43–52.

[11] Tilley B，Muehlenbachs K. Isotope reversals and universal stages and trends of gas maturation in sealed，self–contained petroleum systems. Chemical Geology，2013，339（2）：194–204.

[12] Guo T，Zeng P. The structural and preservation conditions for shale gas enrichment and high productivity in the Wufeng–Longmaxi Formation，Southeastern Sichuan Basin. Energy Exploration & Exploitation，2015，33（3）：259–276.

［13］张晓明, 石万忠, 徐清海, 等. 四川盆地焦石坝地区页岩气储层特征及控制因素. 石油学报, 2015, 36（8）: 926–939.

［14］戴金星, 邹才能, 李伟, 等. 中国煤成大气田及气源. 北京: 科学出版社, 2014: 28–91.

［15］Rodriguez N D, Philp R P. Geochemical characterization of gases from the Mississippian Barnett Shale, Fort Worth Basin, Texas. AAPG Bulletin, 2010, 94（11）: 1641–1656.

［16］Jenden P D, Drazan D J, Kaplan I R. Mixing of thermogenic natural gases in northern Appalachian Basin. AAPG Bulletin, 1993, 77（6）: 980–998.

［17］Xia X, Chen J, Braun R, et al. Isotopic reversals with respect to maturity trends due to mixing of primary and secondary products in source rocks. Chemical Geology, 2013, 339（2）: 205–212.

［18］Burruss R C, Laughrey C D. Carbon and hydrogen isotopic reversals in deep basin gas: Evidence of limits to the stability of hydrocarbons. Organic Geochemistry, 2009, 41（12）: 1285–1296.

［19］李明诚. 石油与天然气运移（第四版）. 北京: 石油工业出版社, 2013: 93–94.

［20］Vinogradov A P, Galimor E M. Isotopism of carbon and the problem of oil origin. Geochemistry, 1970,（3）: 275–296.

中国天然气水合物气的成因类型 ❶

化学家在实验室发现天然气水合物差不多有 200 年了，在前期相当长时间没有认识其在能源上的重大意义。当管道堵塞的原因被认为是天然气水合物所致时，20 世纪 30 年代石油工业界开始关注水合物[1]。俄罗斯科学家在 60 年代首先发现岩石圈存在天然气水合物[2~3]。1968 年在西西伯利亚盆地北部发现了世界上第 1 个天然气水合物气田——Messoyakha 气田[4~5]。70 年代早期，一些科学家[6~7]推测水合物存在于永久冻土和海洋沉积物中。80 年代早期，科学家在深海钻探取心中发现陆缘海外围的沉积物中含有天然气水合物[8~9]，在美国阿拉斯加北坡冻土区发现 Tarm 和 Eileen 水合物气藏[10]，加拿大马更些河三角洲冻土区发现 Mallik 水合物聚集[11]，证实了 Stoll 等[6]在早期的科学推测。全球天然气水合物聚集体中的天然气资源是巨大的，但评价是推测性的，跨越 3 个数量级：天然气资源量为 $2.8 \times 10^{15} \sim 8.0 \times 10^{18} m^3$ [12]。被广泛引用的全球天然气水合物资源量为 Kvenvolden[8]提出的 $2 \times 10^{16} m^3$。在世界能源消费日益增长、污染加重的情况下，天然气水合物巨大的资源量引起人们加速勘探开发，在阿拉斯加北部、马更些三角洲、日本 Nankai 海槽[12]和中国南海神狐海域[13]开展了天然气水合物试采。

中国天然气水合物的研究和调查起步较晚，落后国外大约 30 年。20 世纪 80 至 90 年代地质矿产部、中国科学院、教育部有关单位翻译和搜集国外水合物调查和研究成果，为中国海域水合物调查做准备。广州海洋地质调查局于 1999—2001 年率先在南海北部西沙海槽区开展高分辨率多道地震调查。2002 年正式启动了"中国海域天然气水合物资源调查与评价"国家专项[14]。尔后，中国不仅在南海北部陆坡，还在冻土区开展水合物研究和调查，2008 年在祁连山冻土带天然气水合物钻探获得重要进展。在天然气水合物试采方面，2017 年 5 月 10 日—7 月 9 日在神狐海域试采，60 天产气超过 $30.0 \times 10^4 m^3$，创造了天然气水合物产气时间和总量的世界纪录[13]，比日本 2017 年 6 月 5 日—6 月 28 日在 Nankai 海槽 24 天试采产气约 $20 \times 10^4 m^3$ 胜出一筹。

1 天然气水合物形成条件和分布

1.1 形成条件

天然气水合物的形成要具备 4 个条件：（1）低温。最佳温度是 0~10℃。（2）高压。

---

❶ 原载于《石油勘探与开发》，2017，44（6）：837–848，作者还有倪云燕、黄士鹏、彭威龙、韩文学、龚德瑜、魏伟。

压力应大于 10.1MPa。温度为 0℃时压力不低于 3MPa，相当于 300m 静水压力。在海域水合物也可在较高温度下形成，通常在水深 300～2000m 处（压力为 3～20MPa），温度为 15～25℃时水合物仍然可形成并稳定存在，其成藏上限为海底面，下限位于海底以下 650m 左右，甚至可深达 1000m[14]。（3）充足气源。等深流作用强的海区，一般是水合物的有利富集区，因等深流具有充足气源，例如布莱克海台水合物可能与等深流作用有关[15]。阿拉斯加北坡[16]和加拿大[17]天然气水合物研究表明，热成因烃源岩对于高丰度的天然气水合物形成是非常重要的。由此可见气源是天然气水合物成藏富集的核心因素。（4）一定量的水。水是天然气水合物气体赋存笼形结构的物质主体。气体和水共同体才构成天然气水合物。故水是天然气水合物形成的重要物质之一。

1.2 分布区域

虽然天然气水合物资源量巨大，但受上述 4 个形成条件控制，其分布不均。全球已发现天然气水合物资源量的 98% 分布在海洋陆坡，仅有 2% 分布于大陆极地、冻土带、内陆海和湖泊[18]。中国在南海北部西沙海槽盆地、琼东南盆地、珠江口盆地和台西南盆地的深水区域均发现了天然气水合物存在的地质、地球物理及地球化学证据[19]，还在东海、台湾东部海域、南沙海槽和南沙海域发现天然气水合物[18, 20]。在祁连山冻土带青海省木里地区，2008 年以来多井钻获天然气水合物[21～23]。羌塘盆地和东北漠河地区多年冻土区天然气水合物勘探也有良好显示[20, 24～25]。

2 天然气水合物气的地球化学特征

气源对比和鉴定是天然气成藏聚集、运移分析和资源评估的重要支撑性研究。与常规天然气，甚至非常规天然气中的致密气相比，天然气水合物资源 98% 分布在海洋，且大部分为生物成因的干气，往往缺失重烃气和轻烃等科学信息，致使气源对比和鉴定难度增大，只能依靠水合物气中低碳分子气组分及其碳氢同位素有关的参数进行气源研究。中国已取得天然气水合物样品，并报道了其气组分、碳同位素组成的，仅有祁连山冻土带、珠江口盆地和台西南盆地陆坡带的部分区块（图 1）。本文将综合研讨这些天然气水合物气地球化学特征及气源问题。

2.1 祁连山冻土带

祁连山多年冻土面积达 $10 \times 10^4 km^2$，年平均气温低于 -2℃，冻土层厚度为 50～139m[26]，具有良好的天然气水合物形成条件和勘探前景[27]。2000 年至今，在南祁连盆地木里坳陷，即在祁连山南缘青海省天峻县木里镇木里煤田聚乎更矿区，中国地质调查局先后实施天然气水合物科学钻探井共 10 余口，其中发现天然气水合物探井 11 口，即 DK-1、DK-2、DK-3、DK-7、DK-8、DK-9、DK-12、DK13-11、DK12-13、DK11-14 和 DK8-19 井（图 1）。天然气水合物主要储集于中侏罗统江仓组粉砂岩和泥岩中，其次为砂岩，其产状不稳定，为与断裂关系较密切，埋深 133.0~396.0m[20~23]。对以上发现天然气水合物井，许多学者[20~23, 28~30]先后对其水合物气的主要地球化学参数做了研究（表 1）。

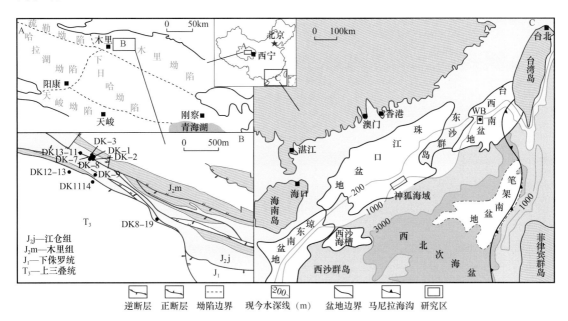

图 1　中国天然气水合物气研究区位置图

2.2　南海北部陆坡

广州海洋地质调查局分别于 2007 年、2013 年、2015 年及 2016 年 4 次在南海北部陆坡海域实施天然气水合物钻探，成功钻获天然气水合物，证实了此地区蕴藏着丰富的天然气水合物资源。钻探和调查研究证明，南海北部陆缘西部—中部—东部具有不同地质构造特点，天然气水合物成藏条件的差异性明显，对其成藏过程、成藏模式及空间分布产生深刻影响[31]。

目前，仅在珠江口盆地和台西南盆地有天然气水合物气的地球化学报道。

2.2.1　珠江口盆地

神狐海域目前是天然气水合物钻探获样品最多、水合物气地球化学研究成果最多的地区。神狐海域构造上位于珠江口盆地珠二坳陷白云凹陷，地理上位于南海北部陆坡区中段，即西沙海槽与东沙群岛之间海域[32]。新近纪以来，神狐海域发育大量的深水沉积扇，还发育底辟带、气烟囱、海底麻坑[33]。钻井岩心 Be 测年显示，天然气水合物主要赋存于上中新统上部和上新统底部的软性未固结沉积物中。沉积物为细粒有孔虫黏土或有孔虫粉砂质黏土，也有孔渗好、较疏松的粉砂岩。2007 年在神狐海域首次实施天然气水合物钻探，在 SH2、SH3 和 SH7 等 3 口井获得天然气水合物样品[34]。除神狐海域外，在珠江口盆地东部也有几口井获得天然气水合物。许多学者[30, 33~37]对上述天然气水合

表 1 祁连山冻土带木里一带天然气水合物气的组分和碳氢同位素组成

井号/样品号	井深(m)	组分(%)							C_1/C_{2+3}	$\delta^{13}C$ (‰, VPDB)					δD (‰, VSMOW)			文献
		CH_4	C_2H_6	C_3H_8	C_4H_{10}	C_5H_{12}	N_2	CO_2		CH_4	C_2H_6	C_3H_8	C_4H_{10}	CO_2	CH_4	C_2H_6	C_3H_8	
DK1	134.0	42.90	5.40	5.68	4.18	1.15	35.98	2.16	3.9	-50.5	-35.8	-31.9	-31.5	-18.0	-262	-240		[21]
	143.0	10.47	1.62	3.38	0.88	0.10	76.76	6.28	2.1	-39.5	-32.7	-30.8	-30.8	-18.0	-266			
		59.01	6.23	9.43	1.94	0.13	19.27	2.16	3.8	-47.4	-35.0	-31.8	-31.4	-17.0	-268	-254		
DK2	141.5	72.89	9.26	8.87	5.73				4.0	-31.3	-27.5	-27.6	-27.5	-6.4				
	147.0	69.31	12.33	6.14	8.07				3.8	-37.4	-29.6	-29.2	-29.1	-13.6				
	238.5	86.02	8.34	3.94	1.34				7.0	-42.3	-36.7	-33.6	-31.0	-2.9				[22, 28]
	241.0	76.92	10.92	9.04	2.53				3.9	-40.7	-36.5	-33.5	-31.8	-4.9				
	251.0	80.72	10.19	6.74	1.85				4.8	-47.2	-38.4	-34.5	-32.8	-5.1				
	252.0	69.76	13.69	11.80	3.74				2.7	-36.3	-35.8	-33.6	-31.8	-5.5				
	266.0	71.31	9.09	16.49	2.78				2.8	-40.1	-36.3	-33.4	-30.7					
	274.0	83.49	8.44	5.80	1.80				5.9	-45.7	-37.5	-33.1	-31.2					
DK2	149.0	34.85	6.61	21.15	13.63	11.08		3.83	1.3	-49.0	-33.4	-31.1		2.3	-227	-236	-198	
	253.0	62.61	8.64	22.37	3.75	1.90		0.39	2.0	-48.4	-38.2	-33.8		-24.9	-272	-265	-240	
	266.8	62.45	8.66	20.72	3.31	1.66		2.72	2.1	-49.3	-38.6	-34.7		-14.8	-285	-276	-247	[29]
	336.0	62.98	9.22	21.04	3.78	2.33		0.11	2.1	-48.7	-38.2	-33.9		-27.9	-266	-276	-243	
	363.0	59.02	8.88	19.80	4.75	3.87		1.87	2.1	-48.8	-38.3	-33.8		-19.3	-279	-271	-244	
	372.0	62.52	8.89	21.22	4.16	2.03		0.71	2.1	-48.4	-38.2	-34.1		-18.6	-271	-271	-228	

续表

井号/样品号	井深 (m)	组分 (%)							C_1/C_{2+3}	$\delta^{13}C$ (‰, VPDB)					δD (‰, VSMOW)			文献
		CH_4	C_2H_6	C_3H_8	C_4H_{10}	C_5H_{12}	N_2	CO_2		CH_4	C_2H_6	C_3H_8	C_4H_{10}	CO_2	CH_4	C_2H_6	C_3H_8	
DK3	142.0	52.20	8.73	16.57	3.90	1.64		16.03	2.1	-48.1	-34.1	-30.9		-9.2	-245	-249	-200	[29]
	395.0	86.95	2.88	0.46	0.30	0.39		8.75	26.0	-52.6	-30.7	-21.2		16.7	-255			
DK8	140.0	69.55	4.08	4.86	0.85	0.06			7.8	-50.0	-34.5	-30.5	-29.6					
	150.0	74.78	4.26	5.09	0.89	0.06			8.0	-50.8	-34.6	-30.5	-29.5					[20]
	160.0	76.00	4.39	5.30	1.03	0.07			7.8	-50.6	-34.1	-30.4	-29.4					
	190.0	71.84	3.42	3.02	0.49	0.05			11.2	-49.7	-35.1	-31.0	-29.9	-18.5				
DK8		82.07	2.42	1.59	0.32	0.06			20.5	-51.4	-35.0	-31.8	-29.4	10.6				
		52.22	4.34	4.60	0.90	0.17			5.8	-48.8	-36.3	-32.2	-31.1	-14.3				
		65.34	11.97	9.69	6.38	3.14		0.64	3.0	-49.4	-38.2	-33.7		-10.4	-270	-285	-248	
DK9		67.00	7.67	16.21	4.66	2.05		1.19	2.8	-49.6	-35.0	-31.0		-15.2	-242	-266	-217	[30]
DK11		52.89	5.74	20.89	3.45	1.53		15.27	2.0	-48.3	-35.3	-31.2		-12.8	-232	-264	-207	
DK12		64.13	8.74	21.10	3.37	1.51		0.35	2.1	-46.5	-36.2	-31.4		-14.3	-267	-268	-223	
DK9-0-04										-43.4	-33.9	-32.6						[23][1]
DK9-0-10										-39.4	-29.4	-27.6						
DK9-0-16										-49.9	-39.3	-37.0						
DK9-0-17										-35.7	-25.7	-25.4						
DK10-16-01										-48.8	-35.8	-34.5						

续表

井号/样品号	井深（m）	组分（%）							C_1/C_{2+3}	$\delta^{13}C$（‰，VPDB）					δD（‰，VSMOW）			文献
		CH_4	C_2H_6	C_3H_8	C_4H_{10}	C_5H_{12}	N_2	CO_2		CH_4	C_2H_6	C_3H_8	C_4H_{10}	CO_2	CH_4	C_2H_6	C_3H_8	
DK10-16-04										-47.2	-42.3	-39.7						
DK11-14-02										-42.9	-32.6	-31.1						
DK11-14-05										-36.9	-28.3	-28.8						
DK11-14-07										-46.9	-38.1	-35.3						
DK12-13-01										-47.5	-36.9	-35.6						
DK12-13-05										-44.7	-38.1	-35.9						[23][(1)]
DK12-13-09										-50.9	-40.0	-37.9						
DK13-11-02										-49.3	-40.1	-37.4						
DK13-11-05										-52.7	-41.9	-40.3						
DK13-11-07										-43.0	-33.0	-33.0						
DK13-11-09										-35.8	-31.6	-32.1						

注：（1）据水合物岩心400℃热解所得气体。

物气的主要地球化学参数做了研究（表 2）。同时对神狐海域 4pc 和 23pc 站沉积物顶空气的甲烷碳同位素组成也做了研究[33]（表 3），可以认为这些沉积物顶空气与天然气水合物气应是同源的。

表 2 珠江口盆地和台西南盆地天然气水合物气的组分和碳氢同位素组成

盆地	海域（地区）	样品	组分（%）			C_1/C_{2+3}	$\delta^{13}C$（‰，VPDB）		δD（‰，VSMOW）		文献
			CH_4	C_2H_6	C_3H_8		CH_4	C_2H_6	CH_4	C_2H_6	
珠江口	神狐	SH2B-12R	99.82			575.0	−56.7		−199		[33, 34]
		SH3B-13P	99.87			944.0	−60.9		−191		
		SH3B-7P	99.83			1 419.0	−62.2		−225		
		SH5C-11R	97.00			1 668.0	−54.1		−180		
		SH-2	99.49	0.49	0.020	195.1	−63.2	−31.1	−194		[30, 35, 36]
			99.66	0.33	0.010	293.1	−65.7				
		SH-7	99.38	0.55	0.070	160.3	−65.1				
		SH-GH	99.49	0.49	0.020	195.1	−63.2	−31.9	−194		
		Hy-2	98.69	0.79	0.520	75.3	−61.8		−220		
		Hy-3	99.45	0.55	0.002	180.2	−64.4	−31.6	−191	−84	
	东部	Hy-15	99.96	0.03	0.005	2 856.0	−71.2		−226		
		Hy-19	99.97	0.02	0.008	3 570.4	−70.9		−203		
台西南	WB						−69.9				[37]
							−70.7				

表 3 神狐海域 4 pc 和 23 pc 站沉积物顶空气中的甲烷碳同位素组成[33]

样品编号	海底以下深度（m）	$\delta^{13}C_1$（‰，VPDB）	C_1/C_{2+3}	样品编号	海底以下深度（m）	$\delta^{13}C_1$（‰，VPDB）	C_1/C_{2+3}
4pc-1/7	0～0.20	−60.7	6.1	23pc-1/7	0～0.20	−57.0	∞
4pc-2/7	1.00～1.20	−62.1	5.8	23pc-2/7	1.00～1.20	−62.4	13.9
4pc-3/7	2.00～2.20	−74.3	7.8	23pc-3/7	2.00～2.20	−64.9	15.3
4pc-4/7	3.00～3.20	−46.2	14.9	23pc-4/7	3.00～3.20	−62.1	21.5
4pc-5/7	4.00～4.20	−56.9	11.1	23pc-5/7	4.00～4.20	−61.7	16.6
4pc-6/7	5.00～5.20	−63.8	14.6	23pc-6/7	5.00～5.20	−59.5	24.5
4pc-7/7	6.05～6.25	−51.0	10.9	23pc-7/7	6.46～6.66	−69.5	49.5

2.2.2　台西南盆地

台西南盆地位于南海东北部大陆斜坡，东沙群岛以东地区，天然气水合物气藏主要分布在海域更新统—全新统[19]。研究区内中新世浊流沉积非常发育，上新世以峡谷沉积、天然堤沉积及半远洋沉积为主。峡谷沉积以粗颗粒沉积为主，包括细砂岩、中砂岩及粗砂岩，是天然气水合物非常好的储集层；天然堤沉积以细颗粒沉积为主，包括粉砂岩、泥质粉砂岩、粉砂质泥岩以及泥岩；半远洋沉积以块状泥岩为主。2013 年天然气水合物钻探在 WA 钻位和 WB 钻位分别获得天然气水合物实物样品。WB 钻位附近气烟囱和断裂十分发育，有大量的气烟囱群，天然气水合物气的 $\delta^{13}C_1$ 值为 –70.7‰～–69.9‰（表 2）[37]（图 1）。

3　气源鉴别和讨论

近 30 年来，中国学者在气源鉴别和对比上，从天然气碳氢同位素、组分、轻烃和生物标志化合物 4 方面对生物成因气、煤成气和油型气气源对比鉴别提出可信度高的系列鉴别指标、图版和公式，使中国气源对比研究处于世界前列，出现许多高水平成果[38~52]。

由于天然气水合物气大部分为贫重烃气的干气，所以缺乏轻烃和生物标志化合物两个方面鉴别指标的科学信息，仅有碳氢同位素和组分两个方面鉴别指标的科学信息可以利用，将表 1 和表 2 中的相关地球化学参数分别投到 $\delta^{13}C_1$—$\delta^{13}C_2$—$\delta^{13}C_3$ 鉴别图[39, 41]（图 2）和 $\delta^{13}C_1$—δD_1 鉴别图[53]（图 3）。由于目前中国发现天然气水合物气的相关地球化学参数样品分布地域局限，所以引入国外 14 个地区（盆地）天然气水合物相关地球化学参数[54~71]于上述两鉴别图，首次进行世界性天然气水合物气的气源对比鉴别。

近几年中国许多学者应用 $\delta^{13}C_1$—$C_1/(C_{2+3})$ 鉴别图[20~23, 25, 29~30, 33, 35~36]来对比天然气水合物气的成因类型，该图的不足之处在于把 $\delta^{13}C_1$ 值为 –55‰～–50‰ 的天然气水合物气划入混合气，并在热解气中不能判别出油型气和煤成气。

3.1　祁连山冻土带

以往许多学者[20~23, 27~30]对本区天然气水合物气的成因类型和气源作了较多研究，基本有两种观点，本文在前人研究基础上进行进一步分析讨论。

3.1.1　油型气为主

黄霞等根据 12 口水合物钻井资料研究，指出水合物主要储集于江仓组，为油型气，与煤成气关系不大，气源来自深部上三叠统尕勒得寺组烃源岩[20]（图 4），卢振权等也认为水合物气与油型气密切相关，主要为原油裂解气、原油伴生气，并有少量生物气，而与煤成气关系不大[21]。唐世琪等[72]根据 DK-9 井天然气水合物岩心顶空气组分和碳同位素组成研究，指出水合物气为油型气，并含有少量生物气。

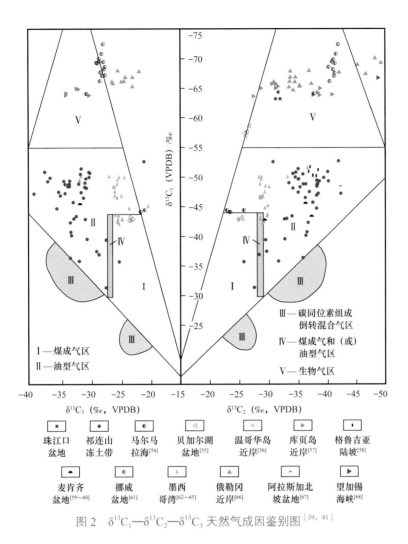

图2 $\delta^{13}C_1$—$\delta^{13}C_2$—$\delta^{13}C_3$ 天然气成因鉴别图[39,41]

3.1.2 "煤型气源"天然气水合物[73~76]

木里天然气水合物位于中侏罗统江仓组油页岩段的细粉砂岩夹层内（图4），天然气水合物中的甲烷主要来自木里煤田的煤层气，故称为"煤型气源"天然气水合物[73~74]。曹代勇等认为该区天然气水合物中烃类气体主要来自侏罗系煤层和煤系分散有机质热演化的产物，也称之为"煤型气源"天然气水合物[75]，还有认为是以广义煤系气为主的混合气[76]。

3.1.3 气源、成因类型讨论

表1列出了木里地区9口井45个天然气水合物气样品烷烃气碳同位素组成（$\delta^{13}C_1$、$\delta^{13}C_2$、$\delta^{13}C_3$、$\delta^{13}C_4$），其中42个样品具有 $\delta^{13}C_1 < \delta^{13}C_2 < \delta^{13}C_3 < \delta^{13}C_4$ 正碳同位素组成系列，是未受次生改造的原生型天然气，有利于进行气的成因和气源对比鉴定[77~78]，由此在图2中鉴定祁连山天然气水合物气绝大部分与油型气密切相关的结论[20~23]是正确

的。但其中有 2 个气样（DK2 井 141.5m 深度点和 DK9-0-17）的 $\delta^{13}C_1$ 值分别为 –31.3‰ 和 –35.7‰，比其他样品的 $\delta^{13}C_1$ 值重得多；$\delta^{13}C_2$ 值分别为 –27.5‰ 和 –25.7‰，而煤成气 $\delta^{13}C_2$ 值重于 –28‰[79]，故此两样品是煤成气（图 2）。

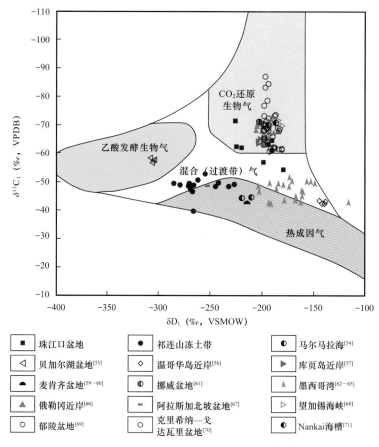

图 3 $\delta^{13}C_1$—δD_1 天然气成因鉴别图[53]

关于祁连山冻土带天然气水合物的气源岩，王佟等[73]和曹代勇等[75]认为气源主要是侏罗系煤成气，侏罗系煤层、碳质泥岩和油页岩是主要的烃源岩，上石炭统的暗色泥（灰）岩、下二叠统草地沟组暗色灰岩、上三叠统尕勒得寺组暗色泥岩为次要烃源岩。黄霞等[20]推测天然气水合物的气源岩主要为深部的尕勒得寺组。

上述两个煤成气样的 $\delta^{13}C_1$ 值为 –31.3‰ 和 –35.7‰，根据煤成气样的 $\delta^{13}C_1=14.13 \lg R_o - 34.39$ 关系式[39] 和 $\delta^{13}C_1=22.42 \lg R_o - 34.8$（$R_o$ 值大于 0.8%）[45] 计算，$\delta^{13}C_1$ 值 –31.3‰ 的源岩 R_o 值为 1.43%～1.66%；$\delta^{13}C_1$ 值为 –35.7‰ 的源岩 R_o 值为 0.81%～0.91%，而本区侏罗系煤系源岩 R_o 值实测为 0.740%～1.851%[76]，也就是说煤成气的源岩 R_o 值在侏罗系煤系烃源岩实测 R_o 值范围内。从图 4 中 R_o 值分析，煤成气烃源岩基本发育在江仓组、木里组、尕勒得寺组上部煤层段的含煤地层中。本区南部柴达木盆地由中、下侏罗统煤系源岩形

成的煤成气的 $\delta^{13}C_1$ 值为 $-38.6‰\sim-25.3‰$，$\delta^{13}C_2$ 值为 $-28.8‰\sim-20.9‰$[80]，本区水合物气中煤成气的 $\delta^{13}C_1$ 值和 $\delta^{13}C_2$ 值（表 1）正好处在柴达木盆地中、下侏罗统煤系源岩形成煤成气 $\delta^{13}C_1$ 值和 $\delta^{13}C_2$ 值的数值范围中，也佐证了水合物煤成气源岩是侏罗系含煤地层。据以上分析，确定天然气水合物气中煤成气的烃源岩为江仓组底部、木里组和尕勒得寺组顶部含煤地层（图 4）。

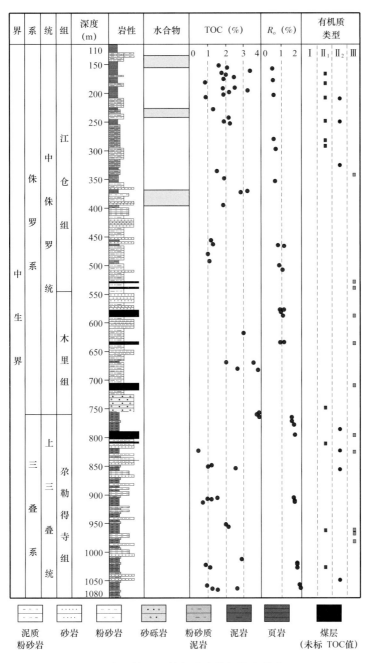

图 4　木里地区天然气水合物气综合柱状图

由表1可见：煤成气最轻的 $\delta^{13}C_1$ 值 –35.7‰ 比油型气最轻的 $\delta^{13}C_1$ 值 –52.7‰ 重 17.0‰，说明油型气的烃源岩成熟度应比煤成气的低。由图4可知：油型气的烃源岩不可能是木里组，因为该组有机质类型为Ⅲ型；只有江仓组中上部地层可能是油型气的烃源岩，因为该层段具有Ⅱ₁型和Ⅱ₂型可形成油型气的有机质类型，同时其 R_o 值小于1.0%，低于煤成气烃源岩的成熟度。本区天然气水合物气中的油型气具有重烃气（C_{2-4}）含量高、$\delta^{13}C_{2-4}$ 值轻的2个特点，和鄂尔多斯盆地中生界（T_3y 和 J_1y）油型伴生气[81]具有相似性（图5），这说明祁连山冻土带天然气水合物中的油型气即为油型伴生气。

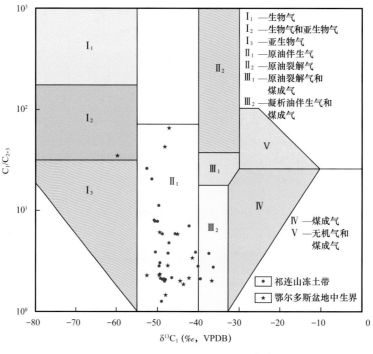

图5　$\delta^{13}C_1$—C_1/C_{2+3} 鉴别图版[39]

3.2　中国南海北部陆坡

南海北部陆坡珠江口盆地白云凹陷神狐海域天然气水合物气的地球化学研究较多，同时对该盆地东部和台西南盆地有少许水合物气的地球化学研究（表2）。

关于本区天然气水合物气的成因类型，基本有两种观点：（1）天然气水合物的烃类气主要是生物成因的甲烷[34, 36~37]，与热成因甲烷关系不大[34]；（2）神狐海域天然气水合物的烃类气主要来源于微生物气，同时混合少量热解气[33]。两种观点的共同点在于都认为水合物中的甲烷主要是 CO_2 还原型生物成因气。

生物成因气和热解成因气是完全不同的成气作用的产物，前者是生物作用产物，后者为热降解作用产物，鉴别两者的参数是甲烷碳同位素组成（$\delta^{13}C_1$ 值）。尽管有学者把划分两种气的界限值定为 –60‰，但通常认为生物成因气 $\delta^{13}C_1$ 值小于等于 –55‰，热解气

$\delta^{13}C_1$ 值大于 $-55‰$[38]，即采用 $\delta^{13}C_1$ 值 $-55‰$作为划分二者的界限值。

由表 2 可知，研究区天然气水合物气甲烷含量极高，为 97.00%～99.97%，为重烃气含量极低的干气。除 SH5C-11R 样品 $\delta^{13}C_1$ 值为 $-54.1‰$外，其他样品 $\delta^{13}C_1$ 值为 $-71.2‰$～$-56.7‰$，均属生物成因气，其 $\delta^{13}C_2$ 值为 $-31.9‰$～$-31.1‰$。研究区天然气水合物气 δD_1 值为 $-226‰$～$-180‰$，δD_2 值为 $-84‰$。由图 3 可见研究区天然气水合物气是 CO_2 还原型生物气。

由表 3 中神狐海域 14 个沉积物顶空气样品数据，可以认为这些气样与该区天然气水合物气是同源的。14 个气样中有 12 个是生物成因气，$\delta^{13}C_1$ 值为 $-74.3‰$～$-56.9‰$，另两个气样的（4 pc-4/7、4 pc-7/7）$\delta^{13}C_1$ 值分别为 $-46.2‰$和 $-51.0‰$，显然是热成因气。

由上可见，南海陆坡天然气水合物气主要是 CO_2 还原型生物成因气（图 3），$\delta^{13}C_1$ 值为 $-74.3‰$～$-56.7‰$，同时也有少量热成因气。

中国天然气水合物气地球化学研究有了良好开端，但分析研究项目不全，严重影响了开展天然气水合物气深入研究和经济评价。由表 1、表 2、表 3 可见，仅有 3 个样品进行了天然气常规组分全分析，即除分析烃类气外还分析 N_2 和 CO_2，也就是说其他样品不具备进行水合物经济评价的科学根据。大部分样品只进行烃类气组分分析，甚至连烃类气体也未分析（表 2、表 3），多数样品没有氢同位素分析资料，使天然气成因研究困难，今后应克服这些弊病。

3.3 世界天然气水合物主要分布地区（盆地）

根据中国祁连山冻土带（表 1）和南海北部陆坡（表 2），以及国外天然气水合物 14 个主要地区（盆地）水合物气的烷烃气碳同位素组成（$\delta^{13}C_{1-3}$）和氢同位素组成（δD_1），绘制了图 2 和图 3，解读此两图基本能获得世界天然气水合物气的成因类型及其特征。

3.3.1 热解成因气

以往众多研究者都肯定存在热解成因天然气水合物气，但未深入研究其中的油型气和煤成气的分布。

由图 2 可知：天然气水合物热解气以油型气为主，煤成气目前仅发现在中国祁连山冻土带（表 1）、加拿大温哥华岛附近[56]，还有土耳其马尔马拉海[54]基本是偏煤成气分布的区域。煤成气 $\delta^{13}C_1$ 值较重即大于等于 $-45‰$，$\delta^{13}C_2$ 值大于 $-28‰$；油型气 $\delta^{13}C_1$ 和 $\delta^{13}C_2$ 值相对煤成气的轻，$\delta^{13}C_1$ 值为 $-53‰$～$-35‰$，$\delta^{13}C_2$ 值小于 $-28.5‰$。

3.3.2 生物成因气

由图 3 可知：天然气水合物生物气以 CO_2 还原型生物气占绝大部分，仅在俄罗斯贝加尔湖盆地发现乙酸发酵型生物气[55]。CO_2 还原型生物气 δD_1 值重，即大于等于 $-226‰$（表 2），乙酸发酵型生物气 δD_1 值轻，即小于 $-294‰$[55]。

3.3.3 生物气、油型气和煤成气 $\delta^{13}C_1$ 值及 δD_1 值展布

Milkov 在 2005 年[66]、贺行良等在 2012 年[82] 曾对世界主要地区（盆地）天然气水合物气的地球化学参数作了汇总和研究，从中可知天然气水合物气中含量最高的组分是甲烷，对甲烷碳氢同位素的分析也最多。由此可见甲烷含量及 $\delta^{13}C_1$ 和 δD_1 为天然气水合物气成因对比鉴别提供了重要的科学信息。

根据表 1 和表 2，以及众多科学家[54~71, 82~87]对世界 20 个地区（盆地）天然气水合物 $\delta^{13}C_1$ 和 δD_1 研究，绘制了图 6。由图 6 可知：（1）生物气 $\delta^{13}C_1$ 值最重值为 −56.7‰（表 2），在中国珠江口盆地；最轻值在日本 Nankai 海槽，为 −95.5‰[12]，而出现率高频段在 −75‰~−60‰。在全世界 20 个地区（盆地）中 16 个地区（盆地）有天然气水合物生物气，其中有 13 个地区（盆地）的 $\delta^{13}C_1$ 值均在 −75‰~−60‰ 高频段中，此数值段可称为天然气水合物生物气黄金高频段，预测今后新发现的水合物气也主要位于该频段中。（2）天然气水合物气 $\delta^{13}C_1$ 值最重的为 −31.3‰（表 1），在中国祁连山；最轻的为 −95.5‰，在日本 Nankai 海槽；其数值域（最重值和最轻值之差）为 64.2‰、分布宽，其中生物

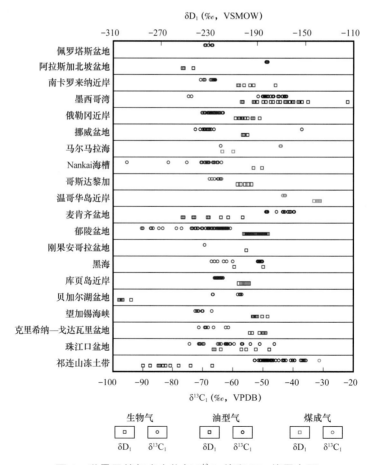

图 6 世界天然气水合物气 $\delta^{13}C_1$ 值和 δD_1 值展布图

气的数值域为 39.2‰，范围最大，油型气的居中为 18.7‰，煤成气的最小为 12.1‰。
（3）天然气水合物气 δD_1 值最重为 –115‰，在美国墨西哥湾；最轻的为 –305‰，在俄罗斯贝加尔湖盆地（图6）。

4 结论

中国祁连山冻土带天然气水合物分布在中侏罗统江仓组，主要为油型气，是自生自储型，$\delta^{13}C_1$ 值为 –52.7‰～–35.8‰，$\delta^{13}C_2$ 值为 –42.3‰～–29.4‰；还发现了少量煤成气，气源岩可能主要为江仓组底部、木里组及尕勒得寺组含煤地层，$\delta^{13}C_1$ 值为 –35.7‰～–31.3‰，$\delta^{13}C_2$ 值为 –27.5‰～–25.7‰。中国南海北部珠江口盆地和台西南盆地陆坡发现天然气水合物气主要为生物成因气，$\delta^{13}C_1$ 值为 –74.3‰～–56.7‰，δD_1 值为 –226‰～–180‰，为 CO_2 还原型生物气；同时还发现热成因气，$\delta^{13}C_1$ 值为 –54.1‰～–46.2‰。

综合了国内外 20 个地区（盆地）相关天然气水合物气地球化学资料，得出世界范围内天然气水合物气热解气中既有油型气也有煤成气，以油型气为主，在中国祁连山和加拿大温哥华岛附近识别出了少量煤成气，煤成气 $\delta^{13}C_1$ 值重即大于等于 –45‰，$\delta^{13}C_2$ 值大于 –28‰。油型气 $\delta^{13}C_1$ 值为 –53‰～–35‰，$\delta^{13}C_2$ 值小于 –28.5‰。世界天然气水合物气主要是生物成因气，并以 CO_2 还原型生物气占绝大部分，仅在俄罗斯贝加尔湖盆地发现乙酸发酵型生物气。CO_2 还原型生物气 δD_1 值重即大于等于 –226‰，乙酸发酵型生物气 δD_1 值轻即小于 –294‰。世界天然气水合物的生物气 $\delta^{13}C_1$ 值最重的为 –56.7‰，最轻的为 –95.5‰，其中 –75‰～–60‰ 是出现高频段。世界天然气水合物气 $\delta^{13}C_1$ 值最重为 –31.3‰，最轻的为 –95.5‰。世界天然气水合物气 δD_1 值最重的为 –115‰，最轻的为 –305‰。

参 考 文 献

[1] Hammer S C, Hmidt E G. Formation of gas hydrates in natural gas transmission lines. Industrial and Engineering Chemistry, 1934, 26：851–855.

[2] Makogon Y F, Trebin F A, Trofimuk A A, et al. Detection of a pool of natural gas in a solid（hydrate gas）state. Doklady Academy of Sciences U.S.S.R.：Earth Science Section, 1972, 196：197–200.

[3] Trofimuk A A, Chersky N V, Tsaryov V P. The role of continental glaciation and hydrate formation on petroleum occurrence//Meyer R F. The future supply of nature-made petroleum and gas. New York：Pergamon Press, 1977, 919–926.

[4] 史斗，郑军卫. 世界天然气水合物研究开发现状和前景. 地球科学进展，1999, 14（4）：330–339.

[5] 肖钢，白玉湖. 天然气水合物：能燃烧的冰. 武昌：武汉大学出版社，2012：173–176.

[6] Stoll R D, Ewing J, Bryan G M. Anomalous wave velocities in sediments containing gas hydrates. Journal of Geophysical Research, 1971, 76（8）：2090–2094.

［7］ Bily C，Dick J W L. Naturally occurring gas hydrates in the Mackenzie Delta，N.W.T. Bulletin of Canadian Petroleum Geology，1974，22（3）：340–352.

［8］ Kvenvolden K A. Methane hydrate：A major reservoir of carbon in the shallow geosphere？［J］. Chemical Geology，1988，71（1）：41–51.

［9］ Kvenvolden K A. Potential effects of gas hydrate on human welfare. Proceedings of the National Academy of Sciences of the United States of America，1999，96（7）：3420–3426.

［10］ Collett T S. Natural gas hydrates of the Prudhoe Bay and Kuparuk River area，North Slope，Alaska. AAPG Bulletin，1993，77（5）：793–812.

［11］ Dallimore S R，Collett T S. Intrapermafrost gas hydrates from a deep core hole in the Mackenzie Delta，Northwest Territories，Canada. Geology，1995，23（6）：527.

［12］ Collett T S，Johnson A T，Knapp C C，et al. Natural gas hydrates：Energy resource potential and associated geologic hazards. Tulsa：AAPG，2009：146–219.

［13］ 叶乐峰.我国南海可燃冰试开采60天圆满成功.光明日报，2017–07–10（8）.

［14］ 金庆焕，张光学，杨木壮，等.天然气水合物资源概论.北京：科学出版社，2006，4–6.

［15］ Matveeva T，Soloviev V，Wallmann K，et al. Geochemistry of gas hydrate accumulation offshore NE Sakhalin Island（the Sea of Okhotsk）：Results from the KOMEX–2002 cruise［J］. Geo–Marine Letters，2003，23（3/4）：278–288.

［16］ Collett T S，Agena W F，Lee M W，et al. Assessment of gas hydrate resources on the North Slope，Alaska，2008［EB/OL］.（2016–11–29）［2017–10–10］. http：//energy.usgs.gov/fs/2008/30731.

［17］ Dallimore S R，Collett T S. Scientific results from the Mallik 2002 gas hydrate production research well program，Mackenzie Delta，Northwest Territories，Canada. Bulletin of the Geological Survey of Canada，2002，585：957.

［18］ 邹才能，陶士振，侯连华，等.非常规油气地质（2版）.北京：科学出版社，2013，327–330.

［19］ 张光学，陈芳，沙志彬，等.南海东北部天然气水合物成藏演化地质过程.地学前缘，2017，24（4）：15–23.

［20］ 黄霞，刘晖，张家政，等.祁连山冻土区天然气水合物烃类气体成因及其意义.地质科学，2016，51（3）：934–945.

［21］ 卢振权，祝有海，张永勤，等.青海祁连山冻土区天然气水合物的气体成因研究.现代地质，2010，24（3）：581–588.

［22］ 黄霞，祝有海，王平康，等.祁连山冻土区天然气水合物烃类气体组分的特征和成因.地质通报，2011，30（12）：1851–1856.

［23］ Chen B，Xu J B，Lu Z Q，et al. Hydrocarbon source for oil and gas indication associated with gas hydrate and its significance in the Qilian Mountain permafrost，Qinghai，Northwest China［J/OL］. Marine and Petroleum Geology，2017，In press［2017–10–10］. https：// doi.org/10.1016/j.marpetgeo.2017.02.019.

［24］ Fu X G，Wang J，Tan F W，et al. Gas hydrate formation and accumulation potential in the Qiangtang

Basin, northern Tibet, China. Energy Conversion and Management, 2013, 73（5）: 186-194.

［25］Zhao X M, Deng J, Li J P, et al. Gas hydrate formation and its accumulation potential in Mohe permafrost, China. Marine and Petroleum Geology, 2012, 35（1）: 166-175.

［26］周幼吾, 郭东信, 邱国庆, 等. 中国冻土. 北京: 科学出版社, 2000.

［27］祝有海, 刘亚玲, 张永勤. 祁连山多年冻土区天然气水合物的形成条件. 地质通报, 2006, 25（1/2）: 58-63.

［28］谭富荣, 刘世明, 崔伟雄, 等. 木里煤田聚乎更矿区天然气水合物气源探讨. 地质学报, 2017, 91（5）: 1158-1167.

［29］刘昌岭, 贺行良, 孟庆国, 等. 祁连山冻土区天然气水合物分解气碳氢同位素组成特征. 岩矿测试, 2012, 31（3）: 489-494.

［30］Liu C L, Meng Q G, He X L, et al. Comparison of the characteristics for natural gas hydrate recovered from marine and terrestrial areas in China. Journal of Geochemical Exploration, 2015, 152: 67-74.

［31］杨胜雄, 沙志彬. "南海天然气水合物研究进展"专辑特别主编致读者. 地学前缘, 2017, 24（4）: 扉页.

［32］杨胜雄, 梁金强, 陆敬安, 等. 南海北部神狐海域天然气水合物成藏特征及主控因素新认识. 地学前缘, 2017, 24（4）: 1-14.

［33］吴庐山, 杨胜雄, 梁金强, 等. 南海北部神狐海域沉积物中烃类气体的地球化学特征. 海洋地质前沿, 2011（6）: 1-10.

［34］付少英, 陆敬安. 神狐海域天然气水合物的特征及其气源. 海洋地质动态, 2010, 26（9）: 6-10.

［35］Liu C L, Meng Q G, He X L, et al. Characterization of natural gas hydrate recovered from Pearl River Mouth basin in South China Sea. Marine and Petroleum Geology, 2015, 61（61）: 14-21.

［36］刘昌岭, 孟庆国, 李承峰, 等. 南海北部陆坡天然气水合物及其赋存沉积物特征. 地学前缘, 2017, 24（4）: 41-50.

［37］梁劲, 王静丽, 陆敬安, 等. 台西南盆地含天然气水合物沉积层测井响应规律特征及其地质意义. 地学前缘, 2017, 24（4）: 32-40.

［38］戴金星, 裴锡古, 戚厚发. 中国天然气地质学: 卷一. 北京: 石油工业出版社, 1992, 5-92.

［39］Dai J X. Identification of various alkane gases. Science in China（Series B）, 1992, 35（10）: 1246-1257.

［40］戴金星. 天然气碳氢同位素特征和各类天然气鉴别. 天然气地球科学, 1993（2/3）: 1-40.

［41］戴金星, 倪云燕, 黄士鹏, 等. 煤成气研究对中国天然气工业发展的重要意义. 天然气地球科学, 2014, 25（1）: 1-22.

［42］徐永昌, 沈平, 刘文汇, 等. 天然气成因理论及应用. 北京: 科学出版社, 1994, 334-375.

［43］徐永昌, 沈平. 华北油气区《煤型气》地化特征初探. 沉积学报, 1985, 3（2）: 37-46.

［44］刘文汇, 徐永昌. 天然气成因类型及判别标志. 沉积学报, 1996, 14（1）: 110-116.

［45］刘文汇, 陈孟晋, 关平, 等. 天然气成烃、成藏三元地球化学示踪体系及实践. 北京: 科学出版社, 2009, 150-171.

［46］ 傅家谟，刘德汉，盛国英. 煤成烃地球化学. 北京：科学出版社，1990，86-88，103-113，287-304.

［47］ 彭平安，邹艳荣，傅家谟. 煤成气生成动力学研究进展. 石油勘探与开发，2009，36（3）：297-306.

［48］ 王庭斌. 中国含煤-含气（油）盆地. 北京：地质出版社，2014：77-90.

［49］ 王廷栋，蔡开平. 生物标志物在凝析气藏天然气运移和气源对比中的应用. 石油学报，1990，11（1）：25-31.

［50］ 刘全有，金之钧，张殿伟，等. 塔里木盆地天然气地球化学特征与成因类型研究［J］. 天然气地球科学，2008，19（2）：234-237.

［51］ 王世谦. 四川盆地侏罗系—震旦系天然气的地球化学特征. 天然气工业，1994，14（6）：1-5.

［52］ 李剑，李志生，王晓波，等. 多元天然气成因判识新指标及图版. 石油勘探与开发，2017，44（4）：503-512.

［53］ Whiticar M J. Carbon and hydrogen isotope systematics of bacterial formation and oxidation of methane. Chemical Geology, 1999, 161（1/2/3）: 291-314.

［54］ Bourry C, Chazallon B, Charlou J L, et al. Free gas and gas hydrates from the Sea of Marmara, Turkey : Chemical and structural characterization. Chemical Geology, 2009, 264（1/2/3/4）: 197-206.

［55］ Kida M, Hachikubo A, Sakagami H, et al. Natural gas hydrates with locally different cage occupancies and hydration numbers in Lake Baikal. Geochemistry Geophysics Geosystems, 2013, 10（5）: 3093-3107.

［56］ Pohlman J W, Canuel E A, Chapman N, et al. The origin of thermogenic gas hydrates inferred from isotopic（$^{13}C/^{12}C$ and D/H）and molecular composition of hydrate and vent gas. Organic Geochemistry, 2005, 36（5）: 703-716.

［57］ Hachikubo A, Krylov A, Sakagami H, et al. Isotopic composition of gas hydrates in subsurface sediments from offshore Sakhakin Island, Sea of Okhotsk. Geo-Marine Letters, 2010, 30（3）: 313-319.

［58］ Pape T, Bahr A, Rethemeyer J, et al. Molecular and isotopic partitioning of low-molecular-weight hydrocarbons during migration and gas hydrate precipitation in deposits of a high-flux seepage site. Chemical Geology, 2010, 269（3/4）: 350-363.

［59］ Lorenson T D, Whiticar M J, Waseda A, et al. Gas composition and isotopic geochemistry of cuttings, core and gas hydrate from the JAPEX/JNOC/GSC Mallik 2L-38 gas hydrate research well // Scientific results from JAPEX/JNOC/GSC Mallik 2L-38 gas hydrate research well, Mackenzie Delta, Northwest Territories, Canada. Ottawa : Geological Survey of Canada, 1999, 143-164.

［60］ Uchida T, Matsumoto R, Waseda A, et al. Summary of physicochemical properties of natural gas hydrate and associated gas-hydrate-bearing sediments, JAPEX/JNOC/GSC Mallik 2L-38 gas hydrate research well, by the Japanese research consortium［J］. Bulletin of the Geological Survey of Canada, 1999, 544: 205-228.

［61］ Vaular E N, Barth T, Haflidason H. The geochemical characteristics of the hydrate-bound gases from the Nyegga pockmark field, Norwegian Sea. Organic Geochemistry, 2010, 41（5）: 437-444.

［62］ Sassen R, Losh S L, Cathles L, et al. Massive vein-filling gas hydrate : Relation to ongoing gas migration from the deep subsurface of the Gulf of Mexico. Marine and Petroleum Geology, 2001, 18(5): 551–560.

[63] Sassen R, Sweet S T, Milkov A V, et al. Thermogenic vent gas and gas hydrate in the Gulf of Mexico slope: Is gas hydrate decomposition significant? . Geology, 2001, 29: 107–110.

[64] Sassen R, Roberts H H, Carney R, et al. Free hydrocarbon gas, gas hydrate, and authigenic minerals in chemosynthetic communities of the northern Gulf of Mexico continental slope: Relation to microbial processes. Chemical Geology, 2004, 205(3/4): 195–217.

[65] Macdonald I R, Bohrmann G, Escobar E, et al. Asphpalt volcanism and chemosynthetic life, Campeche Knolls, Gulf of Mexico. Science, 2004, 304: 999–1002.

[66] Milkov A V. Molecular and stable isotope compositions of natural gas hydrates: A revised global dataset and basic interpretations in the context of geological settings. Organic Geochemistry, 2005, 36(5): 681–702.

[67] Stern L A, Lorenson T D, Pinkston J C. Gas hydrate characterization and grain-scale imaging of recovered cores from the Mount Elbert gas hydrate stratigraphic test well, Alaska North Slope [J]. Marine and Petroleum Geology, 2011, 28(2): 394–403.

[68] Sassen R, Curiale J A. Microbial methane and ethane from gas hydrate nodules of the Makassar Strait, Indonesia. Organic Geochemistry, 2006, 37(8): 977–980.

[69] Choi J Y, Kim J H, Torres M E, et al. Gas origin and migration in the Ulleung Basin, East Sea: Results from the Second Ulleung Basin Gas Hydrate Drilling Expedition (UBGH2). Marine and Petroleum Geology, 2013, 47(47): 113–124.

[70] Stern L A, Lorenson T D. Grain-scale imaging and compositional characterization of cryo-preserved India NGHP 01 gas-hydrate-bearing cores. Marine and Petroleum Geology, 2014, 58: 206–222.

[71] Waseda A, Uchida T. Origin of methane in natural gas hydrates from Mackenzie Delta and Nankai Trough//Yokohama, Japan: Fourth International Conference on Gas Hydrates, 2002.

[72] 唐世琪，卢振权，饶竹，等. 祁连山冻土区天然气水合物岩心顶空气组分与同位素的指示意义：以DK-9孔为例. 地质通报，2015，34(5): 961–971.

[73] 王佟，刘天绩，邵龙义，等. 青海木里煤田天然气水合物特征与成因. 煤田地质与勘探，2009，37(6): 26–30.

[74] Wang T. Gas hydrate resource potential and its exploration and development prospect of the Muli coalfield in the northeast Tibetan plateau. Energy Exploration and Exploitation, 2010, 28(3): 147–158.

[75] 曹代勇，刘天绩，王丹，等. 青海木里地区天然气水合物形成条件分析. 中国煤炭地质，2009，21(9): 3–6.

[76] 曹代勇，王丹，李靖，等. 青海祁连山冻土区木里煤田天然气水合物气源分析. 煤炭学报，2012，37(8): 1364–1368.

[77] Dai J X, Xia X Y, Qin S F, et al. Origins of partially reversed alkane $\delta^{13}C$ values for biogenic gases in

China. Organic Geochemistry, 2004, 35（4）: 405–411.

[78] Dai J X, Ni Y Y, Huang S P, et al. Secondary origin of negative carbon isotopic series in natural gas. Journal of Natural Gas Geoscience, 2016, 1（1）: 1–7.

[79] 戴金星. 天然气中烷烃气碳同位素研究的意义 [J]. 天然气工业, 2011, 31（12）: 1–6.

[80] Dai J X, Zou C N, Li J, et al. Carbon isotopes of Middle–Lower Jurassic coal–derived alkane gases from the major basins of northwestern China. International Journal of Coal Geology, 2009, 80（2）: 124–134.

[81] Hu A P, Li J, Zhang W Z, et al. Geochemical characteristics and genetic types of natural gas from Upper Paleozoic, Lower Paleozoic and Mesozoic reservoirs in the Ordos Basin, China. Science China Earth Sciences, 2008, 51（s1）: 183–194.

[82] 贺行良, 王江涛, 刘昌岭, 等. 天然气水合物客体分子与同位素组成特征及其地球化学应用 [J]. 海洋地质与第四纪地质, 2012, 32（3）: 163–174.

[83] Waseda A, Uchida T. The geochemical context of gas hydrate in the eastern Nankai Trough. Resource Geology, 2004, 54（1）: 69–78.

[84] Miller D J, Ketzer J M, Viana A R, et al. Natural gas hydrates in the Rio Grande Cone（Brazil）: A new province in the western South Atlantic. Marine and Petroleum Geology, 2015, 67: 187–196.

[85] Blinova V N, Ivanov M K, Bohrmann G. Hydrocarbon gases in deposits from mud volcanoes in the Sorokin Trough, north–eastern Black Sea. Geo–Marine Letters, 2003, 23（3）: 250–257.

[86] Stadnitskaia A, Ivanov M K, Poludetkina E N, et al. Sources of hydrocarbon gases in mud volcanoes from the Sorokin Trough, NE Black Sea, based on molecular and carbon isotopic compositions. Marine and Petroleum Geology, 2008, 25（10）: 1040–1057.

[87] Charlou J L, Donval J P, Fouquet Y, et al. Physical and chemical characterization of gas hydrates and associated methane plumes in the Congo–Angola Basin. Chemical Geology, 2004, 205（3）: 405–425.

中国海、陆相页岩气地球化学特征 ❶

　　页岩气 1821 年在美国东部的阿巴拉契亚（Appalachian）盆地被发现[1]，但直到 1976 年全球也只有在美国阿巴拉契亚盆地的泥盆系和密西西比系页岩生产页岩气[2]。近十年来，由于水平井钻井、水力压裂等技术的突破和全面发展，北美掀起了一场"页岩气革命"，并波及全球，中国也卷入了这场"革命"中。美国能源信息署（EIA）[3] 预测，中国四川盆地、扬子地台、江汉盆地、苏北盆地、塔里木盆地、准噶尔盆地、松辽盆地等盆地和地区的页岩气地质资源量为 $143.3 \times 10^{12} m^3$，技术可采资源量为 $31.57 \times 10^{12} m^3$，中国国土资源部 2010—2012 年也对中国陆上的页岩气资源量前景做了估算；地质资源量为 $134.42 \times 10^{12} m^3$，技术可采资源量为 $25.1 \times 10^{12} m^3$ [4]。

　　中国自 2005 年开始页岩气地质理论研究和勘探开发生产试验，经过近 10 年的探索，完成了中国陆上页岩气资源潜力初步评价及有利区筛选，开展了广泛的页岩气勘探开发先导性试验；2014 年 9 月，中国国土资源部报道显示中国页岩气勘探开发总投资已经超过 200 亿元，钻探页岩气井 400 口（包括 240 口水平井）；在中国陆上多个地区多个页岩层系发现了页岩气（图 1），尤其是在四川盆地南部长宁—昭通、富顺—永川、威远、焦石坝发现了古生界海相页岩气、在鄂尔多斯盆地甘泉下寺湾地区发现了中生界陆相页岩气。在四川盆地探明了中国首个超千亿立方米涪陵五峰—龙马溪组页岩气田，2014 年底建成了 $25 \times 10^8 m^3/a$ 工业生产能力，中国页岩气勘探开发初见曙光。

　　美国和加拿大相关盆地海相页岩气地球化学研究有丰富的成果[5~16]。中国对页岩气勘探开发不久，故仅最近戴金星等[17] 对四川盆地南部西边长宁—昭通、威远—永川一带龙马溪组页岩气地球化学做过初步研究。在高、过成熟阶段，页岩气的碳同位素普遍存在倒转现象（碳同位素随着碳数增加而降低），许多学者都对倒转的现象和原因都进行过描述和解释[5, 8, 9, 11, 14~16, 18, 19]，但是也存在争议。在此基础上，本文根据中国四川盆地海相和鄂尔多斯盆地陆相页岩气的地球化学特征，对碳同位素倒转的原因进行详细探讨。

1　中国页岩气地质特征

　　中国大陆自前寒武纪到新近纪发育了丰富的富有机质页岩地层，主要形成于三大沉

---

❶ 原载于《Marine and Petroleum Geology》，2016，76：444-463，作者还有邹才能、董大忠、倪云燕、吴伟、龚德瑜、王玉满、黄士鹏、黄金亮、房忱琛、王淑芳、刘丹。

积环境（海相、海陆过渡相—湖沼相煤系和湖相），与北美相比，中国富有机质页岩地质
条件复杂，具有埋藏深度大、演化历史复杂、地表条件复杂的特点。

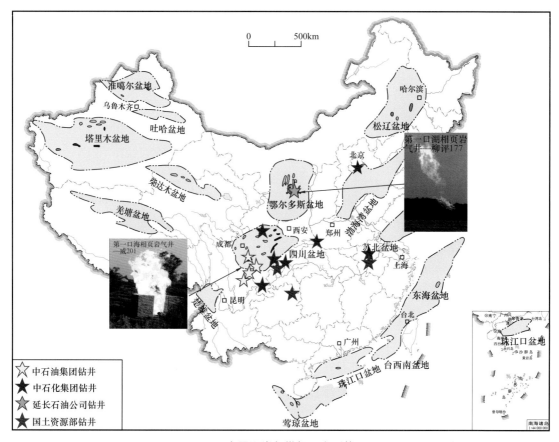

图 1　中国页岩气勘探开发形势图

　　四川盆地（图 1）面积达 $18.1 \times 10^4 km^2$，是中国最稳定的大型沉积盆地之一，并是中
国产常规天然气最早，也是目前中国主要产气区。盆地主要发育 6 套黑色页岩，其中海
相主要有三套（图 2），自下而上分别是新元古界下震旦统陡山沱组、古生界下寒武统筇
竹寺组、上奥陶统五峰组—下志留统龙马溪组。其中，五峰组—龙马溪组（$O_3w—S_1l$）页
岩具有厚度大、有机质丰富、成熟度高、生气能力强、岩石脆性好等特点，有利于页岩
气形成与富集，是四川盆地页岩气最现实的勘探开发层系，并发现了中国第一个页岩气
田——涪陵气田。

　　五峰组—龙马溪组富有机质页岩（TOC＞2%）主要发育于五峰组—龙马溪组底部，
除在乐山—龙女寺古隆起缺失外，其他地区均分布广泛，厚 0～120m（图 3）。四川盆地
五峰组—龙马溪组的分布面积超过 $10 \times 10^4 km^2$，4000m 以浅的分布面积约 $5 \times 10^4 km^2$。龙
马溪组页岩 TOC 含量 0.35%～18.4%，平均 2.52%，TOC 含量大于 2% 以上占 45%。有
机质以无定形状为主，属于 Ⅰ、Ⅱ₁ 型干酪根。页岩热成熟度均高，等效镜质体反射率

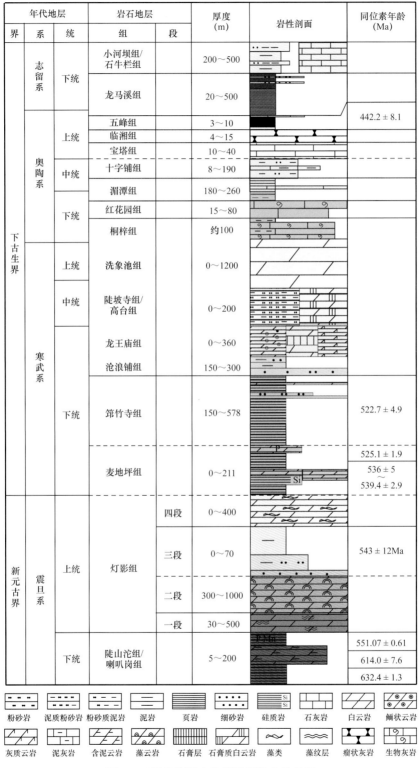

年代地层			岩石地层		厚度 (m)	岩性剖面	同位素年龄 (Ma)
界	系	统	组	段			
下古生界	志留系	下统	小河坝组/石牛栏组		200～500		
			龙马溪组		20～500		442.2±8.1
	奥陶系	上统	五峰组		3～10		
			临湘组		4～15		
			宝塔组		10～40		
		中统	十字铺组		8～190		
			湄潭组		180～260		
		下统	红花园组		15～80		
			桐梓组		约100		
	寒武系	上统	洗象池组		0～1200		
		中统	陡坡寺组/高台组		0～200		
		下统	龙王庙组		0～360		
			沧浪铺组		150～300		
			筇竹寺组		150～578		522.7±4.9
			麦地坪组		0～211		525.1±1.9 / 536±5 ～ 539.4±2.9
新元古界	震旦系	上统	灯影组	四段	0～400		
				三段	0～70		543±12Ma
				二段	300～1000		
				一段	30～500		
		下统	陡山沱组/喇叭岗组		5～200		551.07±0.61 / 614.0±7.6 / 632.4±1.3

粉砂岩	泥质粉砂岩	粉砂质泥岩	泥岩	页岩	细砂岩
硅质岩	石灰岩	白云岩	鲕状云岩		
灰质云岩	泥灰岩	含泥云岩	藻云岩	石膏层	石膏质白云岩
藻类	藻纹层	瘤状灰岩	生物灰岩		

图2　四川盆地下古生界地层综合柱状图

（EqVR_o，%）在 1.8%～3.6%，为高—过成熟和干气生成阶段。五峰组—龙马溪组页岩具有较好的孔隙度和渗透率[20~23]。五峰组—龙马溪组页岩孔隙度 1.15%～10.8%，平均3.0%，渗透率为 0.00025～1.737mD，平均为 0.421mD。区域上，五峰组—龙马溪组页岩的矿物成分变化不明显，页岩脆性矿物含量 47.6%～74.1%，平均 56.3%（图 4）。

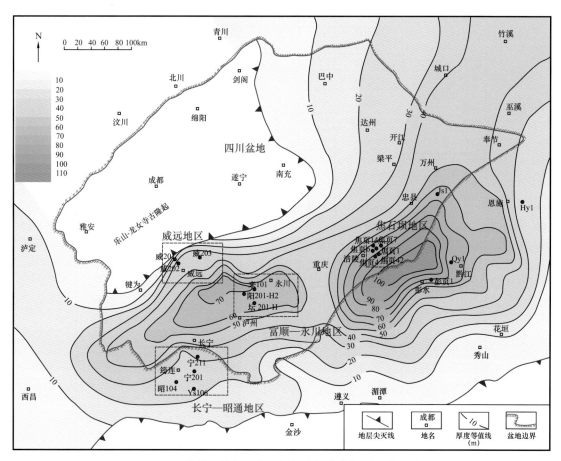

图 3　四川盆地五峰组—龙马溪组底部富有机质页岩厚度图

　　鄂尔多斯盆地位于中国北方，总面积 37×10⁴km²（图 1）。它是中国第二大沉积盆地，却是中国目前天然气产量最多的盆地。鄂尔多斯盆地太古宇和元古宇结晶基底上自下而上沉积了中新元古界、古生界和中、新生界。从古生代海相、海陆交互相到中生代陆相，主要发育 3 套黑色页岩，即奥陶系平凉页岩、石炭系—二叠系含煤煤系页岩和三叠系延长组页岩。陆相延长组第七段页岩（T₃y₇）含优质深湖环境形成的页岩层，通常被称为长7 页岩（图 5）。迄今，鄂尔多斯盆地长 7 页岩气勘探开发已完钻井 64 口。在下寺湾区块（图 6）初步探明含气面积 130km²，探明页岩气地质储量 290×10⁸m³，建成页岩气产能1.18×10⁸m³/a。

　　长 7 页岩具有厚度较大（图 6）、TOC 含量高、岩石脆性好的特征，这些都有利于页岩气形成与富集。长 7 页岩 TOC 含量极高，TOC 含量主体介于 6%～14% 之间，最高可达 40%，富含有机质页岩的平均 TOC 含量为 13.81%。纵向上，长 7 页岩段的上部 TOC 含量较低，一般小于 3%，而其底部页岩段的 TOC 含量则较高，一般大于 10%。长 7 段页岩形成于水体较深、盐度中等、水体分层不明显、还原的沉积环境[24]。长 7 页岩等效镜质体反射率（EqVR_o，%）普遍介于 0.7%～1.2%（图 7），主要处在生油高峰—生气早期阶段。长 7 页岩孔隙度和渗透率都相对较低，孔隙度 0.5%～3.5%，70% 的样品渗透率小于 0.01mD。孔径通常为 6～9nm，平均 7.2nm[19]。脆性矿物主要是石英和长石，黏土矿物含量较高，为 37.4%～72.8%，平均 42.1%。

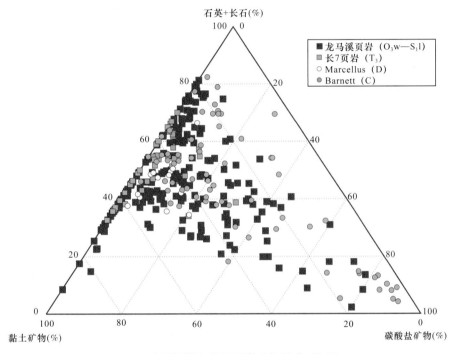

图 4　中国页岩与美国页岩矿物组成对比图

2　样品和分析方法

本文收集了鄂尔多斯盆地三叠系延长组 11 个页岩气样和四川盆地五峰组—龙马溪组 45 个页岩气样，分析了它们的天然气组分和碳、氢、氦同位素（表 1 和表 2）。为了便于对比，本文收集并分析了一些常规气样，包括四川盆地须家河组气样 1 个和侏罗系气样 1 个，鄂尔多斯盆地侏罗系、二叠系、三叠系、奥陶系气样 4 个，琼东南盆地古近系气样 1 个，渤海湾盆地奥陶系气样 1 个和准噶尔盆地石炭系气样 1 个（表 2 和表 3）。

天然气组分分析，利用中国石油勘探开发研究院的 Agilent 7890 气相色谱仪完成，该气相色谱仪配备了火焰离子化检测仪和热导检测器。气相色谱仪的温度初始值为 70℃，恒温 5min，然后以 15℃/min 的速度升至 180℃，并恒温 15min。所有气组分均进行了氧气和氮气校正，以除去空气的影响。

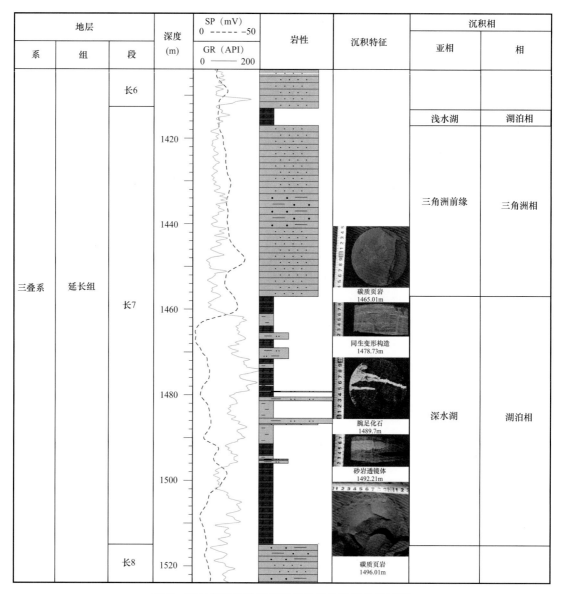

图 5　鄂尔多斯盆地延长组长 7 段地层综合柱状图

稳定碳同位素值检测也是在中国石油勘探开发研究院完成，利用 Thermo Trace GC 联合 Thermo Delta V MS 进行检测。气相色谱仪的毛细管柱（PLOTQ 柱 27.5m×0.32mm×10mm）将单个气体组分（C_1—C_4）和 CO_2 分离，然后燃烧转化为 CO_2，注入质谱仪。气相色谱仪的温度初始值为 33℃，以 8℃/min 的速度升至 80℃，然后以 5℃/min 的速度升至 250℃，恒温 10min。每个气样分析三次，稳定碳同位素值（$\delta^{13}C$）采用 V-PDB 标准。对于气体烃类化合物，$\delta^{13}C$ 的分析精度为 ±0.5‰。稳定氢同位素，利用中国石油勘探开发研究院的 GC/TC/IRMS 进行测定，该质谱由微裂解炉（1450℃）连接 Trace GC 和 Finnigan MAT253 同位素比值质谱而组成。气体组分在流

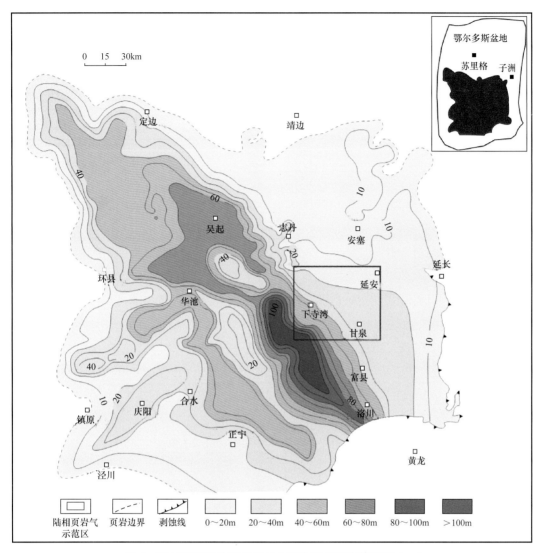

图 6　鄂尔多斯盆地延长组长 7 富有机质页岩等厚图（m）

速 1.5mL/min 的氦气（载气）条件下，经由 HP–PLOTQ 柱（30m × 0.32mm × 20mm）分离，然后经高温热转化裂解为 H_2，注入质谱仪。甲烷采用 1∶7 分流进样，40℃恒温。乙烷和丙烷，以无分流模式注入质谱仪中，升温程序为初始温度 40℃，恒温 4min，然后以 10℃/min 升至 80℃，再以 5℃/min 升至 140℃，最后以 30℃/min 升至 260℃。裂解炉温度为 1450℃。气体组分转化为 C 和 H_2。H_2 进入质谱仪进行测定。稳定氢同位素值 δ^2H 采用 VSMOW 为标准，分析精度为 ±3‰。实验室的氢同位素工作标准，是鄂尔多斯盆地煤成烃气体，该气体已经通过了 10 个实验室的 800 多次在线和离线方法的测量校准[25]。采用国际碳同位素比值（NBS19 和 LOSVE CO_2）和氢同位素比值（VSMOW 和 SLAP）测量标准进行了两点校准。$\delta^{13}C$ 值的共识性和不确定性源自基于离线测量的最大似然估计（MLE）；考虑到在线测量的偏差，δ^2H 值的共识性和不确定性同时源自基于离线和在线测量的 MLE[25]。以 VSMOW 和 VPDB 为标准，以"‰"为单位的校准共识值为：甲烷 $\delta^{13}C$ 值 34.18±0.10‰，乙烷 $\delta^{13}C$ 值 24.66±0.11‰，丙烷 $\delta^{13}C$ 值 22.21±0.11‰，异丁烷 $\delta^{13}C$ 值 21.62±0.12‰，正丁烷 $\delta^{13}C$ 值 21.74±0.13‰，CO_2 的 $\delta^{13}C$ 值 5.00±0.12‰；甲烷 δ^2H 值 185.1±1.2‰，乙烷 δ^2H 值 156.3±1.8‰，丙烷 δ^2H 值 143.6±3.3‰[25]。所有这些值都可追溯到 VPDB 的国际碳同位素标准和 VSMOW 的氢同位素标准。

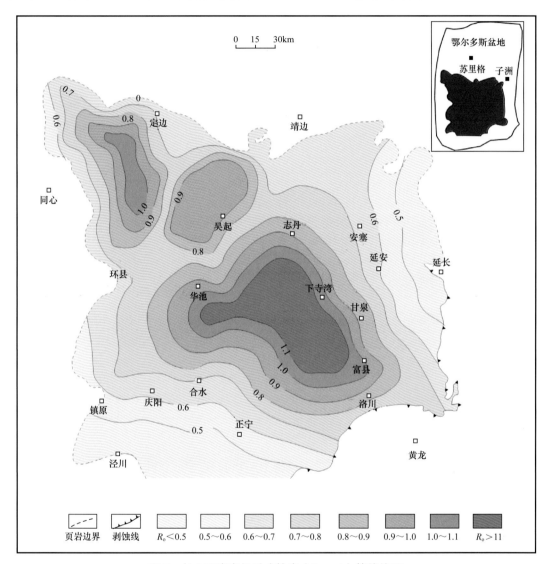

图 7　长 7 页岩有机质成熟度（R_o，%）等值线图

氦同位素测定，由中国石油勘探开发研究院廊坊分院的 VG5400 质谱仪完成。将一定量的气样输送到制备线，该制备线将惰性气体与其他气体分离纯化，并接入 VG5400 装置。$^3He/^4He$ 比值是以兰州空气氦（R_a=1.4×10⁻⁶）为绝对标准来表示的。$^3He/^4He$ 比值的重现性和准确度估计为 ±3%。

表 1 四川盆地五峰组—龙马溪组页岩气组分及同位素

地区	井号	深度 (m)	层位	R_o (%)	天然气组分 (%)					湿度 (%)	$\delta^{13}C$ (‰, VPDB)				δD (‰, VSMOW)		$^3He/^4He$ (10^{-8})	He浓度 (10^{-6})	R/R_a	$\delta^{13}C_2 - \delta^{13}C_1$
					CH_4	C_2H_6	C_3H_8	CO_2	N_2		CH_4	C_2H_6	C_3H_8	CO_2	CH_4	C_2H_6				
威远	威 201	1520~1523	五峰组—龙马溪组	2.1	98.32	0.46	0.01	0.36	0.81	0.48	−36.9	−37.9			−140		3.594±0.653		0.03	−1.0
	威 201	1520~1523	五峰组—龙马溪组	2.1	99.09	0.48		0.42		0.48	−37.3	−38.2		−0.2	−136					−0.9
	威 201-H1	2840	五峰组—龙马溪组		95.52	0.32	0.01	1.07	2.95	0.34	−35.1	−38.7			−144					−3.6
	威 201-H1	2823.48	五峰组—龙马溪组		98.56	0.37		1.06		0.37	−35.4	−37.9		−1.5	−138		3.684±0.697		0.03	−2.5
	威 201-H2	2840.0	五峰组—龙马溪组		95.52	0.32	0.01	1.07	2.95	0.34	−35.1	−38.7			−144				0.03	−3.6
	威 202	2595	五峰组—龙马溪组	2.4	99.27	0.68	0.02	0.02	0.01	0.70	−36.9	−42.8	−43.5	−2.2	−144	−164	2.726±0.564	228±8	0.02	−5.9
	威 203	3137~3161	五峰组—龙马溪组		98.27	0.57		1.05	0.08	0.58	−35.7	−40.4		−1.2	−147					−4.7
长宁—昭通	宁 201-H1	2745	五峰组—龙马溪组		99.12	0.50	0.01	0.04	0.30	0.15	−27.0	−34.3			−148		2.307±0.402	187±6	0.02	−7.3
	宁 201-H1	2745	五峰组—龙马溪组		99.04	0.54		0.40	0.00	0.54	−27.8	−34.1								−6.3
	宁 211	2313~2341	五峰组—龙马溪组	32.	98.53	0.32	0.03	0.91	0.17	0.35	−28.4	−33.8	−36.2	−9.2	−148	−173	1.867±0.453	353±12	0.03	−5.4

续表

地区	井号	深度（m）	层位	R_o（%）	天然气组分（%）					湿度（%）	$\delta^{13}C$（‰，VPDB）				δD（‰，VSMOW）		$^{3}He/^{4}He$（10^{-8}）	He浓度（10^{-6}）	R/R_a	$\delta^{13}C_2-\delta^{13}C_1$
					CH_4	C_2H_6	C_3H_8	CO_2	N_2		CH_4	C_2H_6	C_3H_8	CO_2	CH_4	C_2H_6				
长宁—昭通	宁H2-1	2790	五峰组—龙马溪组		99.07	0.42	0.10	0.00	0.40	0.53	-28.7	-33.8	-35.4		-151	-156				-5.1
	宁H2-2	2586	五峰组—龙马溪组		99.28	0.47	0.01	0.00	0.23	0.48	-28.9	-34.0	-35.5		-149	-161				-5.7
	宁H2-3	2503	五峰组—龙马溪组		98.62	0.42	0.01	0.59	0.37	0.43	-31.3	-34.2			-151	-161				-2.9
	宁H2-4	2568	五峰组—龙马溪组		99.15	0.44	0.01	0.00	0.40	0.45	-28.4	-33.8			-148	-169				-5.4
	昭104	2117.5	五峰组—龙马溪组	3.3	99.25	0.52	0.01	0.07	0.15	0.53	-26.7	-31.7	-33.1	3.5	-149	-163	1.958±0.445	253±8	0.01	-5.0
	YSL1-1H	2002~2028	五峰组—龙马溪组	3.2	99.45	0.47	0.01	0.01	0.03	0.48	-27.4	-31.6	-33.2		-147	-159	1.556±0.427	258±9	0.01	-4.2
焦石坝	焦页1	2408~2416	五峰组—龙马溪组	2.9	98.52	0.67	0.05	0.32	0.43	0.72	-30.1	-35.5	-53.2	-1.4	-149	-224	4.851±0.944	362±14	0.03	-5.4
	焦页1-2	2320	五峰组—龙马溪组		98.80	0.70	0.02	0.13	0.34	0.73	-29.9	-35.9	-50.0	5.9	-147	-199	6.012±0.992	335±13	0.04	-6.0
	焦页1-3	2799	五峰组—龙马溪组		98.67	0.72	0.03	0.17	0.41	0.75	-31.8	-35.3	-50.5	6.1	-152	-206				-3.5
	焦页6-2	2850	五峰组—龙马溪组		98.95	0.63	0.02	0.02	0.39	0.65	-31.1	-35.8	-65.7	8.9	-149	-191	2.870±1.109	359±14	0.02	-4.7
	焦页7-2	2585	五峰组—龙马溪组		98.84	0.67	0.03	0.14	0.32	0.70	-30.3	-35.6	-58.2	8.2	-143	-158	5.544±1.035	418±16	0.04	-5.3

续表

地区	井号	深度 (m)	层位	R_o (%)	天然气组分（%）					湿度 (%)	$\delta^{13}C$（‰，VPDB）				δD（‰，VSMOW）		$^3He/^4He$（10^{-8}）	He浓度（10^{-6}）	R/R_a	$\delta^{13}C_2-\delta^{13}C_1$
					CH_4	C_2H_6	C_3H_8	CO_2	N_2		CH_4	C_2H_6	C_3H_8	CO_2	CH_4	C_2H_6				
焦石坝	焦页 8-2	2622	五峰组—龙马溪组	3.1	98.75	0.70	0.02	0.21	0.32	0.72	-30.5	-35.6	-64.8	7.8	-141	-164				-5.1
	焦页 9-2	2588	五峰组—龙马溪组		98.56	0.69	0.02	0.20	0.52	0.72	-30.7	-35.4	-50.1	8.9	-146	-199	5.297±1.086	419±16	0.04	-4.7
	焦页 10-2	2644	五峰组—龙马溪组		98.66	0.70	0.02	0.26	0.36	0.72	-31.0	-35.9	-62.8		-148	-186				-4.9
	焦页 11-2	2520	五峰组—龙马溪组		98.63	0.69	0.02	0.23	0.42	0.72	-30.4	-35.9	-59.4	8.0	-149	-195	5.649±1.225	369±14	0.04	-5.5
	焦页 12-2	2778	五峰组—龙马溪组		98.69	0.74	0.04	0.09	0.43	0.78	-29.8	-35.5	-62.7	5.7	-150	-212				-5.7
	焦页 13-2	2665	五峰组—龙马溪组		98.87	0.65	0.02	0.03	0.42	0.68	-30.3	-35.5	-65.2	3.2	-148	-190				-5.2
	焦页 12-1	2778	五峰组—龙马溪组		97.67	0.68	0.02	1.16	0.47	0.71	-30.8	-35.3		0.8	-163	-219				-4.5
	焦页 12-3	2778	五峰组—龙马溪组		98.87	0.67	0.02	0.00	0.44	0.69	-30.5	-35.1	-38.4	1.7	-149	-166				-4.6
	焦页 12-4	2778	五峰组—龙马溪组		98.76	0.66	0.02	0.00	0.57	0.68	-30.7	-35.1	-38.7		-150	-164				-4.4
	焦页 13-1	2665	五峰组—龙马溪组		98.35	0.60	0.02	0.39	0.64	0.62	-30.2	-35.9	-39.3		-150	-163				-4.3
	焦页 13-3	2665	五峰组—龙马溪组		98.57	0.66	0.02	0.25	0.51	0.68	-29.5	-34.7	-37.9		-149	-165				-3.9

续表

地区	井号	深度 (m)	层位	R_o (%)	天然气组分 (%)					湿度 (%)	$\delta^{13}C$ (‰, VPDB)				δD (‰, VSMOW)		$^3He/^4He$ (10^{-8})	He浓度 (10^{-6})	R/R_a	$\delta^{13}C_2-\delta^{13}C_1$
					CH_4	C_2H_6	C_3H_8	CO_2	N_2		CH_4	C_2H_6	C_3H_8	CO_2	CH_4	C_2H_6				
焦石坝	焦页20-2		五峰组—龙马溪组		98.3	80.71	0.02	0.00	0.89	0.74	−29.7	−35.9	−39.1		−149	−165				−4.4
	焦页29-2		五峰组—龙马溪组								−29.6	−35.4		−6.6	−153					−5.8
	焦页42-1		五峰组—龙马溪组		98.54	0.68	0.02	0.38	0.38	0.71	−31.0	−36.1			−147	−166				−5.1
	焦页42-2		五峰组—龙马溪组		98.89	0.69	0.02	0.00	0.39	0.71	−31.4	−35.8	−39.1		−148	−167				−4.4
	焦页4-1	2800	五峰组—龙马溪组		97.89	0.62	0.02	0.00	1.07	0.65	−31.6	−36.2			−147	−165				−4.6
	焦页4-2	2800	五峰组—龙马溪组		98.06	0.57	0.01	0.00	1.36	0.59	−32.2	−36.3			−150	−167				−4.1
	海201-H		五峰组—龙马溪组		95.32	0.60	0.02	0.00	4.05	0.65	−32.0	−35.9			−152	−136				−3.9
富顺—永川	洞202-H1		五峰组—龙马溪组		97.16	0.41	0.03	1.74	0.67	0.45	−35.5	−35.7		−3.6	−151	−135				−0.2
	阳101		五峰组—龙马溪组	2.8	97.60	0.27	0.01	1.60	0.53	0.28	−34.4	−34.8		−1.5	−150	−128				−0.5
	阳201-H2	4568	五峰组—龙马溪组		99.59	0.33	0.01	0.06	0.01	0.34	−33.8	−36.0	−39.4	5.4	−151	−140	3.263±0.636		0.02	−2.2
	来101	4700	五峰组—龙马溪组		97.64	0.23	0.00	1.48	0.61	0.24	−33.2	−33.1			−151	−151	2.606±0.470		0.02	0.1

续表

地区	井号	深度 (m)	层位	R_o (%)	天然气组分 (%)					湿度 (%)	$\delta^{13}C$ (‰, VPDB)				δD (‰, VSMOW)		$^3He/^4He$ (10^{-8})	He浓度 (10^{-6})	R/R_a	$\delta^{13}C_2 - \delta^{13}C_1$
					CH_4	C_2H_6	C_3H_8	CO_2	N_2		CH_4	C_2H_6	C_3H_8	CO_2	CH_4	C_2H_6				
彭水	彭页1	2466	五峰组—龙马溪组		98.77	0.71	0.01	0.35	0.15	0.72	-31.0	-34.9	-49.5	3.2	-156	-195	4.430±1.050	1000±39	0.03	3.9
	彭页3		五峰组—龙马溪组		98.46	0.55	0.01	0.93	0.05	0.57	-30.1	-33.7	-45.4		-155	-209	4.620±0.873	986±38	0.03	3.6

中国非常规天然气地球化学文集

表 2 鄂尔多斯盆地陆相长 7 页岩气和四川盆地新场地区陆相须家河组页岩气组分及同位素

井号	深度 (m)	层位	母质类型	R_o (%)	天然气组分 (%)							湿度 (%)	$\delta^{13}C$ (‰, VPDB)					δD (‰, VSMOW)			$^3He/^4He$ (10^{-8})	He 浓度 (10^{-6})	R/R_a	$\delta^{13}C_2 - \delta^{13}C_1$	参考文献
					CH_4	C_2H_6	C_3H_8	iC_4H_{10}	nC_4H_{10}	CO_2	N_2		CH_4	C_2H_6	C_3H_8	C_4H_{10}	CO_2	CH_4	C_2H_6	C_3H_8					
延页 13	1225	T_3y_7	腐泥型	1.10	88.95	6.95	2.78	0.21	0.43	0.23	0.27	10.44	-51.0	-38.3	-33.3	-32.4	-20.1	-265	-260	-186	7.649±1.428	203±12	0.05	12.7	本文
延页 5	1380	T_3y_7		1.10	81.81	9.94	5.72	0.54	1.35	0.02	0.32	17.65	-51.0	-37.9	-33.2	-33.5	-19.6	-277	-286	-201				13.1	
延页 11	1490	T_3y_7		1.11	89.06	5.56	2.29	0.31	0.67	0.03	0.84	9.02	-53.4	-39.1	-34.1	-33.8	-22.7	-261	-244	-187	8.121±1.517	368±23	0.06	14.3	
延页平 1	1310	T_3y_7		1.10	84.86	8.12	3.27	0.23	0.58	0.10	0.32	12.57	-52.3	-39.5	-34.3	-33.2		-277	-277	-195	10.817±1.859	256±26	0.08	12.8	
延页 22		T_3y_7			82.12	4.25	0.95	0.25	0.21	11.26	0.85	6.45	-49.4	-31.9	-29.6	-31.8	-19.3	-245	-225	-174				17.5	
柳评 179	1460	T_3y_7		1.12	77.94	10.85	6.59	0.97	1.92	0.20	0.49	20.69	-46.3	-36.7	-32.3	-32.3		-255	-266	-203	9.340±1.772	78±5	0.07	9.6	
柳评 177	1540	T_3y_7		1.10	91.68	5.55	1.77	0.15	0.26	0.49	1.00	7.78	-49.8	-37.1	-32.6	-33.3	-17.7	-256	-248	-182	9.507±1.599	449±28	0.07	12.7	
新 59	1090	T_3y_7		0.92	82.33	8.66	5.30	0.82	1.78	0.38	0.49	16.75	-49.1	-36.9	-32.1	-32.0	-20.2	-257	-278	-199	10.852±1.922	256±16	0.08	12.2	
富页 1		T_3y_7											-47.8	-30.8	-19.6		-8.2	-237	-182					17.0	
永页 1		T_3y_7		0.95									-40.8	-36.9	-32.3	-31.1		-257	-238	-170				3.9	
柳评 177	1070 ~ 1487	T_3y_7			88.93	5.32	1.94	0.32	0.39	0.32	2.15	8.45	-48.7	-35.8	-31.3	-34.6		-243	-221					12.9	[24]

续表

井号	深度 (m)	层位	母质类型	R_o (%)	天然气组分 (%)							湿度 (%)	$\delta^{13}C$ (‰, VPDB)					δD (‰, VSMOW)			$^3He/^4He$ (10^{-8})	He浓度 (10^{-6})	R/R_a	$\delta^{13}C_2 - \delta^{13}C_1$	参考文献
					CH_4	C_2H_6	C_3H_8	iC_4H_{10}	nC_4H_{10}	CO_2	N_2		CH_4	C_2H_6	C_3H_8	C_4H_{10}	CO_2	CH_4	C_2H_6	C_3H_8					
柳评179	1453~1479	T_1y_7	腐泥型		84.79	6.91	3.13	0.44	0.77	1.29	1.75	12.54	-47.5	-35.9	-30.8	-23.2		-247	-208					11.6	[24]
新59	1076~1084	T_1y_7	腐泥型	0.92	76.09	8.69	6.05	1.04	2.23	0.87	3.14	20.71	-46.6	-36.1	-31.4	-27.5								10.5	
新页2	3087	T_3x_5	腐殖型		94.1	3.48	0.85	0.01	0.01	0.63	0.89	4.42	-36.4	-25.1	-22.9	-22.4		-178	-147					11.3	本文

表 3 相同或相近成熟度烃源岩形成的煤成气和油型气的甲烷及其同系物对应组分 $\delta^{13}C$ 值对比

盆地	井号	层位	气的类型	R_o (%)	主要组分（%）							湿度（%）	$\delta^{13}C$ (‰, VPDB)			
					CH_4	C_2H_6	C_3H_8	iC_4H_{10}	nC_4H_{10}	iC_5H_{12}	nC_5H_{12}		$\delta^{13}C_1$	$\delta^{13}C_2$	$\delta^{13}C_3$	$\delta^{13}C_4$
鄂尔多斯	华 11-32	侏罗系	油型气	平均 1.038	57.94	10.05	10.82	2.02	3.49	4.27	4.30		-46.41	-35.95	-32.30	-31.16
	色 1	二叠系	煤成气	1.04	94.32	2.49	0.84	0.12	0.15	0.03	0.03		-32.04	-25.58	-24.22	-23.14
鄂尔多斯	阳 8	三叠系	油型气	1.08～1.10	67.38	10.07	8.38	1.34	1.81	1.81	1.24		-47.37	-37.20	-33.09	-31.68
琼东南	崖 13-1-2	古近系	煤成气	1.09～1.10	87.00	4.00	2.0	0.80					-35.60	-25.14	-24.23	-24.13
四川	角 2	侏罗系	油型气	平均 1.045	84.34	9.10	3.11	0.29	0.93	0.37	0.43		-46.26	-32.78	-30.00	-29.82
渤海湾	苏 401	奥陶系	煤成气	1.05±	86.76	5.94	2.38	0.55	0.74	0.64			-36.5	-25.6	-23.7	
鄂尔多斯	牛 1	奥陶系	油型气	1.90±	96.09	1.81	0.28	0.03	0.02	0.02			-36.71	-29.30	-27.31	
准噶尔	彩参 1	石炭系	煤成气	1.90±	77.85	1.12	0.14						-29.90	-22.76		

3　海、陆相页岩气地球化学特征对比研究

本文系统取了四川盆地南部海相五峰组—龙马溪组页岩气和晚三叠世陆相须家河组页岩、鄂尔多斯盆地东南部陆相长 7 页岩（图 1、图 3、图 6）中 53 口井的 56 个气样。分析了页岩气的组分、碳、氢和氦同位素（表 1 和表 2）。并对海相和陆相页岩气中烷烃气、二氧化碳，碳、氢同位素做了对比研究。

3.1　页岩气的烷烃气组分

海相五峰组—龙马溪组（O_3w—S_1l）页岩气中（表 1）以甲烷占绝对优势，含量从 95.52% 至 99.59%，平均含量 98.38%。乙烷含量从 0.23%（来 101）至 0.74%（焦 12-2）；丙烷无或者极低，含量从 0 至 0.05%；丁烷未检测到。五峰组—龙马溪组页岩气中烷烃气和由龙马溪组为气源岩生成四川盆地东部石炭系黄龙组常规气田中烷烃气的含量有相似的特征[26, 27]。也与美国 Fayetteville 页岩气，Barnett 高成熟阶段页岩气，Utica 页岩气，Marcellus 页岩气，及加拿大 Horn River 页岩气相似[5, 8, 9, 11, 14, 16]。值得注意的是，五峰组—龙马溪组页岩气中平均甲烷含量是目前世界上最高的，阳 201-H2 井是世界上页岩气中甲烷含量最高的井（99.59%）。

鄂尔多斯盆地陆相腐泥型长 7 页岩气中（表 2）甲烷含量从 76.09%（新 59，1076～1084m）至 91.68%（柳评 177），平均含量为 84.90%；乙烷含量从 1.15%（富页 1）至 10.85%（柳评 179，1460m），平均含量为 6.83%；丙烷含量从 0.08%（富页 1）至 6.59%（柳评 179，1460m），平均含量为 3.32%；丁烷含量从 0.03%（富页 1）至 3.27%（新 59，1076～1084m），平均含量为 1.32%。由此可见，长 7 页岩气中重烃气含量高而且是湿气，与美国成熟阶段 Barnett 页岩高含重烃气的湿气相似。

四川盆地新场致密砂岩气田新页 2 井须 5（T_3x_5）页岩气中烷烃气见表 2。须家河组煤系分为 6 段，其中须 1（T_3x_1）、须 3（T_3x_3）和须 5（T_3x_5）为以沼泽相为主的深灰色、灰色泥岩、页岩夹煤层，是腐殖型烃源岩，而须 2（T_3x_2）、须 4（T_3x_4）和须 6（T_3x_6）为四川盆地许多致密砂岩气田（包括新场气田）的储层[28]。须 5 段有机质成熟度与长 7 页岩相似，镜质体反射率约为 1.2%。

由表 2 可见，鄂尔多斯盆地下三叠统腐泥型长 7（T_1y_7）页岩气中重烃气（C_{2-5}）比四川盆地上三叠统须 5（T_3x_5）的含量大，这是除长 7 页岩成熟度比 T_3x_5 低的因素外，主要受两种页岩有机质类型不同有关，因为一般情况下，特别当成熟度基本相同时，腐泥型烃源岩比腐殖型烃源岩生成重烃气多，表 3 明显具有此特征。由表 1、表 2 可见，海相五峰组—龙马溪组页岩气甲烷含量高，平均为 98%，而重烃气含量很低；陆相长 7 和须 5 页岩气甲烷含量低，平均为 85.61%，而重烃气含量高，此主要受各自烃源岩成熟度控制。

3.2 页岩气 CO_2 组分

五峰组—龙马溪组页岩气中 CO_2 含量低,大部分井含量小于1%,最高的含量在洞202-H1井为1.74%(表1)。长7和须5页岩气中 CO_2 含量也低,但个别井含量相对高,如延页22井达11.26%和富页1井7.55%(表2)。由图8可知:中国无论海相或陆相页岩气中 CO_2 含量随其 C_2H_6 量减少而增加,此特征在美国海相 Barnett、Antrim 和 Fayetteville 页岩中也存在[6, 14]。

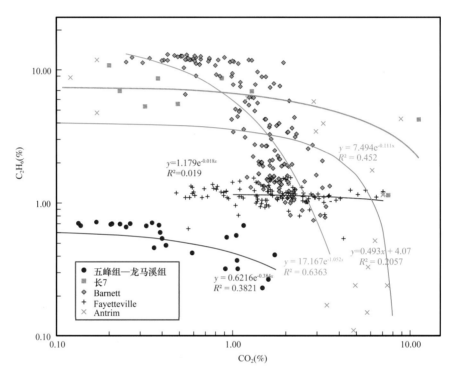

图 8　中国和美国主要页岩气 CO_2—C_2H_6 关系图

3.3 页岩气的稳定碳氢同位素组成

3.3.1 烷烃气的碳同位素组成

五峰组—龙马溪组页岩气 $\delta^{13}C_1$ 值 –26.7‰(昭104)至 –37.3‰(威201),平均为 –31.3‰; $\delta^{13}C_2$ 值 –31.6‰(YSL1-1H)至 –42.8‰(威202),平均为 –35.6‰; $\delta^{13}C_3$ 值 –33.1‰(昭104)至 –49.5‰(彭页1),平均为 –38.9‰(表1)。在长宁—昭通地区除宁H2-3井外,所有页岩气井 $\delta^{13}C_1$ 值在 –28.9‰~–26.7‰,是世界上已知页岩气中 $\delta^{13}C_1$ 值最重地区,因为 Arkoma 盆地 Fayetteville 页岩(R_o=2.5%~3.0%)气中 $\delta^{13}C_1$ 最重值为 –35.4‰(Edwards J. 3–36–H),Fort Worth 盆地 Barnett 页岩(R_o=1.3%~2.1%)气中 $\delta^{13}C_1$ 最重值为 –35.7‰(WS Minerals 井 4H)[11, 14],Northern Appalachian 盆地上奥陶统

Queenston 页岩（R_o=1.95%～3.6%）气 $\delta^{13}C_1$ 最重值为 –30.9‰（Harris Unit 4079）[5]，而该盆地中奥陶统 Utica 页岩气 $\delta^{13}C_1$ 值为 –26.97‰[9]，WCSB 泥盆系 Horn River 页岩气很干，气中 $\delta^{13}C_1$ 最重值为 –27.6‰（HR1）[16]。

Fayetteville、Barnett、Queenston、Utica 和 Horn River 页岩气中 $\delta^{13}C_1$ 最重值均分布于过成熟的页岩中。长宁—昭通地区龙马溪组 R_o 比国外页岩更高：昭 104 井为 3.4%，对应的 $\delta^{13}C_1$ 最重值为 –26.7‰，由此可见，过成熟是形成页岩气 $\delta^{13}C_1$ 值重的一个原因，长宁—昭通地区页岩气 $\delta^{13}C_1$ 值重另一个原因是页岩干酪根重，由图 9 可见长宁—昭通地区干酪根 $\delta^{13}C$ 值比威远地区的重。尤其是宁 211 井 2214.65m 干酪根 $\delta^{13}C$ 值为 –25.8‰。因此，长宁—昭通地区页岩气的重 $\delta^{13}C_1$ 值可以归因于高成熟度和重干酪根 $\delta^{13}C$ 值。

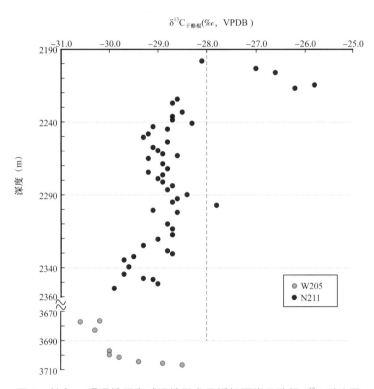

图 9 长宁—昭通地区和威远地区龙马溪组页岩干酪根 $\delta^{13}C$ 对比图

长 7 页岩气 $\delta^{13}C_1$ 值 –40.8‰（永页 1）至 –53.4‰（延页 11），平均为 –48.7‰；$\delta^{13}C_2$ 值 –30.8‰（富页 1）至 –39.5‰（延页平 1），平均为 –36.4‰；$\delta^{13}C_3$ 值 –19.6‰（富页 1）至 –34.3‰（延页平 1），平均为 –31.3‰；$\delta^{13}C_4$ 值 –23.2‰（柳评 179，1453～1479m）至 –34.7‰（柳评 177，1070～1487m），平均为 –31.6‰（表 2）。须 5 页岩气 $\delta^{13}C_1$ 值 –36.2‰，$\delta^{13}C_2$ 值 –25.1‰，$\delta^{13}C_3$ 值 –22.9‰，$\delta^{13}C_4$ 值 –22.4‰，均比长 7 页岩气 $\delta^{13}C_1$ 值、$\delta^{13}C_2$ 值、$\delta^{13}C_3$ 值和 $\delta^{13}C_4$ 值的平均值重（图 10a），此两页岩成熟度均在相近的成熟阶段（表 2），致使两者不同是长 7 页岩为腐泥型而须 5 页岩为腐殖型。须 5 干酪根 $\delta^{13}C$

值变化在 $-26.9‰\sim-25.4‰$，长 7 干酪根 $\delta^{13}C$ 值变化在 $-30.0‰\sim-28.5‰$[29]。这是因为，烷烃气的碳同位素值受多种因素的影响，如烃源岩的热演化、有机质的类型和气体生成机制。因此，在相同和相近成熟度时腐殖型比腐泥型烃源岩生成甲烷及同系物的碳同位素都重（表 3）[30, 31]；Zheng and Chen[32] 指出：相同成熟度的海相腐泥型烃源岩比陆相腐殖型烃源岩形成 CH_4 的 $\delta^{13}C_1$ 值轻约 $14‰$。

海相五峰组—龙马溪组和陆相长 7 及须 5 页岩气的烷烃气碳同位素系列不同（图 10）。Dai 等[33] 将烷烃气碳同位素系列类型划分为三类，把烷烃气分子随碳数逐增 $\delta^{13}C$ 值递增（$\delta^{13}C_1 < \delta^{13}C_2 < \delta^{13}C_3 < \delta^{13}C_4$）者称为正碳同位素系列，是原生型有机成因气的特征；烷烃气分子随碳数逐增 $\delta^{13}C$ 值递减（$\delta^{13}C_1 > \delta^{13}C_2 > \delta^{13}C_3 > \delta^{13}C_4$）者称为负碳同位素系列；当烷烃气的 $\delta^{13}C$ 值不按正、负碳同位素系列规律，排列出现混乱（$\delta^{13}C_1 > \delta^{13}C_2 < \delta^{13}C_3 < \delta^{13}C_4$，$\delta^{13}C_1 < \delta^{13}C_2 > \delta^{13}C_3 > \delta^{13}C_4$），称为碳同位素系列倒转或逆转。由图 10a 和表 2 可见：长 7 和须 5 页岩气主要是正碳同位素系列，是有机成因原生气，也有部分倒转；相反，由图 10b 和表 1 可见：五峰组—龙马溪组页岩气均为负碳同位素系列。与五峰组—龙马溪组页岩同是高成熟—过成熟的 Barnett 和 Fayetteville 页岩气中既有正、负碳同位素系列或有碳同位素系列倒转[11, 14]，这是因为 Barnett 和 Fayetteville 页岩的成熟度虽高，但仍低于五峰组—龙马溪组页岩，所以这三种同位素分布都存在。

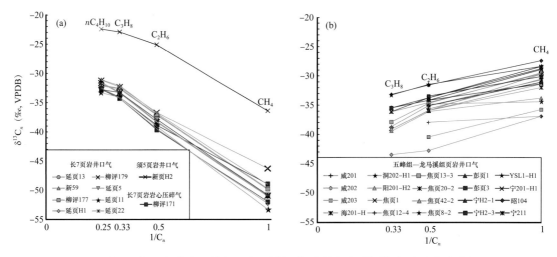

图 10　长 7、须 5（a）和五峰组—龙马溪组（b）烷烃气碳同位素系列类型对比图

3.3.2　烷烃气的氢同位素组成

五峰组—龙马溪组页岩气 $\delta^2H_{CH_4}$ 值 $-136‰$（威 201）至 $-163‰$（焦页 12-1），平均为 $-148‰$；$\delta^2H_{C_2H_6}$ 值 $-128‰$（阳 101）至 $-224‰$（焦页 1）。长 7 页岩气 $\delta^2H_{CH_4}$ 值 $-237‰$（富页 1）至 $-277‰$（延页 5、延页平 1），平均为 $-256‰$；$\delta^2H_{C_2H_6}$ 值 $-182‰$（富页 1）至 $-286‰$（延页 5），平均为 $-244‰$；$\delta^2H_{C_3H_8}$ 值 $-170‰$（永页 1）至 $-203‰$（柳评 179，

1460m），平均为 –188‰。须 5 页岩气 $\delta^2H_{CH_4}$ 值 –178‰，$\delta^2H_{C_2H_6}$ 值 –147‰（表 2）。海相五峰组—龙马溪组页岩气 $\delta^2H_{CH_4}$ 值均比陆相长 7 和须 5 页岩气 $\delta^2H_{CH_4}$ 值重。五峰组—龙马溪组页岩气 $\delta^2H_{C_2H_6}$ 值大部分重于长 7 和须 5 页岩气 $\delta^2H_{C_2H_6}$ 值。同为陆相长 7 腐泥型页岩气的 $\delta^2H_{CH_4}$ 值和 $\delta^2H_{C_2H_6}$ 值，均比须 5 腐殖型页岩气的 $\delta^2H_{CH_4}$ 值和 $\delta^2H_{C_2H_6}$ 值轻。

烷烃气氢同位素系列类型，可采用碳同位素系列划分原则，也划分为三类，即烷烃气分子随碳数逐增 δ^2H 值递增（$\delta^2H_{CH_4}<\delta^2H_{C_2H_6}<\delta^2H_{C_3H_8}<\delta^2H_{C_4H_{10}}$）者称为正氢同位素系列；递减（$\delta^2H_{CH_4}>\delta^2H_{C_2H_6}>\delta^2H_{C_3H_8}>\delta^2H_{C_4H_{10}}$）者称为负氢同位素系列；当烷烃气的 δ^2H 值不按正、负氢同位素系列规律，排列出现混乱者称为氢同位素系列倒转或逆转。由图 11 和表 1 可见：五峰组—龙马溪组除高顺—永川地区 4 个样品为正氢同位素系列外，四川盆地南部五峰组—龙马溪组所有气样均为负氢同位素系列。由图 11 和表 2 可见，长 7 和须 5 页岩气主要属于正氢同位素系列，也有 3 个气样为氢同位素系列倒转（$\delta^2H_{CH_4}<\delta^2H_{C_2H_6}>\delta^2H_{C_3H_8}$）。

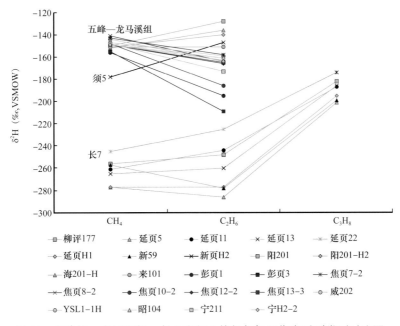

图 11　五峰组—龙马溪组、长 7 和须 5 烷烃气氢同位素系列类型对比图

3.4　烷烃气组分、碳、氢同位素组合图

根据表 1 中国五峰组—龙马溪组和表 2 长 7 页岩气 $\delta^{13}C_1$ 值与 $\delta^{13}C_2$ 值，并利用美国 Barnett 和 Fayetteville 页岩气[11, 14]、New Albany 和 Antrim 页岩气[6, 7, 12]、Marcellus 页岩气、Queenston 页岩气和 Organic–rich Appalachian Upper Devonian 页岩气[5, 10]、Utica 页岩气[9]、西加拿大盆地 Doig 页岩气、Montney 页岩气和 Horn River 页岩气[16] $\delta^{13}C_1$ 值与 $\delta^{13}C_2$ 值，编制 $\delta^{13}C_1$—$\delta^{13}C_2$ 图（图 12）。图 12 中 AB 连线代表 $\delta^{13}C_1=\delta^{13}C_2$，在 AB 线上方是成熟阶段页岩气，其特征是 $\delta^{13}C_1<\delta^{13}C_2$；在 AB 线下方是高—过成熟阶段页岩气，其特征是

$\delta^{13}C_1 > \delta^{13}C_2$。图 12 显示中国五峰组—龙马溪组页岩气是目前世界上成熟度最高的，并且 $\delta^{13}C_1$ 值是最重的。Hao 和 Zou[15] 曾以 Barnett 和 Fayetteville 页岩气编制此类图，但笔者在图 12 中结合了中国和北美所有页岩气，清晰地显示了 $\delta^{13}C_1$ 值和 $\delta^{13}C_2$ 值的关系，提出了 $\delta^{13}C_1$—$\delta^{13}C_2$ 值从低熟—成熟—过熟呈 "N" 形轨迹变化。

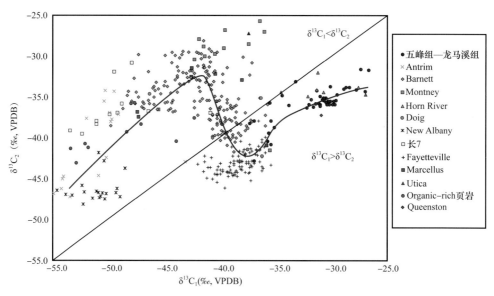

图 12　中国、美国和加拿大主要页岩气 $\delta^{13}C_1$—$\delta^{13}C_2$ 图呈 "N" 型演变

根据表 1 中国五峰组—龙马溪组和表 2 长 7 页岩气 $^{13}C_1$ 值与 Wetness（湿度）值，美国 Barnett 页岩气和 Fayetteville 页岩气[11, 14]、New Albany 页岩气和 Antrim 页岩气[6, 7, 12]、Marcellus 页岩气、Queenston 页岩气、Organic-rich Appalachian Upper Devonian 页岩气[5, 10]、Utica 页岩气[9]、西加拿大盆地 Horn River 页岩气和 Doig 页岩气[16] $\delta^{13}C_1$ 值和 Wetness 相关数据，编制了图 13，显示出 $\delta^{13}C_1$—Wetness 呈卧 "π" 形。

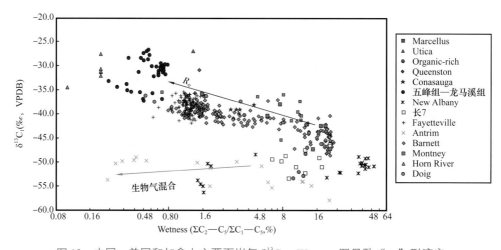

图 13　中国、美国和加拿大主要页岩气 $\delta^{13}C_1$—Wetness 图呈卧 "π" 形演变

根据表1中国五峰组—龙马溪组和表2长7页岩气$\delta^{13}C_2$值与Wetness值、美国Barnett、Fayetteville、New Albany、Marcellus、Queenston、Organic-rich和Utica页岩气、西加拿大盆地Horn River页岩气[5, 9~11, 14, 16]$\delta^{13}C_2$值和Wetness数据，编制了图14。Wetness值由大变小表示页岩的成熟度由低熟—成熟—高熟—过熟的过程。特别需要指出的是，中国五峰组—龙马溪组的相关数据，填补了高—过熟区的空白，完美展示了世界页岩气$\delta^{13}C_2$—Wetness整个热演化过程，即随Wetness值变大，呈卧"S"形演变特点。卧"S"形左拐点在Wetness约1.4%处，右拐点在6%处，具有重要地质地球化学意义，因为Wetness约1.4%和6%基本分别标志热解气与裂解气转折、生油窗的结束。

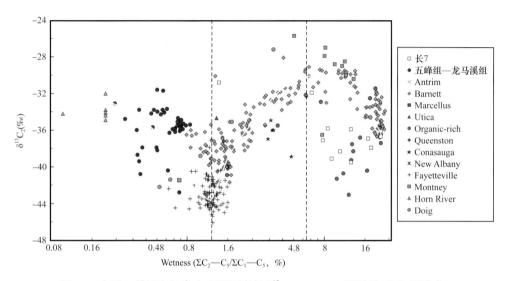

图14　中国、美国和加拿大主要页岩气$\delta^{13}C_2$—Wetness图呈卧"S"形演变

根据表1中国五峰组—龙马溪组和表2长7页岩气$\delta^{13}C_1$值与$\delta^2H_{CH_4}$值、美国Barnett、Fayetteville、Antrim、New Albany、Organic-rich Appalachian Upper Devonian、Marcellus、Queenston和Utica[5~7, 9~12, 14]页岩气$\delta^{13}C_1$值和$\delta^2H_{CH_4}$值编制了图15。图15显示中国页岩气和美国页岩气的$\delta^{13}C_1$和$\delta^2H_{CH_4}$均是正相关，中国五峰组—龙马溪组页岩气处在$\delta^{13}C_1$值最重区内。

根据表1中国五峰组—龙马溪组和表2长7及须5页岩气$\delta^2H_{CH_4}$值和Wetness值，同时利用美国页岩气的$\delta^2H_{CH_4}$值和Wetness值编制了图16。与$\delta^{13}C_1$—Wetness图（图13）相似，图16演变轨迹呈卧"π"形。卧"π"形上支海相页岩气$\delta^2H_{CH_4}$重，而下支为长7的$\delta^2H_{CH_4}$则轻。这是因为盐度大的海相页岩生成CH_4的氢同位素重，而淡水陆相页岩生成CH_4的氢同位素轻所决定[34]。对海相Antrim页岩气而言，较低的$\delta^2H_{CH_4}$值可能与它们的生物成因和冰川融水补给有关[7]。

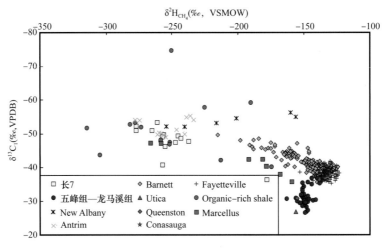

图 15　中国和美国主要页岩气 $\delta^{13}C_1$—$\delta^2H_{CH_4}$ 图

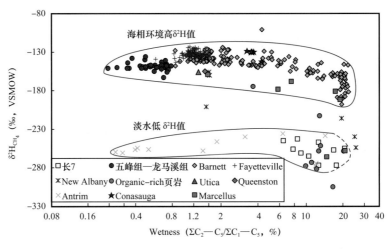

图 16　中国和美国页岩气 $\delta^2H_{CH_4}$—Wetness 图

3.5　页岩气的氦同位素组成

由表 1 可见：四川盆地五峰组—龙马溪组页岩气中 $^3He/^4He$ 值 1.5×10^{-8}（YSL1-1H）至 6.0×10^{-8}（焦页 1-2），R/R_a 从 0.01（昭 104、YSL1-1H）至 0.04（焦页 1-2，焦页 7-2，焦页 9-2，焦页 11-2）。从表 2 可见，鄂尔多斯盆地长 7 页岩气中 $^3He/^4He$ 值 7.6×10^{-8}（延页 13）至 10.9×10^{-8}（新 59），R/R_a 从 0.05（延页 13）至 0.08（延页平 1，新 59），即长 7 页岩气中 $^3He/^4He$ 和 R/R_a 均比五峰组—龙马溪组的高。Dai 等[17]曾研究龙马溪组页岩气 $^3He/^4He$ 为 2.3×10^{-8}～4.3×10^{-8}。对四川盆地和鄂尔多斯盆地常规天然气中氦同位素曾有研究：四川盆地 $^3He/^4He$ 值为 0.40×10^{-8}～8.46×10^{-8}，平均值为 1.89×10^{-8}，R/R_a 为 0.01[35]，另据 78 个气样发现，R/R_a 值从四川盆地东部的 0.002 至四川盆地西部的 0.050[36]；鄂尔多斯盆地 $^3He/^4He$ 从 1.91×10^{-8}～7.7×10^{-8}，平均值为 3.74×10^{-8}，R/R_a 为 0.01～0.06[35]。

关于壳源氦 R/R_a 值有不同而同级别数据：<0.05[37, 38]；0.01~0.1[39]。Jenden 等[40]指出 R/R_a>0.1 时指示有幔源氦的存在；而当 R/R_a<0.1 时可认为天然气中氦基本来自壳源[41]。应用这些参数鉴别五峰组—龙马溪组和长 7 页岩中的氦属于壳源氦。

3.6 CO_2 的 $\delta^{13}C_{CO_2}$ 组成

五峰组—龙马溪组页岩气中 $\delta^{13}C_{CO_2}$ 值 8.9‰（焦页 6-2，焦页 9-2）至 -9.2‰（宁 211）（表 1），平均为 2.2‰。长 7 页岩气中 $\delta^{13}C_{CO_2}$ 值 -8.2‰（富页 1）至 -22.7‰（延页 11）（表 2），平均为 -18.3‰。由此可见五峰组—龙马溪组页岩气 $\delta^{13}C_{CO_2}$ 值比长 7 页岩气 $\delta^{13}C_{CO_2}$ 值重得多。

关于二氧化碳的成因，许多学者有研究：Gould 等[42]认为岩浆来源二氧化碳的 $\delta^{13}C_{CO_2}$ 值虽多变，但一般在 -7±2‰。北京房山花岗岩体包裹体中来源于上地幔或下地壳的 CO_2 的 $\delta^{13}C_{CO_2}$ 值为 -7.9‰~-3.8‰[43]。太平洋中脊玄武岩包裹体中 $\delta^{13}C_{CO_2}$ 值 -6.0‰~-4.5‰[44]。Shangguan 和 Gao[45]指出：变质成因二氧化碳的 $\delta^{13}C_{CO_2}$ 值与沉积碳酸盐岩的 $\delta^{13}C$ 值相近，在 -3‰~1‰，而幔源二氧化碳的 $\delta^{13}C_{CO_2}$ 值平均为 -8.5‰~-5‰。Dai 等[35, 46]综合中国大量 CO_2 研究成果，并同时利用国外许多相关资料，指出有机成因二氧化碳的 $\delta^{13}C_{CO_2}$ 值<-10‰，主要在 -30‰~-10‰；无机成因二氧化碳的 $\delta^{13}C_{CO_2}$ 值>-8‰。如图 17 所示，长 7 页岩气中 CO_2 以有机成因气为主，是源岩成烃过程中同生 CO_2。而五峰组—龙马溪组页岩气中 CO_2 以无机成因为主。此外，由于与 CO_2 伴生氦的 R/R_a 为 0.01~0.04 是壳源氦，所以五峰组—龙马溪组 CO_2 不是来自幔源无机成因的，而是五峰组—龙马溪组烃源岩在过成熟成烃过程中碳酸盐矿物发生如下高温分解化学反应形成的 CO_2：

$$CaCO_3 \longrightarrow CaO + CO_2$$

$$CaMg(CO_3)_2 \longrightarrow CaO + MgO + 2CO_2$$

这种无机成因 CO_2 在中国南海莺琼盆地也存在，$\delta^{13}C_{CO_2}$ 值一般在 -2.8‰~3.4‰，伴生的氦气 R/R_a 为 0.01~0.003[47~49]。由图 17 可见，美国主要页岩气中 CO_2 含量是低的，和五峰组—龙马溪组页岩气及长 7 页岩气中的含量相似，$\delta^{13}C_{CO_2}$ 值也基本相近。

3.7 负碳同位素系列和碳同位素系列倒转成因的讨论

上述已指出烷烃气的碳同位素系列类型有三种：正碳同位素系列（$\delta^{13}C_1 < \delta^{13}C_2 < \delta^{13}C_3 < \delta^{13}C_4$），其为原生型有机成因气的特征；烷烃负碳同位素系列（$\delta^{13}C_1 > \delta^{13}C_2 > \delta^{13}C_3 > \delta^{13}C_4$）和碳同位素系列倒转或逆转（$\delta^{13}C_1 > \delta^{13}C_2$ 或 $\delta^{13}C_2 > \delta^{13}C_3$ 或 $\delta^{13}C_3 > \delta^{13}C_4$）。负碳同位素系列对无机成因气是一个标志鉴别指标[33, 50~53]。例如在俄罗斯希比尼地块岩浆岩包裹体天然气的 $\delta^{13}C_1$ 值 -3.2‰，$\delta^{13}C_2$ 值 -9.1‰，$\delta^{13}C_3$ 值 -23.7‰[54]；土耳其喀迈拉蛇绿岩中天然气的 $\delta^{13}C_1$ 值 -11.9‰，$\delta^{13}C_2$ 值 -22.9‰，$\delta^{13}C_3$ 值 -23.7‰[55]；北大西洋 Lost City

洋中脊天然气的 $\delta^{13}C_1$ 值 –9.9‰，$\delta^{13}C_2$ 值 –13.3‰，$\delta^{13}C_3$ 值 –14.2‰，$\delta^{13}C_4$ 值 –14.3‰[56]；澳大利亚 Murchison 碳质陨石中天然气的 $\delta^{13}C_1$ 值 9.2‰，$\delta^{13}C_2$ 值 3.7‰，$\delta^{13}C_3$ 值 1.2‰[57]。虽然，无机成因气中负碳同位素系列对无机成因气来说是原生型的。但近来在过成熟页岩气中发现较多负碳同位素系列（图 18）[5, 9, 14, 16, 17]。有机成因页岩气的负碳同位素系列是由正碳同位素系列经次生改造演变而来，具有次生型。

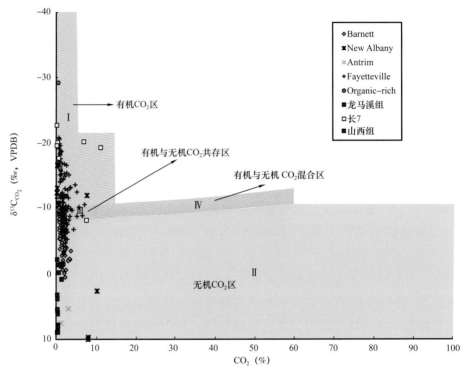

图 17　五峰组—龙马溪组和长 7 页岩气中 CO_2 成因鉴别[46]

以下讨论页岩气中正碳同位素系列演化为负碳同位素系列和碳同位素系列倒转（以下简称倒转）成因。

3.7.1　同源不同期烷烃气的混合

Jenden 等[5] 发现在阿巴拉契亚盆地随成熟度增加 $\delta^{13}C_1$ 值变重，Wetness 变低。这是因早期残留富 ^{12}C 乙烷，却在很多高成熟阶段的天然气（包括 Marcellus 和 Queenston 页岩气）保留下来。用低熟的湿气和高熟的干气作端元值混源计算获乙烷同位素倒转的模型。多旋回叠合四川盆地五峰组—龙马溪组页岩气是多期烷烃气充注而形成 $\delta^{13}C_1 > \delta^{13}C_2$[58]。

3.7.2　二次裂解[11, 15, 18, 59]

在高演化阶段中，页岩系统内的天然气来自干酪根，滞留油和湿气的同时裂解，其中油或凝析物的裂解可以产生的轻碳同位素乙烷，此时的乙烷含量已经很少，少量的轻碳同位素乙烷的混入可以造成同位素倒转。Hao 和 Zou[15] 也发现乙烷、丙烷同位素的倒转与 iC_4/nC_4 的倒转同步发生，其拐点被认为是二次裂解的开始。

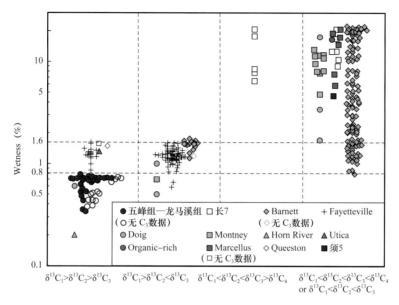

图 18　中国、美国和加拿大页岩气碳同位素系列类型和 Wetness 关系图

3.7.3　地层水参与的特殊氧化还原反应[9, 19, 14, 60]

甲烷同位素组成，似乎主要是后期富含 ^{13}C 而贫 ^{2}H 甲烷的混合而成的[9]。在经历变质作用的盆地深埋晚期，晚期甲烷的生成可能发生在含碳变质沉积物或石油裂解的残余干酪根（包括焦沥青）中[9]。对比实验也显示加水的热模拟实验可以观察到产物更富 C_{2+}，同位素倒转，而不加水的实验观察不到该现象，显示出水在气体生成和同位素倒转的过程中具有重要的作用[19]。Burruss 和 Laughrey[9] 把阿巴拉契亚盆地的深盆气（含部分页岩气）的同位素倒转分为两种：高成熟度阶段同位素倒转是与同位素轻的乙烷混合引起的；而成熟度极高的阶段，同位素倒转可能与富含 ^{13}C 的晚期甲烷混合有关。

3.7.4　扩散

物质的扩散能力随分子量变大呈指数关系减小，分子的扩散特别是烃类扩散受分子量、分子大小的影响。气体扩散是单分子的流动在致密岩石中起主要作用。由于甲烷、乙烷和丙烷扩散系数不同，造成扩散速度甲烷＞乙烷＞丙烷，同时也会引起甲烷同位素在扩散方向上逐渐变轻，形成同位素的分馏[61]。CH_4、C_2H_6、C_3H_8 分别由 $^{12}CH_4$ 和 $^{13}CH_4$；$^{12}C^{12}CH_6$、$^{12}C^{13}CH_6$ 和 $^{13}C^{13}CH_6$；$^{12}C^{12}C^{12}CH_8$、$^{12}C^{12}C^{13}CH_8$、$^{12}C^{13}C^{13}CH_8$、$^{13}C^{13}C^{13}CH_8$ 的轻重碳同位素组成各自分子。由于 CH_4、C_2H_6 和 C_3H_8 分子量不同，轻质量如 $^{12}CH_4$、$^{12}C^{12}CH_6$ 和 $^{12}C^{12}C^{12}CH_8$ 先扩散出去。由于分子量 $^{12}CH_4 < {}^{12}C^{12}CH_6 < {}^{12}C^{12}C^{12}CH_8$，一方面扩散能力随分子量变大呈指数关系减小，另一方面扩散速度甲烷＞乙烷＞丙烷，

故随扩散进行 $\delta^{13}C_1$ 值变重，$\delta^{13}C_2$ 值渐轻，$\delta^{13}C_3$ 值最轻，导致负碳同位素系列形成。根据 Ne 和 Ar 等稀有同位素的研究，Hunt 等[13]认为是阿巴拉契亚盆地碳同位素倒转的一种原因是由于气体大量散失（包括扩散）所致。

3.7.5 高温作用

由图 18 可见：过成熟阶段即 Wetness 小于 0.8% 的五峰组—龙马溪组页岩气全部为负碳同位素系列。而处于成熟阶段即 Wetness 为 6.45%～20.71%（表 2）的长 7 页岩气既有正碳同位素系列，也有碳同位素系列倒转，倒转仅表现 $\delta^{13}C_3 > \delta^{13}C_4$。但在 Wetness 为 6.45%～20.71% 区间美国和加拿大页岩气均为正碳同位素系列，更准确地说 Wetness 约 1.6% 或更大时，除长 7 页岩气外，中国、美国和加拿大页岩气均为正碳同位素系列，只有 Wetness 小于 1.6% 时才出现大量负碳同位素系列和碳同位素系列倒转。因此，页岩气 Wetness 1.6%，基本是原生的正碳同位素系列转换为次生的碳同位素倒转和负碳同位素的关键点，可称为碳同位素类型转换点，大于此点页岩气为正碳同位素系列，小于此点即在高成熟和过成熟的高温阶段，开始大量出现负碳同位素系列和碳同位素系列倒转。因此高成熟度是页岩气正碳同位素系列转换为负碳同位素系列及倒转的主要控制因素。Vinogradov 和 Galimov[62]指出不同温度下碳同位素交换平衡作用有异：地温高于 150℃，出现了 $\delta^{13}C_1 > \delta^{13}C_2$；高于 200℃ 则使正碳同位素系列改变为负碳同位素系列，即 $\delta^{13}C_1 > \delta^{13}C_2 > \delta^{13}C_3$。但从图 18 还可发现 Barnett 页岩气 Wetness 从 0.80%～22.06% 是个几乎呈连续带，显示 Barnett 页岩处于从成熟—高熟—过熟连续完整热演化过程。Wetness 在 0.80%～1.6% 间只有部分页岩气发生碳同位素倒转，没有发现负碳同位素系列，但相当多页岩气还是正碳同位素系列，这可能是反映处于 0.80%～1.6% 高成熟 Barnett 页岩气"年龄"较短，碳同位素平衡效应不完善所致。五峰组—龙马溪组页岩气和 Fayetteville 页岩气 Wetness 分别小于 0.80% 和 1.6%，没有大于 1.6%，反映高—过成熟"年龄"长，碳同位素平衡效应充分而能使原生正碳同位素系列转变为负碳同位素系列或碳同位素系列倒转。

四川盆地五峰组—龙马溪组都是前期深埋藏，焦页 1 井志留系包裹体均一温度为 215.4～223.1℃，古埋深 7600～10000m[58]，川南地区志留系包裹体均一温度也有 140～189℃，古埋深约 6500m，对于五峰组—龙马溪组底部的产气层曾经都应该经历过 150℃ 以上的高温，达到了高温下因碳同位素交换作用而造成同位素倒转甚至反序的条件。

4 结论

（1）海相五峰组—龙马溪组页岩气以 CH_4 占绝对优势，CH_4 平均含量 98.38%，有世界上页岩气中 CH_4 含量最高的井（99.59%）。Wetness 为 0.24%～0.78%，等效镜质体反射率（EqVR_o，%）一般为 2.4%～3.6%。陆相长 7 页岩气 CH_4 平均含量 84.90%，重烃气含量高，属湿气。Wetness 为 6.45%～20.71%，镜质体反射率（VR_o，%）为 0.7%～1.2%。五峰组—龙马溪组页岩气为干气，长 7 页岩气为湿气的原因是热演化程度不同造成。

（2）五峰组—龙马溪组页岩气 $\delta^{13}C_1$ 值 –26.7‰～–37.3‰，平均为 –31.3‰，有世界页岩气 $\delta^{13}C_1$ 值最重的井（–26.7‰）。$\delta^{13}C_1$ 最重值是由热成熟度高和干酪根 $\delta^{13}C$ 值很重所决定。$\delta^{13}C_2$ 平均值 –35.6‰，$\delta^{13}C_3$ 平均值 –47.2‰，具有 $\delta^{13}C_1 > \delta^{13}C_2 > \delta^{13}C_3$ 负碳同位素系列。长 7 页岩气 $\delta^{13}C_1$ 平均值 –48.7‰，$\delta^{13}C_2$ 平均值 –36.4‰，$\delta^{13}C_3$ 平均值 –31.3‰，具有 $\delta^{13}C_1 < \delta^{13}C_2 < \delta^{13}C_3$ 正碳同位素系列。由此可见：两组相对组分 $\delta^{13}C$ 平均值及碳同位素系列类型不同，这可能是热成熟度不同导致的。

（3）五峰组—龙马溪组页岩气 $\delta^2H_{CH_4}$ 和 $\delta^2H_{C_2H_6}$ 平均值分别为 –148‰ 和 –173‰，具有 $\delta^2H_{CH_4} > \delta^2H_{C_2H_6}$ 负氢同位素系列。长 7 页岩气 $\delta^2H_{CH_4}$、$\delta^2H_{C_2H_6}$ 和 $\delta^2H_{C_3H_8}$ 平均值分别为 –256‰、–244‰ 和 –188‰，具有 $\delta^2H_{CH_4} < \delta^2H_{C_2H_6} < \delta^2H_{C_3H_8}$ 正氢同位素系列。由上可见，两组相对组分 δ^2H 平均值及氢同位素系列类型不同，这可能是两组页岩沉积环境（水盐度）和成熟度不同导致的。

（4）五峰组—龙马溪组和长 7 页岩气 CO_2 含量均低，大部分小于 1%。五峰组—龙马溪组 $\delta^{13}C_{CO_2}$ 值 8.9‰～9.2‰，是碳酸盐矿物在高温下裂解的无机成因；长 7 的 $\delta^{13}C_{CO_2}$ 值 –22.7‰～–8.2‰，是成烃中形成的有机成因。此两组页岩气 R/R_a 值 0.01～0.08，主要为壳源氦。

（5）碳同位素系列类型有三种：正碳同位素系列、负碳同位素系列和碳同位素系列倒转。正碳同位素系列是有机成因原生天然气。正碳同位素系列经次生改造形成负碳同位素系列和碳同位素系列倒转。页岩气后两类型的形成可由同源不同期烷烃气的混合、二次裂解、地层水参与的特殊氧化还原反应、扩散、高温作用导致。高温作用是主要因素。

（6）根据中国、美国和加拿大主要页岩气编制 $\delta^{13}C_2$—Wetness 图和 Wetness—碳同位素系列类型图，前一图呈卧 "S" 形演化，在 Wetness 有两拐点，拐点 1.4% 为热解气和裂解气转折，拐点 6% 标志生油窗基本结束。Wetness—碳同位素系列类型图，当 Wetness 为 1.6% 及更大时页岩气基本为正碳同位素系列；当 Wetness 小于 1.6% 时出现大量负碳同位素系列和碳同位素系列倒转，只有 0.8%～1.6% 间有部分 Barnett 页岩气还是正碳同位素系列。

参 考 文 献

［1］Curtis J. Fractured shale gas system. AAPG Bulletin，2002，86（11）：1921–1938.

［2］Selley R C. UK shale gas：the story so far. Marine and Petroleum Geology，2012，31（1）：100–109.

［3］EIA .World Shale Gas Resources：An Initial Assessment of 14 Regions Outside the United States，2013，

262–286.

[4] Zhang D W, Li Y X, Zhang J C, Qiao D W, Jiang W L, Zhang J F. National wide shale gas resource potential Survey and assessment. Geological Publishing Press, Beijing. 2012. (in Chinese)

[5] Jenden P D, Draza D J, Kaplan I R. Mixing of thermogenic natural gas in northern Appalachian basin. AAPG Bulletin, 1993a, 77 (6): 980–998.

[6] Martini A M, Walter L M, Ku T C, Budai J M, McIntosh J C, Schoell M. Microbial production and modification of gases in sedimentary basins: A geochemical case study from a Devonian shale gas play, Michigan basin. AAPG Bulletin, 2003, 87 (8): 1355–1375.

[7] Martini A M, Walter L M, McIntosh J C. Identification of microbial and thermogenic gas components from Upper Devonian black shale cores, Illinois and Michigan basins. AAPG Bulletin, 2008, 92 (3): 327–339.

[8] Hill R J, Jarvie D M, Zumberge J, Henry M, Pollastro R M. Oil and gas geochemistry and petroleum systems of the FortWorth Basin. AAPG Bulletin, 2007, 91: 445–473.

[9] Burruss R C, Laughrey C D, Carbon and hydrogen isotopic reversals in deep basin gas: evidence for limits to the stability of hydrocarbons. Organic Geochemistry 41, 2010, 1285–1296.

[10] Osborn S G, McIntosh J C. Chemical and isotopic tracers of the contribution of microbial gas in Devonian organic-rich shales and reservoir sandstones, northern Appalachian Basin. Applied Geochemistry, 2010, 25: 456–471.

[11] Rodriguez N D, Philp R P. Geochemical characterization of gases from the Mississippian Barnett Shale, Fort Worth Basin, Texas. AAPG Bulletin, 2010, 94: 1641–1656.

[12] Strąpoć D, Mastalerz M, Schimmelmann A, Drobniak A, Hasenmueller N R. Geochemical constraints on the origin and volume of gas in the New Albany Shale (Devonian–Mississippian), eastern Illinois Basin. AAPG Bulletin, 2010, 94 (11): 1713–1740.

[13] Hunt A G, Darrah T H, Poreda R J. Determining the source and genetic fingerprint of natural gases using noble gas geochemistry: A northern Appalachian Basin case study. AAPG Bulletin,2012,96(10): 1785–1811.

[14] Zumberge J, Ferworn K, Brown S. Isotopic reversal ('rollover') in shale gases produced from the Mississippian Barnett and Fayetteville formations. Marine and Petroleum Geology, 2012, 31: 43–52.

[15] Hao F, Zou H Y. Cause of shale gas geochemical anomalies and mechanisms for gas enrichment and depletion in high-maturity shales. Marine and Petroleum Geology, 2013, 44: 1–12.

[16] Tilley B, Muehlenbachs K. Isotope reversals and universal stages and trends of gas maturation in sealed, self-contained petroleum systems. Chemical Geology, 2013, 339: 194–204.

[17] Dai J X, Zou C N, Liao S M, Dong D Z, Ni Y Y, Huang J L, Wu W, Gong D Y, Huang S P, Hu G Y. Geochemistry of the extremely high thermal maturity Longmaxi shale gas, southern Sichuan Basin. Organic Geochemistry, 2014a, 74: 3–12.

〔18〕 Xia X Y, Y Chen, J, Braun, R, Tang, Y C. Isotopic reversals with respect to maturity trends due to mixing of primary and secondary products in source rocks. Chemical Geology, 2013, 339: 205-212.

〔19〕 Gao L, Schimmelmann A, Tang Y C, Mastalerz M. Isotope rollover in shale gas observed in laboratory pyrolysis experiments : Insight to the role of water in thermogenesis of mature gas. Organic Geochemstry, 2014, 68: 95-106.

〔20〕 Zou C N, Dong D Z, Wang S J, Li J Z, Li X J, Wang Y M, Li D H, Cheng K M. Geological characteristics and resource potential of shale gas in China. Petroleum Exploration and Development, 2010, 37（6）: 641-653.

〔21〕 Huang J L, Zou C N, Li J Z, Dong D Z, Wang S J, Wang S Q, Wang Y M, Li D H. Shale gas accumulation conditions and favorable zones of Silurian Longmaxi Formation in south Sichuan Basin, China. Journal of China Coal Society, 2012, 37（5）: 782-787. （in Chinese）

〔22〕 Wang Y M, Dong D Z, Li J Z, Wang S J, Li X J, Wang L, Cheng K M, Huang J L. Reservoir characteristics of shale gas in Longmaxi Formation of the Lower Silurian, southern Sichuan. Acta Petrolei Sinica, 2012, 33（4）, 551-561. （in Chinese）

〔23〕 Zou C N. Unconventional petroleum geology（Second edition）. Geology Press, Beijing. 2013, 127-167.

〔24〕 Wang X Z. Lacustrine Shale Gas. Oil Industry Press, Beijing, 2014, 224（in Chinese）.

〔25〕 Dai J X, Xia X Y, Li Z S, Coleman D D, Dias R F, Gao L , Li J, Deev A, Li J, Dessort D, Duclerc D, Li L W, Liu J Z, Schloemer S, Zhang W L, Ni Y Y, Hu G Y, Wang X B, Tang Y C. Inter-laboratory calibration of natural gas round robins for δ^2H and $\delta^{13}C$ using off-line and on-line techniques. Chemical Geology, 2012, 49-55: 310-311.

〔26〕 Hu G, Xie Y. Carboniferous gas field in steep structure region of eastern Sichuan Basin, China. Petroleum Industry Press, Beijing（in Chinese）. 1997.

〔27〕 Dai J X, Ni Y Y, Huang S P, Discussion on the carbon isotopic reversal of alkane gases from the Huanglong Formation in the Sichuan Basin, China. Acta Petrolei Sinica, 2010, 31（5）: 710-717. （in Chinese）

〔28〕 Dai J X, Gong D Y, Ni Y Y, Huang S P, Wu W. Stable carbon isotopes of coal-derived gases sourced from the Mesozoic coal measures in China. Organic Geochemistry, 2014b, 74: 123-142.

〔29〕 Yang H, Zhang W Z. Leading effect of the Seventh Member high-quality source rock of Yanchang Formation in Ordos Basin during the enrichment of low-penetrating oil-gas accumulation : geology and geochemistry. Geochimica, 2005, 34（2）: 147-154（in Chinese）.

〔30〕 Stahl W J and Carey Jr B D. Source-rock identification by isotope analyses of natural gases from fields in the Val Verde and Delaware basins, west Texas. Chemical Geology, 1975, 16: 257-267.

〔31〕 Dai J X, Qi H F. The relationship between $\delta^{13}C$ and Ro in coal- genetic gas. Chinese Science Bulletin, 1989, 34（9）: 690-692. （In Chinese）

［32］ Zheng Y F, Chen J F. Stable isotope geochemistry. Science Press, Beijing. 2000, 196–200.（In Chinese）

［33］ Dai J X, Xia X Y, Qin S F, Zhao J Z. Origins of partially reversed alkane $\delta^{13}C$ values for biogenic gases in China. Organic Geochemistry, 2004, 35（4）: 405–411.

［34］ Wang W C. Geochemical charateristics of hydrogen isotope composition of natural gas, oil and kerogen. Acta Sedimentologica Sinica, 1996, 14: 131–135.（In Chinese）

［35］ Dai J X, Song Y, Dai C S, Chen A F, Sun M L, Liao Y S. Conditions Governing the Formation of Abiogenic Gas and Gas Pools Eastern China. Science Press, Beijing and New York. 2000, 65–66.

［36］ Ni Y Y, Dai J X, Tao S Z, Wu X Q, Liao F R, Wu W, Zhang D J. Helium signatures of gases from the Sichuan Basin, China. Organic Geochemistry, 2014, 74: 33–43.

［37］ Mamyrin B A, Tolstikhin I N. He Isotopes in Nature. Elsevier, Amsterdam. 1984.

［38］ Andrews J N, The isotopic composition of radiogenic helium and its use to study groundwater movement in confined aquifers. Chemical Geology 49, 1985, 339–351.

［39］ Wang X B. Geochemistry and Cosmochemistry of Noble Gas Isotope. Science Press, Beijing. 1989, 112.（in Chinese）

［40］ Jenden P D, Kaplan I, Hilton D, Craig H. Aboiogenic Hydrocarbons and Mantle Helium in Oil and Gas Fields. The Future of Energy Gases. US Geological Survey Professional Paper, 1993b, 1570: 31–56.

［41］ Xu Y C, Helium isotope distribution of natural gases and its structural setting. Earth Science Frontiers, 1997, 4（3–4）: 185–194.（In Chinese）

［42］ Gould K, W, Hart G H, Smith J W. Carbon dioxide in the southern coalfields—a factor in the evaluation of natural gas potential？ Proceedings of the Australasian Institute of Mining and Metallurgy, 1981, 279: 41–42.

［43］ Zheng S C, Huang F S, Jiang C Y, Zheng S H. Oxygen, hydrogen and carbon isotope studies for fangshan granitic intrusion. Acta Petrologica Sinica, 1987,（3）: 13–22.（In Chinese）

［44］ Moore J G, Batchelder J N, Cunningham C G. CO_2–filled vesicles in mid–ocean basalt. Journal of Volcanology and Geothermal Research, 1977, 2（4）: 309–327.

［45］ Shangguan Z G, Gao S S. The CO_2 discharges and earthquakes in western Yunnan. Acta Seismologica Sinica 1990, 12: 186–193.

［46］ Dai J X, Song Y, Dai C S, Wang D R. Geochemistry and accumulation of carbon dioxide gases in China. AAPG Bulletin, 1996, 80（10）: 1615–1626.

［47］ Dai J X, Chen J F, Zhong N N, Pang X Q, Qin S F. Large gas fields in China and their gas sources. Science Press, Beijing. 2003, 144–152.（In Chinese）

［48］ Schoell M, Schoellkopf N, Tang Y C. Formation and occurrence of hydrocarbons and non–hydrocarbon gases in the Yinggehai Basin and the Qiongdongnan Basin, the South China Sea. Chevorn–PTC and

CNOOCNWC Research Report, 1996, 10–36.

[49] Huang B J, Tian H, Huang H, Yang J H, Xiao X M, Li L. Origin and accumulation of CO_2 and its natural displacement of oils in the continental margin basins, northern South China Sea. AAPG Bull. 2015, 99: 1349–1369.

[50] Galimov E M. Izotopy ugleroda v neftegazovoy geologii (Carbon Isotopes in Petroleum Geology). Mineral Press, Moscow. 1973.

[51] Galimov E M. Isotope organic geochemistry. Organic Geochemistry, 2006, 37: 1200–1262.

[52] Dai J X, Identification and distinction of various alkane gases. Science in China (Series B), 1992, 35 (10): 1246–1257.

[53] Dai J X, Zou C N, Zhang S C, Li J, Ni Y Y, Hu G Y, Luo X, Tao S Z, Zhu G Y, Mi J K, Li Z S, Hu A P, Yang C, Zhou Q H, Shuai Y H, Zhang Y, Ma C H. Discrimination of abiogenic and biogenic alkane gase. Science in China (Series D) Earth Sciences, 2008, 51 (12): 1737–1749.

[54] Zorikin L M, Starobinets I S, Stadnik E V. Natural gas geochemistry of oil–gas bearing basin. Mineral Press, Moscow. 1984.

[55] Hosgörmez H. Origin of the natural gas seep of Çirali (Chimera). Turkey: Site of the first Olympic fire: Journal of Asian Earth Sciences, 2007, 30: 131–141.

[56] Proskurowski G, Lilley M D, Seewald J S, Abiogenic hydrocarbon production at Lost City hydrothermal field. Science, 319 (5863), 2008, 604–607.

[57] Yuen G, Blair N, Des Marais D J. Carbon isotope composition of low molecular weight hydrocarbons and monocarboxylic acids from Murchison meteorite. Nature, 1984, 307 (5948): 252–254.

[58] Guo T L, Zhang H R. Formation and enrichment mode of Jiaoshiba shale gas field, Sichuan Basin. Petroleum Exploration and Development, 2013, 41 (1): 31–40.

[59] Tilley B, McLellan S, Hiebert S, Quartero B, Veilleux B, Muehlenbachs K. Gas isotope reversals in fractured gas reservoirs of the western Canadian Foothills: Mature shale gases in disguise. AAPG Bulletin, 2011, 95 (8): 1399–1422.

[60] Tang Y C, Xia X Y. Kinetics and Mechanism of Shale Gas Formation: A Quantitative Interpretation of Gas Isotope "Rollover" for Shale Gas Formation. AAPG Hedberg Conference. 2010.

[61] Li M C. Oil and gas migration (Third Edition). Petroleum Industry Press, Beijing. 2004, 44–46. (In Chinese)

[62] Vinogradov A P, Galimov E M. Isotopism of carbon and the problem of oil origin. Geochemistry, 1970, (3): 275–296.

中国最大的致密砂岩气田（苏里格）和最大的页岩气田（涪陵）天然气地球化学对比研究❶

1 地质概况

苏里格气田位于鄂尔多斯盆地伊陕斜坡中北部（图1），是中国天然气探明地质储量最大和年产量最多的气田；2011年底探明地质储量$1.272 \times 10^{12} m^3$[1]，2014年产气$209.6 \times 10^8 m^3$。气田的气源岩和产层均在上古生界（图2），气源岩主要是本溪组（C_2b）、太原组（P_1t）和山西组（P_1s）煤系中的煤和暗色泥岩，以Ⅲ型干酪根为主。煤层累计厚度6~12m，TOC>70%；煤层泥岩厚度50~80m，TOC主要为2.0%~3%，高的大于10%（图2），R_o在1.5%~2.0%，南部高的达2.5%。主要气层在上石盒子组（P_1h_8），其次为山西组（P_1s_1），均以致密石英砂岩为主。上石盒子组石英砂岩石英含量85.89%~89.11%，是一套致密砂岩[1~6]。盒8段（P_1h_8）砂岩平均孔隙度9.6%，渗透率1.01mD；山1段（P_1s_1）砂岩平均孔隙度7.6%，渗透率0.60mD[7]。气藏区域性盖层为晚二叠世石千峰组（P_3s），为厚度达60~120m的泥岩（图2）。

涪陵（焦石坝）页岩气田位于四川盆地东南部涪陵市焦石坝背斜上（图1）[8, 9]，是中国发现页岩气最大气田，2014年探明页岩气地质储量$1067.5 \times 10^8 m^3$，年产气$1.224 \times 10^8 m^3$。页岩气储层与气源岩为上奥陶统五峰组—下志留统龙马溪组一段，主要为灰黑色含放射虫碳质笔石页岩，为Ⅰ型干酪根。TOC含量大于2%的优质页岩厚度为38m，最高达5.89%，平均3.56%[9]。页岩孔隙度2.78%~7.08%，平均值为4.61%；渗透率为1.06×10^{-3}~9.7×10^{-3}mD，平均值4.27×10^{-3}mD。页岩处于高成熟阶段，R_o>2.2%（图3），并是超压页岩气藏，压裂系数为1.55[10]。

2 天然气成因对比研究

根据苏里格致密砂岩气田34口井天然气地球化学参数（表1），与涪陵（焦石坝）页岩气田28口井天然气地球化学参数（表2），对两气田天然气组分特征，天然气烷烃气、二氧化碳、氮同位素各自成因做了对比研究。

---

❶ 原载于《Marine and Petroleum Geology》，2017，79: 426–438。作者还有倪云燕、龚德瑜、冯子齐、刘丹、彭威龙、韩文学。

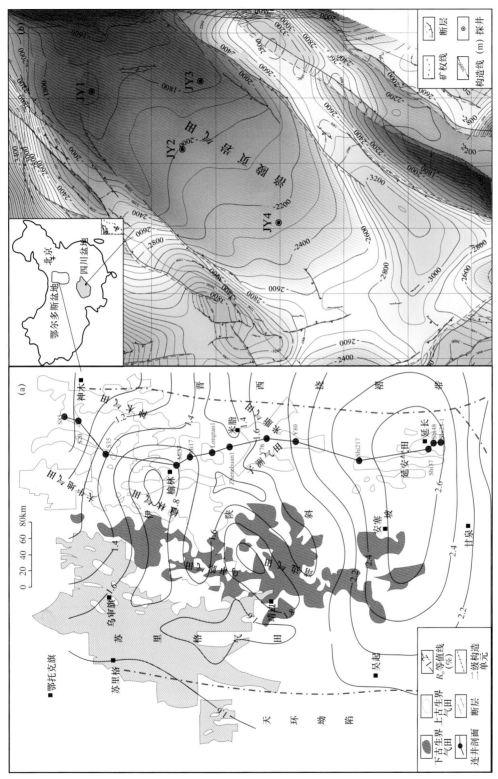

图 1 中国最大致密砂岩气田（苏里格）和最大的页岩气田（涪陵）位置图

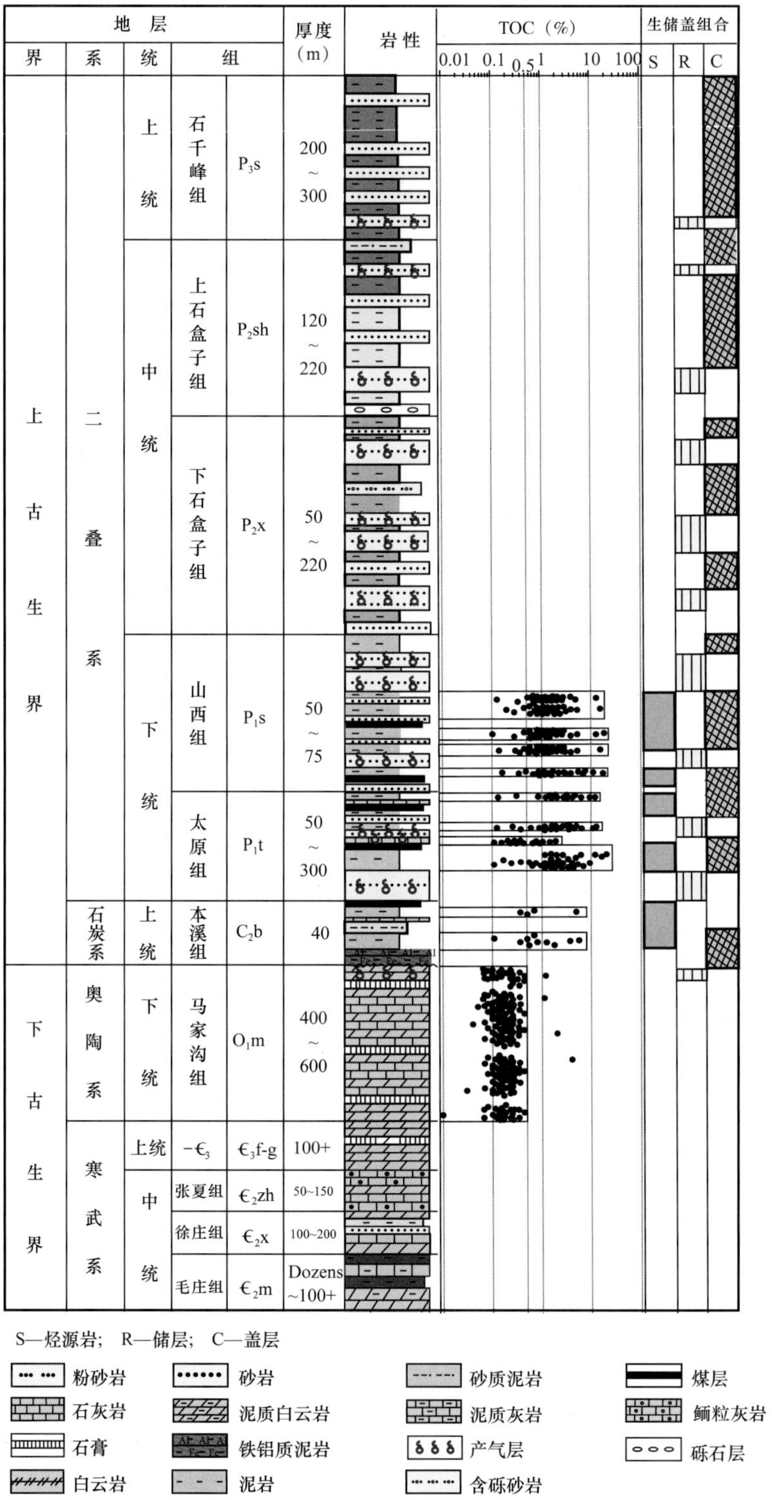

地层				厚度(m)	岩性	TOC (%)	生储盖组合		
界	系	统	组			0.01 0.1 0.5 1 10 100	S	R	C
上古生界	二叠系	上统	石千峰组 P3s	200~300					
		中统	上石盒子组 P2sh	120~220					
		中统	下石盒子组 P2x	50~220					
		下统	山西组 P1s	50~75					
		下统	太原组 P1t	50~300					
	石炭系	上统	本溪组 C2b	40					
下古生界	奥陶系	下统	马家沟组 O1m	400~600					
	寒武系	上统 -∈3	∈3f-g	100+					
		中统	张夏组 ∈2zh	50~150					
		中统	徐庄组 ∈2x	100~200					
		中统	毛庄组 ∈2m	Dozens~100+					

S—烃源岩； R—储层； C—盖层

粉砂岩	砂岩	砂质泥岩	煤层
石灰岩	泥质白云岩	泥质灰岩	鲕粒灰岩
石膏	铁铝质泥岩	产气层	砾石层
白云岩	泥岩	含砾砂岩	

图 2　苏里格气田古生界生储盖组合柱状图[1]

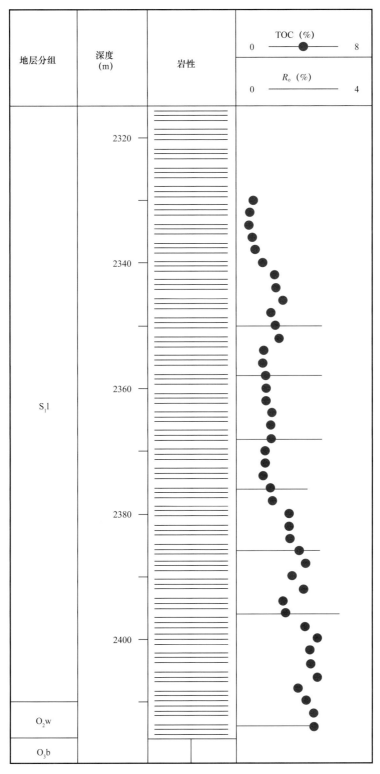

图 3 涪陵页岩气田 TOC 和 R_o 柱状图

表1 苏里格致密砂岩气田天然气地球化学参数表

井号	层位	天然气组分（%）									Σ(C₂—C₅)/Σ(C₁—C₅)(%)	δ¹³C（‰，VPDB）					δD（‰，VSMOW）			³He/⁴He (10⁻⁸)	R/Ra	数据来源
		CH_4	C_2H_6	C_3H_8	iC_4H_{10}	nC_4H_{10}	iC_5H_{12}	nC_5H_{12}	CO_2	N_2		CH_4	C_2H_6	C_3H_8	C_4H_{10}	CO_2	CH_4	C_2H_6	C_3H_8			
苏21	P_1s, P_2x	92.39	4.48	0.83	0.13	0.14	0.05	0.02	0.99	0.68	5.76	−33.4	−23.4	−23.8	−22.7	−8.9	−178	−154	−148	4.478±0.341	0.03	本文
苏53	P_1s, P_2x	86.05	8.36	2.17	0.37	0.44	0.15	0.08	1.13	0.72	11.85	−35.6	−25.3	−23.7	−23.9	−9.1	−186	−152	−145	4.963±0.275	0.04	
苏55	P_2x	88.96	7.07	1.47	0.22	0.27	0.10	0.05	0.68	0.88	9.35	−35.1	−24.6	−24.1	−24.8	−10.4	−186	−151	−158	5.203±0.285		
苏76	P_1s, P_2x	86.41	8.37	2.33	0.39	0.51	0.19	0.11	0.13	1.21	12.10	−35.1	−24.6	−24.4	−24.4		−187	−152	−146	3.629±0.216	0.03	
苏95	P_2x	92.24	3.95	0.66	0.11	0.11	0.05	0.02	1.64	1.00	5.04	−32.5	−23.9	−24.0	−22.7	−7.5	−177	−154	−145	5.720±0.270	0.04	
苏11−18−36	P_2x	90.16	5.50	1.15	0.21	0.21	0.10	0.05	1.47	0.94	7.41	−33.0	−23.3	−22.3	−22.9	−7.7	−180	−152	−152	5.096±0.351	0.036	
苏14−8−45	P_2x	92.97	3.93	0.74	0.13	0.13	0.06	0.03	1.10	0.77	5.12	−33.2	−24.3	−24.3	−23.0	−9.5	−172	−157	−157			
苏14−11−09	P_2x	92.52	3.78	0.75	0.16	0.17	0.09	0.04	1.18	1.10	5.12	−31.6	−24.0	−24.2	−22.6	−9.4	−172	−154	−158			
苏14−18−36	P_1s	93.08	3.92	0.73	0.13	0.14	0.06	0.03	1.13	0.66	5.11	−33.4	−24.0	−24.3	−22.8	−8.2	−174	−157	−157	5.096±0.351	0.036	
苏53−78−46H	P_1s, P_2x	89.82	6.21	1.24	0.22	0.24	0.10	0.05	0.93	0.87	8.23	−33.9	−23.9	−23.6	−23.2	−18.4	−182	−152	−141			
苏75−64−5X	P_2x	89.45	6.36	1.26	0.22	0.24	0.08	0.04	0.13	0.93	8.40	−33.5	−24.0	−23.3	−22.8		−183	−154	−144			
苏75−70−5X		90.70	5.19	1.02	0.18	0.18	0.08	0.04	1.48	0.93	6.87	−32.8	−23.6	−23.1	−22.7	−8.3	−180	−153	−155	4.446±0.252	0.032	

续表

井号	层位	天然气组分（%）									$\Sigma(C_2-C_5)/\Sigma(C_1-C_5)$（%）	$\delta^{13}C$（‰, VPDB）					δD（‰, VSMOW）			$^3He/^4He$（10^{-8}）	R/R_a	数据来源
		CH_4	C_2H_6	C_3H_8	iC_4H_{10}	nC_4H_{10}	iC_5H_{12}	nC_5H_{12}	CO_2	N_2		CH_4	C_2H_6	C_3H_8	C_4H_{10}	CO_2	CH_4	C_2H_6	C_3H_8			
苏76-15-18	P_1s, P_2x	85.63	8.18	2.56	0.47	0.64	0.26	0.16	0.41	1.29	12.53	-35.7	-25.3	-24.8	-24.8	-13.0	-189	-151	-152			本文
苏77-2-5	P_2x	89.90	5.53	1.24	0.24	0.27	0.11	0.05	1.46	0.70	7.64	-30.8	-22.7	-23.3	-22.9	-11.4	-178	-155	-149	4.19±0.270	0.036	
苏77-4-6	P_2x	90.95	5.10	1.14	0.21	0.24	0.11	0.05	0.21	0.93	7.00	-33.5	-23.7	-24.7	-23.3	-8.8	-182	-148	-151			
苏77-6-8	P_2x	89.90	5.80	1.24	0.22	0.24	0.09	0.04	0.60	0.79	7.82	-33.6	-23.9	-24.1	-23.5	-13.0	-185	-152	-150	4.687±0.303	0.033	
苏120-42-84	P_1s, P_2x	91.15	4.19	0.79	0.15	0.14	0.08	0.03	2.25	1.04	5.57	-33.0	-23.3	-22.3	-22.9	-7.4	-180	-152	-152			
苏南9-61		88.28	5.49	1.16	0.74	0.23	0.26	0.07	1.47	1.73	8.26	-32.3	-20.4	-17.7	-18.5	-4.0	-174	-148	-140			
昭61		88.98	6.83	1.53	0.31	0.37	0.15	0.07	0.55	0.85	9.43	-33.2	-23.5	-23.3	-23.2	-12.6	-178	-146	-139	4.485±0.269	0.032	
苏1	P_1x	92.24	4.16	0.83	0.18	0.14	0.06	0.03	1.70	0.56	5.53	-34.2	-22.2	-22.1	-21.6					4.4±0.26	0.032	[15, 39]
苏1	P_1x	92.47	4.26	0.86	0.20	0.16	0.08	0.04	1.25	0.51	5.71	-34.4	-22.1	-21.8	-21.6							
苏20	P_2x	92.42	4.82	0.87	0.15	0.16	0.06	0.02	0.66	0.78	6.17	-33.0	-24.4	-24.7	-23.5					3.57±0.16	0.026	
苏36-13	P_1x	90.89	5.26	1.11	0.15	0.20	0.20	0.03	0.47	1.57	7.10	-33.4	-24.7	-24.4	-23.5					3.71±0.22	0.027	
苏40-14	P_1x	90.65	5.57	1.12	0.18	0.18	0.07	0.03	0.59	1.48	7.31	-34.1	-24.0	-24.5	-23.5					3.84±0.23	0.027	
苏14-22-41	P_1s	91.74	4.81	1.25	0.25	0.25	0.09	0.05			6.81	-32.6	-23.6	-23.4	-23.0	-23.0	-193.0~-171.0	-169.0~-171.0				[49]
苏36-10-9	P_1s	92.45	3.52	0.73	0.14	0.14	0.06	0.02			4.75	-34.0	-25.1	-25.7	-24.8		-193.0~-167.0	-167.0~-179.0				
苏36-17-20	P_1s	93.27	3.91	0.74	0.14	0.14	0.05	0.02			5.09	-33.2	-24.4	-24.3	-23.6		-194.0~-165.0	-165.0~-166.0				
苏36-21-4	P_2h_8	93.05	3.99	0.79	0.14	0.14	0.05	0.03			5.23	-32.7	-24.6	-24.9	-23.5		-193.0~-169.0	-169.0~-172.0				
苏36-8-25	P_2h_8	92.57	3.57	0.72	0.16	0.13	0.06	0.02			4.79	-33.2	-24.2	-24.0	-23.6		-191.0~-164.0	-164.0~-163.0				

续表

井号	层位	天然气组分（%）									$\Sigma(C_2—C_5)/\Sigma(C_1—C_5)$（%）	$\delta^{13}C$（‰，VPDB）					δD（‰，VSMOW）			$^3He/^4He$（10^{-8}）	R/R_a	数据来源
		CH_4	C_2H_6	C_3H_8	iC_4H_{10}	nC_4H_{10}	iC_5H_{12}	nC_5H_{12}	CO_2	N_2		CH_4	C_2H_6	C_3H_8	C_4H_{10}	CO_2	CH_4	C_2H_6	C_3H_8			
苏6-01-15	P_2h_8	91.35	3.92	0.88	0.20	0.19	0.08	0.04			5.49	-32.3	-23.7	-24.5	-23.3		-194.0	-167.0	-175.0			[49]
桃2-3-14	P_1s	93.46	4.09	0.69	0.10	0.11	0.03	0.01			5.11	-31.0	-23.5	-23.9	-23.0		-190.0	-162.0	-160.0			
桃2-6-11	P_1s	93.89	4.62	0.77	0.18	0.14	0.06	0.02			5.81	-31.7	-24.3	-24.5	-22.9		-191.0	-166.0	-167.0			
桃2-9-18	P_2h_8	93.69	3.76	0.65	0.11	0.11	0.03	0.02			4.76	-31.7	-24.1	-24.5	-23.2		-195.0	-170.0	-167.0			
桃3-6-10	P_2h_8	94.25	3.31	0.51	0.08	0.09	0.03	0.01			4.10	-31.5	-24.3	-24.9	-23.7		-191.0	-165.0	-169.0			

表 2 涪陵（焦石坝）页岩气田天然气地球化学参数表

井号	层位	天然气组分（%）					$\Sigma(C_2-C_5)/\Sigma(C_1-C_5)(\%)$	$\delta^{13}C$（‰, VPDB）			$^3He/^4He$ (10^{-8})	R/R_a	数据来源
		CH_4	C_2H_6	C_3H_8	CO_2	N_2		CH_4	C_2H_6	C_3H_8			
焦页 1	O_3l, S_1l	98.52	0.67	0.05	0.32	0.43	0.72	−30.1	−35.5		4.851±0.944	0.03	本文
焦页 1−2	O_3l, S_1l	98.80	0.70	0.02	0.13	0.34	0.73	−29.9	−35.9		6.012±0.992	0.04	
焦页 1−3	O_3l, S_1l	98.67	0.72	0.03	0.17	0.41	0.75	−31.8	−35.3				
焦页 4−1	O_3l, S_1l	97.89	0.62	0.02		1.07	0.65	−31.6	−36.2				
焦页 4−2	O_3l, S_1l	98.06	0.57	0.01		1.36	0.59	−32.2	−36.3				
焦页 −2	O_3l, S_1l	98.95	0.63	0.02	0.02	0.39	0.65	−31.1	−35.8		2.870±1.109	0.02	
焦页 7−2	O_3l, S_1l	98.84	0.67	0.03	0.14	0.32	0.70	−30.3	−35.6		5.544±1.035	0.04	
焦页 12−3	O_3l, S_1l	98.87	0.67	0.02	0.00	0.44	0.69	−30.5	−35.1	−38.4			
焦页 12−4	O_3l, S_1l	98.76	0.66	0.02	0.00	0.57	0.68	−30.7	−35.1	−38.7			
焦页 13−1	O_3l, S_1l	98.35	0.60	0.02	0.39	0.64	0.62	−30.2	−35.9	−39.3			
焦页 13−3	O_3l, S_1l	98.57	0.66	0.02	0.25	0.51	0.68	−29.5	−34.7	−37.9			
焦页 20−2	O_3l, S_1l	98.38	0.71	0.02	0.00	0.89	0.74	−29.7	−35.9	−39.1			
焦页 42−1	O_3l, S_1l	98.54	0.68	0.02	0.38	0.38	0.71	−31.0	−36.1	−39.1			
焦页 42−2	O_3l, S_1l	98.89	0.69	0.02	0.00	0.39	0.71	−31.4	−35.8	−39.1			
焦页 1HF	S_1l	97.22	0.55	0.01		2.19	0.56	−30.3	−34.3	−36.4			[9]
	S_1l	98.34	0.68	0.02	0.10	0.84	0.70	−29.6	−34.6	−36.1			
	S_1l	98.34	0.66	0.02	0.12	0.81	0.69	−29.4	−34.4	−36.1			
	S_1l	98.41	0.68	0.02	0.05	0.80	0.71	−30.1	−35.5				

续表

井号	层位	天然气组分(%)					$\Sigma(C_2\text{—}C_5)/\Sigma(C\text{—}C_5)$(%)	$\delta^{13}C$(‰, VPDB)			$^3He/^4He$ (10^{-8})	R/R_a	数据来源
		CH_4	C_2H_6	C_3H_8	CO_2	N_2		CH_4	C_2H_6	C_3H_8			
焦页1HF	S_1^l	98.34	0.68	0.02	0.10	0.84	0.70	-30.6	-34.1	-36.3			[9]
焦页 1-3HF	S_1^l	98.26	0.73	0.02	0.13	0.81	0.77	-29.4	-34.5	-36.3			
	S_1^l	98.23	0.71	0.03	0.12	0.86	0.74	-29.6	-34.7	-35.0			
威201	S_1^l	98.32	0.46	0.01	0.36	0.81	0.48	-36.9	-37.9		3.594	0.03	[12]
威201-H	S_1^l	95.52	0.32	0.01	1.07	2.95	0.34	-35.1	-38.7		3.684	0.03	
威202	S_1^l	99.27	0.68	0.02	0.02	0.01	0.70	-36.9	-42.8	-43.5	2.726	0.02	
宁201-HI	S_1^l	99.12	0.50	0.01	0.04	0.30	0.51	-27.0	-34.3		2.307	0.02	
宁211	S_1^l	98.53	0.32	0.03	0.91	0.17	0.35	-28.4	-33.8	-36.2	1.867	0.03	
召104	S_1^l	99.25	0.52	0.01	0.07	0.15	0.53	-26.7	-31.7	-33.1	1.958	0.01	
YSL1-H1	S_1^l	99.45	0.47	0.01	0.01	0.03	0.48	-27.4	-31.6	-33.2	1.556	0.01	

2.1 天然气中烷烃气占绝对优势

由图 4 和表 1、表 2 可见：两个气田气组分以烷烃气为主，含量在 96% 以上。苏里格致密气田 CH_4、C_2H_6、C_3H_8、C_4H_{10} 平均含量分别为 91.12%、5.05%、1.07% 和 0.42%（图 4a），是湿气；涪陵（焦石坝）气田没有 C_4H_{10}，CH_4、C_2H_6、C_3H_8 平均含量分别为 98.44%、0.66% 和 0.02%（图 4b），是干气。干湿气不同是由各自烃源岩成熟度不同制约。涪陵气田 R_o 为 2.20%～3.13%[11]，焦页 1 井 S_1l R_o 为 2.4%～3.0%[12]。两个气田 CO_2 和 N_2 含量均低，苏里格气田 CO_2 和 N_2 平均含量为 0.98% 和 0.96%，涪陵气田 CO_2 和 N_2 平均含量为 0.12% 和 0.73%。

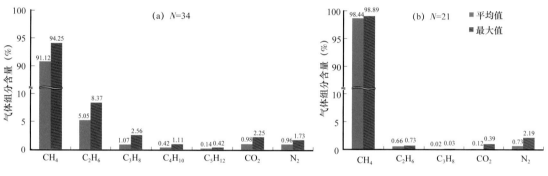

图 4　苏里格气田（a）和焦石坝气田（b）天然气组分图

2.2 烷烃气碳同位素组成

2.2.1 烷烃气碳同位素组合鉴别天然气类型

1992 年戴金星提出、2014 年戴金星等稍为完善的 $\delta^{13}C_1$—$\delta^{13}C_2$—$\delta^{13}C_3$ 鉴别图版[1, 14]，可有效鉴别有机成因各类烷烃气类型。把表 1 和表 2 的各井 $\delta^{13}C_1$ 值、$\delta^{13}C_2$ 值和 $\delta^{13}C_3$ 值投入该图版中（图 5），可见苏里格气田的烷烃气是煤成气，前人[1~3, 5, 6, 15] 从各个角度研究也认为苏里格气田天然气是煤成气。由图 5 可见：涪陵气田烷烃气在油型气范畴的碳同位素倒转区内，故该气田的烷烃气属油型气。有关研究者[8~9, 12, 16] 也持此观点。

Rooney 等[17] 分别研究了尼日尔三角洲和特拉华/瓦韦德盆地Ⅲ型和Ⅱ型干酪根形成甲烷和乙烷碳同位素回归线，Jenden 等[18] 研究了萨克拉门托盆地Ⅲ型干酪根形成甲烷和乙烷碳同位素回归线为有 $\delta^{13}C_1 < \delta^{13}C_2$ 特征（图 6）。把表 1 和表 2 的 $\delta^{13}C_1$ 和 $\delta^{13}C_2$ 值投入图 6 中，可见苏里格气田各相关点是在尼日尔三角洲和萨克拉门把盆地范围内，并且 $\delta^{13}C_1 < \delta^{13}C_2$，故苏里格气田天然气应是煤成气。涪陵气田各相关点不在Ⅱ型和Ⅲ型干酪根形成气范围内，并有 $\delta^{13}C_1 > \delta^{13}C_2$ 特征，因为其天然气是过熟油型气所致。

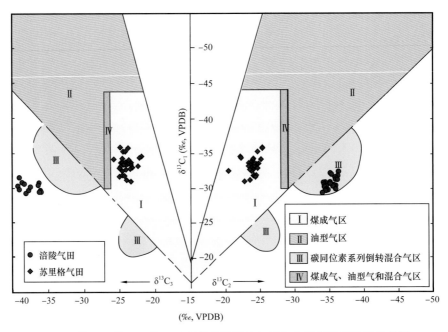

图5 $\delta^{13}C_1$—$\delta^{13}C_2$—$\delta^{13}C_3$图版鉴别苏里格气田和焦石坝气田烷烃气类型

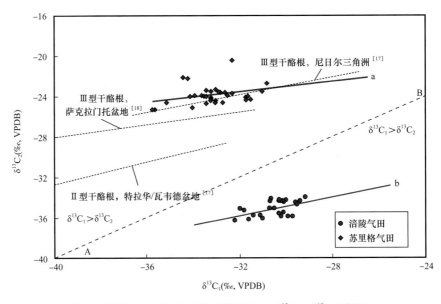

图6 苏里格气田（a）和涪陵气田（b）$\delta^{13}C_1$—$\delta^{13}C_2$对比图

2.2.2 烷烃气碳同位素系列

烷烃气分子随碳数逐增 $\delta^{13}C$ 值渐增者（$\delta^{13}C_1<\delta^{13}C_2<\delta^{13}C_3<\delta^{13}C_4$）称为正碳同位素系列，是原生型有机成因气的特征之一；烷烃气分子随碳素逐增 $\delta^{13}C$ 值递减者（$\delta^{13}C_1>\delta^{13}C_2>\delta^{13}C_3>\delta^{13}C_4$）称为负碳同位素系列；当烷烃气的 $\delta^{13}C$ 值不按正、负碳同位素系列规律，排列出现混乱（$\delta^{13}C_1>\delta^{13}C_2<\delta^{13}C_3<\delta^{13}C_4$，$\delta^{13}C_1<\delta^{13}C_2>\delta^{13}C_3>\delta^{13}C_4$），称为碳同

位素系列倒转或逆转[19, 20]。图 7 为苏里格气田和涪陵气田烷烃气碳同位素系列类型对比图，由图 7（a）可见：苏里格气田除部分井发生小幅度倒转外，基本上为正碳同位素系列。Dai 等[20]和 Dai[19]认为引起倒转有 5 种成因：（1）有机烷烃气和无机烷烃气相混；（2）煤成气和油型气的混合；（3）"同型不同源"气或"同源不同期"气的混合；（4）某一或某些烷烃气组分被细菌氧化和（5）地温增高 150℃以上。由于苏里格气田 R/R_a 为 0.02～0.04，具有壳源氦特征（表 1）；天然气中 C_7 轻烃系统中甲基环戊烷占优势，$C_{5—7}$ 轻烃中富含异构烷烃和环烷烃，说明天然气为煤成气[21]；倒转变轻组分没有相对减小等说明：苏里格气田碳同位素倒转不是由（1）、（2）、（4）等原因引起的，而主要由至少 $K_1—J_3$ 和 $K_2—K_1$ 两期成藏同源不同期气混合所致[1]。涪陵气田则为负碳同位素系列[图 7（b）]，此负碳同位素系列是次生型，是由正碳同位素系列在地温高于 200℃改造而成，与在俄罗斯科拉半岛岩浆岩包裹体中烷烃气等原生型负碳同位素系列（表 3）有别（关于次生型和原生型负碳同位素成因下文将予讨论）。

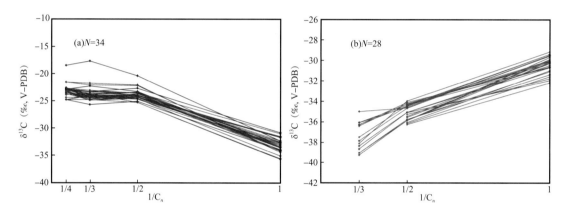

图 7　苏里格气田（a）和涪陵气田（b）正碳同位素系列及次生型负碳同位素系列对比图

表 3　原生型负碳同位素系列

样品位置	$\delta^{13}C$（‰，VPDB）				参考文献
	CH_4	C_2H_6	C_3H_8	C_4H_{10}	
岩浆岩，希比内地块，俄罗斯	−3.2	−9.1	−16.2		[22]
泥火山，黄石公园，美国	−21.5	−26.5			[23]
嵌合体，土耳其	−11.9	−22.9	−23.7		[24]
失落的城市，北大西洋洋中脊	−9.9	−13.3	−14.2	−14.3	[25]
澳大利亚默奇森陨石	9.2	3.7	1.2		[26]

2.3　烷烃气氢同位素系列

烷烃气的氢同位素系列的类型和规律同其碳同位素的相似。烷烃气分子随碳数逐增

δ^2H 值渐增者（$\delta^2H_1 < \delta^2H_2 < \delta^2H_3$）称为正氢同位素系列；而递减者（$\delta^2H_1 > \delta^2H_2 > \delta^2H_3$）称为负氢同位素系列；当烷烃气的 δ^2H 值不按正、负氢同位素系列规律，排列出现混乱者，称为负氢同位素系列倒转或逆转，而是次生气或混合气的一个特征[19, 27]。

由表1可知：苏里格气田山西组、下石盒子组（P_2x）和上石盒子组（P_2sh）煤成气 $\delta^2H_{CH_4}$ 值 $-195‰\sim-172‰$；$\delta^2H_{C_2H_6}$ 值 $-170‰\sim-146‰$；$\delta^2H_{C_3H_8}$ 值 $-179‰\sim-140‰$。由表2可见：涪陵页岩气田五峰组—龙马溪组页岩气 $\delta^2H_{CH_4}$ 值 $-152‰\sim-143‰$，$\delta^2H_{C_2H_6}$ 值 $-224‰\sim-158‰$。

由表1和表2中相关 $\delta^2H_{C_n}$ 值编的图8可知：苏里格气田［图8（a）］除局部氢同位素系列倒转外，整体上为正氢同位素系列，而涪陵页岩气田为负氢同位素系列［图8（b）］。

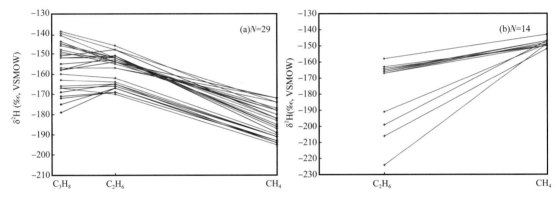

图8　苏里格气田（a）和涪陵页岩气田（b）氢同位素系列类型对比图

2.4　CO_2 的成因

由表1可知：苏里格气田 $\delta^{13}C_{CO_2}$ 值为 $-4.0‰$（Sunan9–61）至 $-18.4‰$（Su53–78–46H），一般值小于 $-8.0‰$，平均值 $-9.9‰$。由表2可知：涪陵气田 $\delta^{13}C_{CO_2}$ 值为 $-1.4‰$（JY1）至 $8.9‰$（JY2），平均值 $4.9‰$。两气田 $\delta^{13}C_{CO_2}$ 平均值相差 $14.8‰$，说明两者成因不同。

众多学者利用 $\delta^{13}C_{CO_2}$ 值对 CO_2 成因做了研究：Shangguan 等[28]指出：变质成因的 $\delta^{13}C_{CO_2}$ 值与沉积碳酸盐岩的 $\delta^{13}C$ 值相近在 $-3‰\sim1‰$，而幔源的 $\delta^{13}C_{CO_2}$ 值平均为 $-8.5‰\sim-5‰$。北京房山下地壳的花岗岩包裹体中 CO_2 的 $\delta^{13}C_{CO_2}$ 值为 $-7.86‰\sim-3.84‰$[29]。Moore 等[30]指出太平洋中脊玄武岩包裹体中 $\delta^{13}C_{CO_2}$ 值为 $-6‰\sim-4.5‰$。沈平等[31]认为无机成因的 $\delta^{13}C_{CO_2} > -7‰$，而有机质分解和细菌活动形成的有机成因的 $\delta^{13}C_{CO_2}$ 值为 $-20‰\sim-10‰$。戴金星等[32]指出：有机成因 $\delta^{13}C_{CO_2}$ 值 $<-10‰$，主要在 $-30‰\sim-10‰$；无机成因 $\delta^{13}C_{CO_2}$ 值 $>-8‰$，主要在 $-8‰\sim3‰$。无机成因 CO_2 中，由碳酸盐岩变质成因 $\delta^{13}C_{CO_2}$ 值为 $0\pm3‰$ 左右；火岩—岩浆成因和幔源 $\delta^{13}C_{CO_2}$ 值大多在 $-6\pm2‰$。戴金星等根据中国不同成因212个和澳大利亚等国各种成因100多个 $\delta^{13}C_{CO_2}$，编制了不同成因 CO_2 鉴别图（图9）。

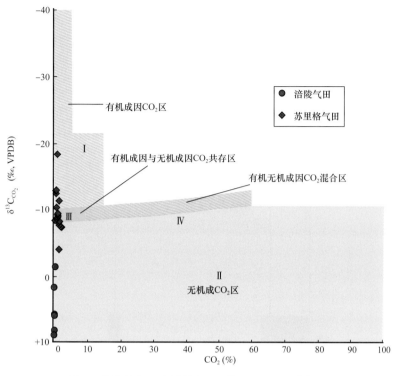

图 9　苏里格气田和涪陵气田 $\delta^{13}C_{CO_2}$ —CO_2 对比图

　　表 1、表 2 中各 $\delta^{13}C_{CO_2}$ 值标入图 9，可见苏里格气田 $\delta^{13}C_{CO_2}$ 值与平均值均具有有机成因 CO_2 的特征，而涪陵页岩气的 $\delta^{13}C_{CO_2}$ 均为无机成因，基本具有碳酸盐矿物热变质 $\delta^{13}C_{CO_2}$ 值 $0\pm3‰$ 无机成因 CO_2 的特征，这是因为该气田的页岩层段脆性矿物中白云石和方解石平均分别占 5.9% 和 3.8%（JY1）[8]，这些矿物在过热阶段（$R_o > 2.2\%$）便产生如下热变质作用而形成无机成因的 CO_2：

$$CaCO_3 \longrightarrow CaO + CO_2$$

$$CaMg（CO_3）_2 \longrightarrow CaO + MgO + 2CO_2$$

2.5　氦的成因

　　氦都是无机成因，其可分为幔源氦和壳源氦两种。一般认为壳源氦的 R/R_a 值为 0.01～0.1[33, 34]。Poreda 等[35] 认为壳源氦 $^3He/^4He$ 平均值为 2×10^{-8}～3×10^{-8}，即 R/R_a 为 0.013～0.021。幔源氦 $^3He/^4He$ 值通常为 1.1×10^{-5}[36]，夏威夷橄榄岩捕房体地幔氦 $^3He/^4He > 10^{-5}$[37]，即 $R/R_a > 7.86$。上地幔氦的 $^3He/^4He$ 正常值为 1.2×10^{-5}，即 R/R_a 为 8.57[33]。White（2015）指出上地幔氦 R/R_a 为 8.8±2.5，下地幔氦 R/R_a 为 5～50。

　　由表 1 可见：鄂尔多斯盆地苏里格气田 R/R_a 值为 0.026～0.036，戴金星等[39] 研究了鄂尔多斯盆地 46 个气样 R/R_a 为 0.022～0.085，苏里格气田 R/R_a 值在该盆地 R/R_a 数域值之内。由表 2 可见：四川盆地涪陵页岩气田 R/R_a 值为 0.02～0.04，倪云燕等[40] 研究了四川盆地 78 个气样 R/R_a 值为 0.002～0.050，涪陵页岩气田在四川盆地 R/R_a 数域值之内。从与以上诸学者关于壳源氦 R/R_a 值对比，苏里格气田和涪陵气田的氦是壳源氦。

表 1 和表 2 中各 R/R_a 和 $\delta^{13}C_{CO_2}$ 相关值投入 $^3He/^4He$（R/R_a）—$\delta^{13}C_{CO_2}$ 图[41]（图 10），也证明苏里格气田和涪陵气田氦均在壳源氦区内的壳源气，同时佐证了涪陵气田的 CO_2 与碳酸盐热变质气有关，而苏里格气田 CO_2 是与沉积物相关的有机成因气。

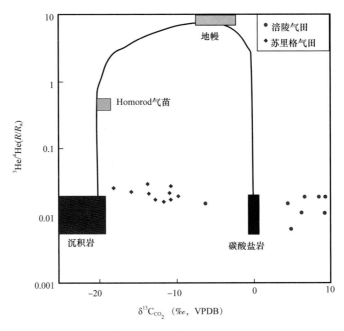

图 10　苏里格气田和涪陵气田 $^3He/^4He$—$\delta^{13}C_{CO_2}$ 对比图（据 Etiople 等，2011，修改）

3　次生型负碳同位素系列的成因讨论

表 3 为原生型负碳同位素天然气，这些天然气发现在岩浆岩、现代火山活动区、大洋中脊和陨石中。岩浆岩、大洋中脊和宇宙陨石中烷烃气是通过 C—C 键的形成而产生的连续多聚物。由于 ^{12}C—^{12}C 键比 ^{12}C—^{13}C 键弱，优先断裂，故 $^{12}CH_4$ 比 $^{13}CH_4$ 更加快速形成烃链，即在聚合反应过程中，^{12}C 将优先进入聚合物形成的长链中，从而使形成烷烃气的碳同位素随着碳数的增加而更加贫 ^{13}C，从而形成了烷烃气原生型负碳同位素系列。

近年世界页岩气勘探开发中，在沉积盆地高过成熟的或低湿度（ΣC_2—$C_5/\Sigma C_1$—C_5，%）的页岩中发现大量负碳同位素系列的页岩气，对其成因观点众说纷纭。总体来看，概括海相页岩气中出现的烷烃气负碳同位素系列是由沉积成因烷烃气正碳同位素系列改造而成的，导致次生的关键是高温，依据如下：

3.1　高过成熟或低湿度海相页岩气中次生型负碳同位素系列

中国四川盆地南部志留系海相龙马溪组页岩气（湿度低于 0.58%），R_o 为 2.2%～4.2%，均有负碳同位素系列特征[1, 12, 14, 42, 43]。美国许多页岩气也发现有负碳同位素系列：例如 Fayetteville 页岩和 Barnett 页岩[44, 45]、Queenston 页岩、Marcellus 页岩[46]、Utica 页岩[47]，尤其是 Fayetteville 页岩气有大量次生型负碳同位素系列，这是因为该页岩的 R_o 为 2%～3%，湿度平均为 1.20%。在西加拿大盆地 Montney 页岩、Doig 页岩和 Horn River 页岩也有次生型负碳同位素系列[48]。综合以上北美成果并利用涪陵页岩气田有关数据（表 2），编制了图 11。

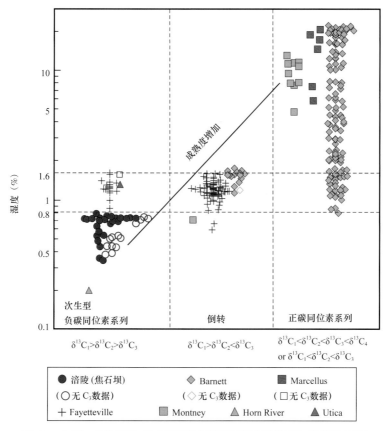

图 11 中国、美国和加拿大页岩气碳同位素系列类型和湿度关系图

从图 11 可知：当湿度大于 1.6%（低熟—成熟），各页岩气具正碳同位素系列，证明较低湿度没有产生次生型负碳同位素系列的条件；当湿度在 0.8%～1.6%，仅有部分 Barnett 页岩出现倒转，这是因为这类页岩进入此演化期"年龄"较短。其余页岩气均为倒转或次生型负碳同位素系列；但当湿度低于 0.8%，各页岩气绝大部分为次生型负碳同位素系列，特别是中国龙马溪页岩气和五峰组—龙马溪组页岩均为次生型负碳同位素系列。湿度大者表示为湿气，R_o 则小；湿度低者表示为干气，R_o 则大，往往为 2.5%。从图 11 得知 Barnett、Montney 和 Doig 页岩则有湿度从大变低整个系列变化，随其变化碳同位素系列从正碳同位素系列→碳同位素倒转→负碳同位素系列，从而充分说明了正碳同位素

系列随着湿度变低出现倒转，而当温度较高为200℃时演变为次生型负碳同位素系列，这种次生型负碳同位素系列则是由正碳同位素系列在地温增加后产生而具次生性，也就是说高地温是次生型负碳同位素系列形成的主要控制因素。

高—过成熟"年龄"长，碳同位素平衡效应充分而能使正碳同位素系列转变为次生型负碳同位素或碳同位素倒转。四川盆地五峰组—龙马溪组页岩高过成熟"年龄"长，前期深埋藏，如焦页1井志留系包裹体均一温度215.4～223.1℃，古埋深7600～10000m[8]，导致次生型负碳同位素发生。

3.2 高过成熟或低湿度煤成气中次生型负碳同位素系列

不仅海相I型干酪根烃源岩页岩气中有从成熟—高熟—过熟使正碳同位素系列演变为次生型负碳同位素系列；而III型干酪根形成的煤成气，也有从成熟—高熟—过熟，同样能使正碳同位素系列演变为次生型负碳同位素系列，例如鄂尔多斯盆地陕北斜坡东部从北向南发现许多大气田（大牛地、神木、米脂、子洲和延安），其气源均为本溪组、太原组和山西组煤系形成的煤成气[1,15,39,42,43,49～51]。气源岩从北向南成熟度从成熟—高熟—过熟。从北向南相关井烷烃气碳同位素系列类型演化图上（图12），显著呈现从北向南成熟度逐渐变大或湿度随之变小，烷烃气从正碳同位素系列演变为次生型负碳同位素系列。北部大牛地气田D11井（R_o为1.5%，湿度为4.29%）为起点至南部延安气田试2井（R_o为2.7%，湿度0.01%）为终点。明显可见，烷烃气从正碳同位素系列演变为负碳同位素系列（图12），再次证明高地温是使正碳同位素系列演变为次生型负碳同位素系列的主控因素。

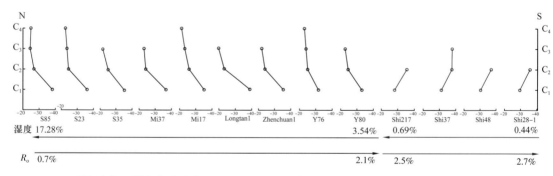

图12　鄂尔多斯盆地东部诸大气田从北向南随R_o增大烷烃气正碳同位素系列演变为次生型负碳同位素系列图

4　结论

苏里格致密砂岩气大气田气源是煤成气，碳氢同位素具有正碳同位素系列和负氢同位素系列，CO_2是有机成因，氦是壳源氦。涪陵页岩气大气田气源是油型气，碳氢同位素为次生型负碳同位素系列和次生型负氢同位素系列，CO_2是碳酸盐矿物热变质的无机成因，氦也是壳源氦。

次生型碳同位素系列是由烷烃气正碳同位素系列在高地温条件下演变的结果，这种烷烃气既可以是页岩气（油型气）也可以是煤成气。

参 考 文 献

［1］Dai J X, Zou C N, Li W, Hu G Y, Li J. Large Coal-derived Gas Fields in China and Their Gas Sources. Science Press, Beijing, 2014a, 28−91, 104−167（in Chinese）.

［2］Dai J X, Ni Y Y, Wu X Q. Tight gas in China and its significance in exploration and exploitation. Petrol. Explor. Dev. 2012, 39: 277−284.

［3］Zou C N, Yang Z, Tao S Z, Yuan X J, Zhu R K, Hou L H, Wu S T, Sun L, Zhang G S, Bai B, Wang L, Gao X H, Pang Z L. Continuous hydrocarbon accumulation over a large area as a distinguishing characteristic of unconventional petroleum : The Ordos Basin, North-Central China. Earth-Sci. Rev. 2013a, 126: 358−369.

［4］Zou C N, Zhu R K, Tao S Z, Hou L H. Unconventional Petroleum Geology. Elsevier, Amsterdam. 2013b.

［5］Yang H, Liu X S. Progress in Paleozoic coal-derived gas exploration in the Ordos Basin, West China. Petrol. Explor. Dev. 2014, 41: 144−152.

［6］Yang H, Fu J H, Liu X S, Meng P L. Accumulation conditions and exploration and development of tight gas in the Upper Paleozoic of the Ordos Basin. Petrol. Explor. Dev. 2012, 39: 315−324.

［7］Zou C N, Tao S Z, Yuan X J, Zhu R K, Dong D Z, Li W, Wang L, Gao X H, Gong Y J, Jia J H, Hou L H, Zhang G Y, Li J Z, Xu C C, Yang H. Global importance of "continuous" petroleum reservoirs : Accumulation, distribution and evaluation. Petrol. Explor. Dev. 2009, 36: 669−682.

［8］Guo T L, Zhang H R. Formation and enrichment mode of Jiaoshiba shale gas field, Sichuan Basin. Petrol. Explor. Dev. 2014, 41: 31−40.

［9］Liu R B. Typical features of the first giant shale gas field in China. Nat. Gas Geosci. 2015, 26: 1488−1498（in Chinese）.

［10］Guo T L, Zeng P. The structural and preservation conditions for shale gas enrichment and high productivity in the Wufeng-Longmaxi Formation, Southeastern Sichuan Basin. Energ. Explor. Exploit. 2015, 33: 259−276.

［11］Zhang X M, Shi W Z, Xu Q H, Wang R, Xu Z, Wang J, Wang C, Yuan Q. Reservoir characteristics and controlling factors of shale gas in Jiaoshiba area, Sichuan Basin. Acta. Petrol. Sin. 2015, 36: 926−939.

［12］Dai J X, Zou C N, Liao S M, Dong D Z, Ni Y Y, Huang J L, Wu W, Gong D Y, Huang S P, Hu G Y. Geochemistry of the extremely high thermal maturity Longmaxi shale gas, southern Sichuan Basin. Org. Geochem, 2014b, 74: 3−12.

〔13〕 Dai J X. Identification and distinction of various alkane gases. Sci. China. Ser. B−Earth. Sci. 1992，35：1246−1257.

〔14〕 Dai J X，Gong D Y，Ni Y Y，Yu C，Wu W. Genetic types of the alkane gases in giant gas fields with proven reserves over $1000 \times 10^8 m^3$ in China. Energ. Explor. Exploit. 2014c，32：1−18.

〔15〕 Dai J X et al. Stable carbon isotope compositions and source rock geochemistry of the giant gas accumulations in the Ordos Basin，China. Org. Geochem.，2005a，36：1617−1635.

〔16〕 Gao B. Geochemical characteristics of shale gas from lower Silurian Longmaxi Formation in the Sichuan Basin and its geological significance. Nat. Gas Geosci. 2015，25：1173−1882（in Chinese）.

〔17〕 Rooney M A，Claypool G E，Chung H M. Modeling thermogenic gas generation using carbon isotope ratios of natural gas hydrocarbons. Chem. Geol. 1995，126：219−232.

〔18〕 Jenden P D，Kaplan I R，Poreda R，Craig H. Origin of nitrogen−rich natural gases in the California Great Valley：Evidence from helium，carbon and nitrogen isotope ratios. Geochim. Cosmochim. Acta. 1988，52：851−861.

〔19〕 Dai J X. Origins of the carbon isotopic reversals of natural gas. Nat. Gas. Ind. 1990a，10：15−20（in Chinese）.

〔20〕 Dai J X，Xia X Y，Qin S F，Zhao J Z. Origins of partially reversed alkane $\delta^{13}C_1$ values for biogenic gases in China. Org. Geochem.，2004，35：405−411.

〔21〕 Hu G Y，Li J，Li Z S，Luo X，Sun Q W，Ma C H. Preliminary study on the origin identification of natural gas by the parameters of light hydrocarbon. Sci. China. Earth. Sci. 2008，51（suppl）：131−139.

〔22〕 Zorikin L M，Starobinets I S，Stadnik E V. Natural Gas Geochemistry of Oil−gas Bearing Basin. Mineral Press，Moscow. 1984.

〔23〕 Des Marais D J，Donchin J H，Nehring N L，Truesdell A H. Molecular carbon isotope evidence for the origin of geothermal hydrocarbon. Nature，1981，292：826−828.

〔24〕 Hosgörmez H. Origin of the natural gas seep of Cirali(Chimera)，Turkey：Site of the first Olympic fire. J. Asian. Earth. Sci. 2007，30：131−141.

〔25〕 Proskurowski G，Lilley M D，Seewald J S，Früh−Green G L，Olson E J，Lupton J E，Sylva S P，Kelley D S. Abiogenic Hydrocarbon Production at Lost City Hydrothermal Field. Science，2008，319：604−607.

〔26〕 Yuen G，Blair N，Des Marais D J. Carbon isotope of low molecular weight hydrocarbon and monocarboxylic acids from Murchison meteorite. Nature，1984，307：252−254.

〔27〕 Dai J X. The characteristics of hydrogen isotopes of paraffinic gas in China. Petrol. Explor. Dev. 1990b，16：27−32（in Chinese）.

〔28〕 Shangguan Z G，Zhang P R. Active Faults in northwestern Yunnan Province，China. Seismic Press，Beijing，1990，162−164（in Chinese）.

［29］ Zheng S C，Huang F S，Jiang C Y，Zheng S H. Oxygen，hydrogen and carbon isotope studies for Fangshan granitic intrusion. Acta. Petrol. Sin. 1987，（3）：13-22（in Chinese）.

［30］ Moore J G，Bachelder N，Cunningham C G. CO_2-filled vesicles in mid-ocean basalt. J. Valcano. Geotherm. Res. 1977，2：309.

［31］ Shen P，Xu Y，Wang X，Liu D，Shen Q，Liu W. Studies on Geochemical Characteristics of Gas Source Rocks and Natural Gas and Mechanism of Genesis of Gas. Gansu Science and Technology Press，Lanzhou，1991，120-121（in Chinese）.

［32］ Dai J X，Song Y，Dai C S，Chen A，Sun M，Liao Y. Conditions Governing the Formation of Abiogenic Gas and Gas Pools in Eastern China. Science Press，Beijing and New York，2000，19-23.

［33］ Wang X B. Geochemistry and Cosmochemistry of Noble Gas Isotope. Science Press，Beijing，（in Chinese）. 1989.

［34］ Xu Y C，Shen P，Liu W H. Noble gas geochemistry. Science Press，Beijing（in Chinese）. 1998.

［35］ Poreda R J，Jenden P D，Kaplan E R. Mantle helium in Sacramento basin natural gas wells. Geochim. et Cosmochitm. Acta. 1986，65：2847-2853.

［36］ Lupton J E. Terrestrial inert gases isotopic trace studies and clubs to primordial components. Annual Review Earth Plants. Science，1983，11：371-414.

［37］ Kaneoka I，Takaoka N. Rare gas isotopes in Hawaiian ultramafic nodules and volcanic rocks，constraint on genetic relationships. Science，1980，208：1266-1268.

［38］ White W. M.，lsotopic Geochemistry. John Wiley & sons Ltd，Chichester，pp. 436-438.

［39］ Dai J X，Li J，Hou L. Characteristics of helium isotopes in the Ordos Basin. Geol J China U. 2005b，11：473-478（in Chinese）.

［40］ Ni Y Y，Dai J X，Tao S Z，Wu X Q，Liao F R，Wu W，Zhang D J. Helium signatures of gases from the Sichuan Basin，China. Org. Geochem.，2014，74：33-43.

［41］ Etiope G，Baciu C L，Schoell M. Extreme methane deuterium，nitrogen and helium enrichment in natural gas from the Homorod seep（Romania）. Chem. Geol. 2011，280：89-96.

［42］ Dai J X，Ni Y Y，Hu G Y，Huang S P，Liao F R，Yu C，Gong D Y，Wu W. Stable carbon and hydrogen isotopes of gases from the large tight gas fields in China. Sci. China. Earth. Sci. 2014d，57：88-103.

［43］ Dai J X，Ni Y Y，Huang S P，Liao F R，Yu C，Gong D Y，Wu W. Significance of coal-derived gas study for the development of natural gas industry in China. Nat. Gas Geosci. 2014e，25：1-22（in Chinese）.

［44］ Zumberge J，Ferworn K，Brown S. Isotopic reversal（'rollover'）in shale gases produced from the Mississippian Barnett and Fayetteville formations. Mar. Petrol. Geol.，2012，31：43-52.

［45］ Rodriguez N D，Philp R P. Geochemical characterization of gases from the Mississippian Barnett Shale，Fort Worth Basin，Texas. AAPG Bull. 2010，94：1641-1656.

[46] Jenden P D, Draza D J, Kaplan I R. Mixing of thermogenic natural gas in northern Appalachian basin. AAPG Bull. 1993, 77: 980–998.

[47] Burruss R C, Laughrey C D. Carbon and hydrogen isotopic reversals in deep basin gas: evidence for limits to the stability of hydrocarbons. Org. Geochem., 2010, 41: 1285–1296.

[48] Tilley B, Muehlenbachs K. Isotope reversals and universal stages and trends of gas maturation in sealed, self-contained petroleum systems. Chem. Geol. 2013, 339: 194–204.

[49] Li J, Li Z, Wang D, Gong S, Zhang Y, Cui H, Hao A, Ma C, Sun Q. The hydrogen isotopic characteristics of the Upper Paleozoic natural gas in Ordos Basin. Org. Geochem., 2014, 74: 66–75.

[50] Zhao J, Zhang W, Li J, Cao Q, Fan Y. Genesis of tight sand gas in the Ordos Basin, China. Org. Geochem., 2014, 74: 76–84.

[51] Huang S, Fang X, Liu D, Fang C, Huang T. Natural gas genesis and sources in the Zizhou gas field, Ordos Basin, China. International Journal of Coal Geology. 2015, 152 (Part A): 132–143.

中国页岩气地质和地球化学研究的若干问题 ❶

"页岩气革命"源于美国，有两大创新：其一在理论上，勘探开发天然气从储层移师至页（泥）岩气源岩；其二在经济上，美国从天然气进口国跃变为出口天然气的产气大国，页岩气成为产量之冠。

2018年美国页岩气产量为 $6244 \times 10^8 m^3$ [1]，占该国天然气总产量的64.71%。页岩气储量占该国天然气总储量的67.92%。美国目前稳坐世界天然气产量皇冠，主要一是页岩气产量不断提高，如2008年年产 $599 \times 10^8 m^3$，2018年年产是2008年的10.4倍；二是页岩气剩余可采储量不断上升而丰富，2018年达 $9.6883 \times 10^{12} m^3$ [1]；三是经济页岩气层组（具有商业开采价值、储量和面积的页岩气地层）多及其展布盆地多：美国在29个盆地古生界—中生界发现至少30套经济页岩气层组，倚仗以上有利条件为美国页岩气大突破奠定基础。美国页岩气取得巨大成果，是近两个世纪来勘探上不断探索，研究上不断深入，开发上不断突破的结果。美国页岩气发展经历了 [2]：（1）1821—1978年，偶然发现阶段；（2）1978—2003年，认识创新与技术突破阶段；（3）2003—2006年，水平井与水力压裂技术推广应用阶段（大发展阶段）；（4）2007至今：全球化发展阶段。

中国页岩气勘探和开发经历时间仅有美国约十分之一，可分三个阶段：（1）2003—2008年，学习借鉴阶段；（2）2009—2012年，选区评价与探井实施阶段；（3）2013至今，规模建产阶段 [3]。尽管中国页岩气勘探开发史短，但也取得重大进展：至2018年底中国累计探明页岩气地质储量 $10455.67 \times 10^8 m^3$，占全国天然气总地质储量6.9%；2018年产页岩气 $108.8 \times 10^8 m^3$，占全国产气总量6.8%。随着时间进展，中国页岩气在全国天然气储量和产量中比例将逐渐上升。

为了促进中国页岩气的更大发展，本文拟通过对中美在页岩气勘探开发对比分析，从地质和地球化学研究角度探讨中国页岩气勘探开发中亟待解决的若干科学问题，借他山之石为我所用。

1 中国要突破当前单一的经济页岩气层组

1.1 中国经济页岩气层组及其盆地单一

中国目前仅在四川盆地及毗邻南缘地区发现一个经济页岩气层组（五峰组—龙马溪

❶ 原载于《天然气地球科学》，2020，31（6）：1-16，作者还有董大忠、倪云燕、洪峰、张素荣、张延玲、丁麟。

组）（图1），若要使页岩气在中国天然气工业中发挥更大作用，必须在我国更多盆地寻找和发现更多经济页岩气层组。中国有在更多盆地（图2）发现更多经济页岩气层组（表1）的有利地质条件。由图1和表1可见：四川盆地及紧邻南缘及东南缘发现并探明储量、面积和产量的五峰组—龙马溪组经济页岩气层组，同时还有在海相筇竹寺组和陡山沱组等、海陆过渡相梁山组—龙潭组、陆相须家河组和自流井组等页岩探井中发现页岩气显示。威5井筇竹寺组页岩产气 $2.46 \times 10^4 m^3/d$[4]；新页2井在须家河组五段页岩中产气 $4811 m^3/d$[5]；在四川盆地之东宜昌地区陡山沱组页岩产气为 $5.53 \times 10^4 m^3/d$（鄂阳页2HF井）、牛蹄塘组产气为 $7.84 \times 10^4 m^3/d$（鄂阳页1HF井）[6]。这些踪迹显示四川盆地南东缘是中国突破单一经济页岩气层组及盆地的有利地区。由图2和表1可见，中国多富有机质海相、海陆交互相和陆相页岩分布广泛，地质上展布年代长（从古近纪至元古宙的12个系），多达43层组。因此，为勘探突破单一经济页岩气层组及其盆地提供了优良的地质条件。

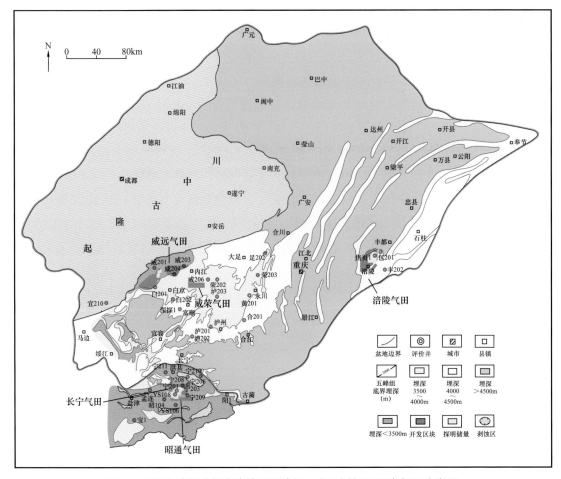

图1　四川盆地和毗邻南缘地区五峰组—龙马溪组及页岩气田分布图

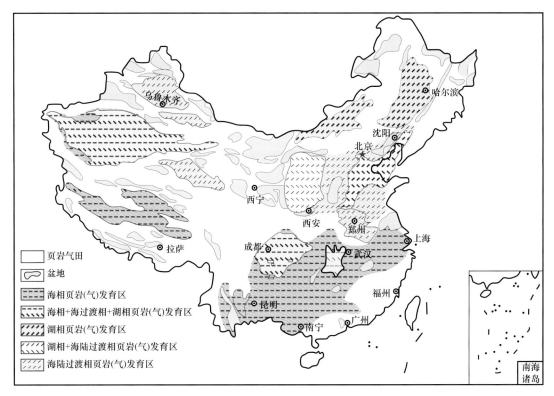

图 2　中国主要富有机质黑色页岩分布图

图例：
- 页岩气田
- 盆地
- 海相页岩(气)发育区
- 海相+海过渡相+湖相页岩(气)发育区
- 湖相页岩(气)发育区
- 湖相+海陆过渡相页岩(气)发育区
- 海陆过渡相页岩(气)发育区

1.2　美国多经济页岩气层组及其盆地保障了世界产气皇冠

图 3 展示了美国主要多经济页岩气层组及其盆地[7]：美国在 29 个盆地发现至少 30 套经济页岩气层组。美国经济页岩气层组有如下特点：（1）分布在古生界和中生界 7 个系（$\in$、O、D、C、P、J、K）海相地层中；（2）除阿巴拉契亚盆地和福特沃斯盆地外，经济页岩气层组仅分布在盆地的部分地区；（3）储量大、产量高的、或地质资源量和可采资源量大的经济页岩气层组分布美国中部和东部的前陆盆地和克拉通盆地中[8]（表 2），科迪勒拉山脉中众多裂谷型盆地中经济页岩气层组则页岩气储量小产量相对低。以 2018 年为例中部和东部 8 个盆地 9 个经济页岩气层组总剩余可采储量 $9.5655 \times 10^{12} m^3$，年共产页岩气 $6144 \times 10^8 m^3$（表 3），分别占美国页岩气总可采储量和总年产量 98.73% 和 98.40%；（4）一般一个盆地发现 1 或 2 个经济页岩气层系，但面积大的盆地如阿巴拉契亚盆地发现至少 4 个（Marcellus、Uitca、Ohio、Antrim）（图 3）。其中 Marcellus 是美国目前储量最大年产量最高的经济页岩气层组（表 3）；Antrim 是美国最早开发的页岩，19 世纪 30 年代就开始开发，在 1980 年早期就有 10000 口井，年产（30～40）$\times 10^8 m^3$[2]；（5）与常规超大型气田相似，超大型经济页岩气层组对一个国家天然气工业具有重大意义[10]。常规大气田根据储量分为大型 [（300～<1000）$\times 10^8 m^3$]、特大型 [（0.1～1.0）$\times 10^{12} m^3$] 和超大型（$1.0 \times 10^{12} m^3$ 以上）。目前未见根据储量对经济页岩气层组的分类，作

表1 中国主要盆地或地区重要页岩和经济页岩气层组有关参数表

沉积类型	盆地或地区	页岩名称	时代	面积 (km²)	厚度 (m)	TOC (%) 区间	有机质类型	热成熟度 R_o (%)
海相	华北地区	平凉组	O_2p	15000	50~392.4	0.10~2.17	I—II	0.57~1.5
		洪水庄组	Pt_3jx	>20000	40~100	0.95~12.83	I	1.10
		下马岭组	Pt_3jx	>20000	50~170	0.85~24.30	I	0.60~1.65
	四川盆地及南方地区	旧司组	C_1j	97125	50~500	0.61~15.90	I—II	1.34~2.22
		应堂—罗富组	$D_{2-3}y\text{-}l$	236355	50~1113	0.53~12.10	I—II	0.99~2.03
		五峰组—龙马溪组	$O_3w\text{—}S_1l$	389840	23~847	0.41~25.73	I—II	1.60~4.91
		筇竹寺组	ϵ_1q	873555	20~465	0.35~22.15	I	1.28~5.20
		陡山沱组	Z_2d	290325	10~233	0.58~12.00	I	2.00~4.50
	塔里木盆地	印干组	O_3y	99178	0~120	0.50~4.40	I—II	0.80~3.40
		萨尔干组	$O_{2-3}s$	101125	0~160	0.61~4.65	I—II	1.20~4.60
		玉尔吐斯组	ϵ_1y	13020	0~200	0.50~14.21	I—II	1.20~5.00
	羌塘盆地	布曲组	J_2b	79830	25~400	0.30~9.83	III	1.79~2.40
		夏里组	J_2x	114200	78~713	0.13~26.12	II	0.69~2.03
		肖茶卡组	T_3x	141960	100~747	0.11~13.45	II	1.13~5.35
海陆过渡相	四川盆地	梁山—龙潭	$P_1l\text{—}P_2l$	18900	20~170	0.50~12.55	III	1.80~3.00
	滇东—鄂西	龙潭组	P_2l	132000	20~200	0.35~6.50	III	2.00~3.00
	中—下扬子	龙潭组	P_2l	65700	20~600	0.10~12.00	III	1.30~3.00
	华南	龙潭组	P_2l	84400	50~600	0.10~10.00	III	2.00~4.00

续表

沉积类型	盆地或地区	页岩名称	时代	面积（km²）	厚度（m）	TOC（%）区间	有机质类型	热成熟度 R_o（%）
海陆过渡相	鄂尔多斯盆地	山西组	P_2sh	250000	30~180	0.50~31.00	Ⅲ	0.60~3.00
		太原组	P_1t	250000	30~180	0.50~36.79	Ⅲ	0.60~3.00
		本溪组	C_2b	250000	30~180	0.50~25.00	Ⅲ	0.60~3.00
	渤海湾盆地	二叠系	P	200000	20~160	0.50~3.00	Ⅲ	0.50~2.60
		石炭系	C	200000	20~180	0.50~3.00	Ⅲ	0.50~2.80
陆相	准噶尔盆地	滴水泉—巴山组	$C_1d—C_2b$	50000	120~300	0.17~26.76	Ⅲ	1.6~2.626
	松辽盆地	青一段	K_1q_1	184673	50~500	0.40~4.50	Ⅰ—Ⅱ	0.50~1.50
		青二三段	K_1q_{23}	164538	25~360	0.20~1.80	Ⅱ	0.50~1.40
	渤海湾盆地	沙一段	E_3s_1	8816	50~250	0.80~27.30	$Ⅱ_2$	0.70~1.80
		沙三段	E_3s_3	8874	10~600	0.50~13.80	Ⅰ—$Ⅱ_1$	0.40~2.00
		沙四段	E_3s_4	7911	10~400	0.80~16.70	$Ⅱ_1$	0.60~3.00
	四川盆地	须家河组	T_3x_1	41800	50~300	1.00~4.00	Ⅲ+$Ⅱ_2$	1.60~3.60
			T_3x_3	45000	20~100	1.50~8.00	Ⅲ	1.20~3.60
			T_3x_5	63900	10~200	1.00~9.00	Ⅲ	1.20~3.30
		自流井组	$J_{1-2}zh$	90000	40~180	0.80~2.00	Ⅰ—$Ⅱ_1$	0.60~1.60
	鄂尔多斯盆地	长7	T_3ch_7	37000	10~45	0.30~36.22	Ⅰ—$Ⅱ_1$	0.60~1.16
		长9	T_3ch_9	14000	10~15	0.36~11.30	Ⅰ—$Ⅱ_1$	0.90~1.30
	吐哈盆地	西山窑组	J_2x	18870	100~600	0.50~20.00	Ⅲ	0.40~1.6
		八道湾组+三工河组	J_1b-s	20050	100~600	0.50~20.00	Ⅲ	0.50~1.80

续表

沉积类型	盆地或地区	页岩名称	时代	面积（km²）	厚度（m）	TOC（%）区间	有机质类型	热成熟度 R_o（%）
陆相	塔里木盆地	克孜勒努尔组	J_2k	130480	50～700	1.90～15.86	Ⅲ	0.60～1.60
		阳霞组	J_1y	83400	40～120	2.50～20.00	Ⅲ	0.40～1.60
		塔里奇克组	T_3t	125500	100～600	15.50～23.70	Ⅲ	—
		黄山街组	T_3h	133450	200～550	1.00～30.00	Ⅲ	0.60～2.80
	准噶尔盆地	西山窑组	J_2x	90500	25～250	0.50～20.00	Ⅲ	0.50～2.30
		三工河组	J_1s	93430	25～240	0.50～31.00	Ⅲ	0.50～2.40
		八道湾组	J_1b	97100	50～350	0.60～35.00	Ⅲ	0.50～2.50
		乌尔禾组	$P_{2-3}w$	63400	50～450	0.70～12.08	Ⅰ—Ⅱ₁	0.80～1.00
		夏子街组	P_2x	57200	50～150	0.41～10.80	Ⅰ—Ⅱ₁	0.56～1.31
		风城组	P_1f	31800	50～300	0.47～21.00	Ⅰ—Ⅱ₁	0.54～1.41

表 2 美国中、东部主要盆地经济页岩气层组相关参数

盆地	经济页岩气层组	时代	面积（10^4 km²）	深度（m）	净厚度（m）	TOC（%）	有机质类型	R_o（%）	2018年产气（10^8 m³）[1, 8, 9]
阿巴拉契亚	Ohio	D3	4.14	600~1500	9~30	0~4.7	I—II	0.4~1.3	34（1999年）
	Marcellus	D2	2.5	914~4511	15~61	3.0~12.0	II、III	1.5~3.0	2152
	Utica	O3	1.3	2500	30~50	2.5	II	2.2651	651
二叠	Wolfcamp	P	17.4	2500~3000	60~2150	2.0~9.0	I、II1	0.7~1.5	934
阿科马	Fayetteville	C1	2.3	457~2591	6~61	4.0~9.8	I、II1	1.2~4.5	142
	Woodford	D3	1.2	1220~4270	37~67	1.0~14.0	I、II1	1.1~3.0	368
福特沃斯	Barnett	C1	1.7	1981~2591	15~60	2.0~6.0	II1	1.1~2.1	340
路易斯安那	Haynesville	J	2.3	3048~4511	61~91	0.7~6.2	I、II1	2.2~3.2	736
西湾	Eagle Ford	K2	0.3	1220~4270	61	4.3	II	0.5~2.0	566
阿纳达科	Woodford	D3	0.18	3500~4420	60	4.0~7.0	II	1.1~3.5	375
密执安	Antrim	D1	0.3	183~671	21~37	1.0~2.0	I	0.4~0.6	22
伊利诺斯	New Albany	D3—C1	11.13	180~1500	30~122	1.0~25.0	II	0.4~0.8	8.5(2011年)
威利斯顿	Bakken	D3—C1	1.69	1370~2290	20~50	10.0~20.0	II	0.7~1.3	243

表3 美国主要经济页岩气气层组及其盆地近五年来页岩气年产量和储量（单位：$10^{12}m^3$）[1, 9]

盆地	经济页岩气气层组	2014 产量	2014 储量	2015 产量	2015 储量	2016 产量	2016 储量	2017 产量	2017 储量	2018 产量	2018 储量
阿巴拉契亚	Marcellus	0.1388	2.3928	0.1642	2.0586	0.1784	2.3814	0.1954	3.5056	0.2152	3.8256
福特沃斯	Barnett	0.0517	0.6888	0.0453	0.4820	0.0396	0.4757	0.0340	0.5437	0.0340	0.4870
西湾	Eagle Ford	0.0533	0.6698	0.0623	0.5558	0.0595	0.6428	0.0538	0.7759	0.0566	0.8722
得克萨斯—路易斯安那盐盆	Haynesville/Bossier	0.0396	0.4701	0.0396	0.3626	0.0425	0.3681	0.0510	1.0166	0.0736	1.2658
阿科马—阿纳达科	Woodford	0.0240	0.4700	0.0283	0.5260	0.0311	0.5720	0.0368	0.6371	0.0368	0.6060
阿科马	Fayetteville	0.0293	0.3307	0.0261	0.2022	0.0198	0.1784	0.0170	0.2010	0.0142	0.1699
阿巴拉契亚	Utica/Pt.Pleasant	0.0125	0.1808	0.0283	0.3520	0.0400	0.4389	0.0481	0.7504	0.0651	0.6768
二叠	Wolfcamp,Cline			0.0085	0.0857	0.0481	0.5409	0.0623	0.9033	0.0934	1.3224
威利斯顿	Bakken/Three For							0.0198	0.2888	0.0255	0.3398
小计		0.3492	5.2030	0.4026	4.6249	0.4590	5.5982	0.5182	8.6224	0.6144	9.5655
其他页岩气		0.0315	0.4515	0.0281	0.3475	0.0223	0.3426	0.0082	0.0964	0.0100	0.1228
美国所有页岩气		0.3807	5.6545	0.4307	4.9724	0.4813	5.9408	0.5264	8.7188	0.6244	9.6883

者在此采取类比法按储量级别，把经济页岩气层组也划分为对应大型、特大型和超大型。例如 Marcellus、Haynesville 和 Wolfcamp 都是超大型经济页岩气层组，对美国页岩气生产具有举足轻重的作用（表 3）。

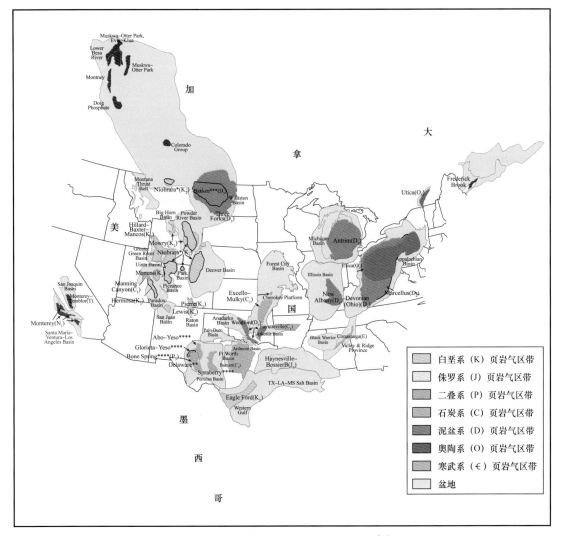

图 3　美国主要页岩气盆地气田分布图[7]

1.3　中美经济页岩气层组对比研究及其启示

1.3.1　经济页岩气层组仅分布部分盆地中

目前美国发现经济页岩气盆地 29 个，占该国面积≥35000km² 的 31 个沉积盆地[11] 的 93.5%，盆地发现经济页岩气层组率为 90.3%。中国有面积≥35000km² 的沉积盆地 16 个[11]，目前仅发现经济页岩气盆地 1 个（四川盆地），盆地发现经济页岩气层组率 6.3%。因此，中国在沉积盆地发现经济页岩气盆地潜力大，今后可发现一批经济页岩气层组。

1.3.2 储量大产量高的经济页岩气层组分布在构造稳定的或相对稳定的大盆地

由图 3、表 2 与上述文可知：美国储量大产量高的经济页岩气层组在构造稳定或相对稳定的大盆地中，例如：阿巴拉契亚盆地、二叠盆地、TX–La Salt 盆地等。因此，中国四川盆地、塔里木盆地、鄂尔多斯盆地和准噶尔盆地有利发育和勘探储量大产量高的经济页岩气层组。

1.3.3 勘探研究超大型经济页岩气层组是主攻大目标

美国 Marcellus、Wolfcamp 和 Haynesville 是超大型经济页岩气层组（表 3），是美国页岩气产、储量的骄子。中国五峰组—龙马溪组有超大型经济页岩气层组预兆，中国今后争取探明几个超大型经济页岩气层组是目标，这样才能使页岩气成为中国天然气工业重要支柱之一。

2 经济页岩气层组的 R_o（%）区间值

2.1 页岩气田 R_o 及其经济页岩气层组 R_o 的关系

中国仅有五峰组—龙马溪组一个经济页岩气层组，该层组井下的 R_o 最小的为 1.6%（黔浅 1 井）[12]，最大的为 4.91%，而盆地外露头区最小值为 1.28%[13]，区间值为 3.31%。在五峰组—龙马溪组中至 2019 年底共发现 4 个气田（涪陵、长宁—昭通、威远和威荣）R_o 从 2.1%～4.44%（表 4、图 4），均是过熟阶段的裂解气[14、15]。由上可见：页岩气田 R_o 只是该经济页岩气层组 R_o 区间值中的段之值可称为气田段值。

表 4　五峰组—龙马溪组页岩气田相关井 R_o 值表

气田	地质储量（$10^8 m^3$）	井号	井深（m）	R_o（%）	气田	地质储量（$10^8 m^3$）	井号	井深（m）	R_o（%）
长宁—昭通	1361.8	宁 211	2313～2341	3.2	威远		威 202	2591	2.4
		宁 201	2463.1～2500	3.15～3.62			威 204	3519.3～3536	2.4～2.5
		宁 203	2130～2400	3.15～3.24			自 201	3659.3～3671	2.1～2.2
		昭 101	1700～1760	4.08～4.44	涪陵	6008.14	自 202	3628.3～3648	22.3～2.4
		昭 104	2035～2037	3.4			焦页 1	2408～2416	2.9
		昭 104	2117.5	3.3			焦页 8—2	2622	3.1
		YSL1-1H	2002～2028	3.2			焦页 4	2609.35	3.85
		YS109	2180～2210	2.18～3.8			焦页 1	2395～2535.3	2.57～3.78
威远	1838.95	威 201	1520～1523	2.1			焦页 1	2370～2416	2.20～3.06

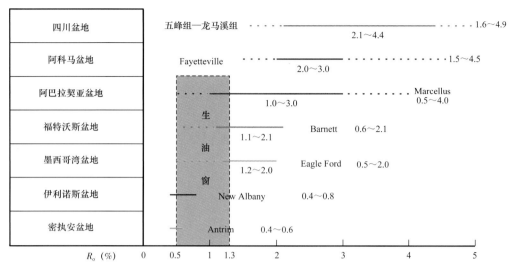

图 4　中国和美国主要经济页岩气层组及其气田 R_o（%）对比图

美国热成因页岩气田（区）的 R_o 值也是该经济页岩气层组区间值中的段值（图 4），例如：阿科马盆地 Fayetteville 页岩 R_o 的区间值为 1.5%～4.5%（表 2、图 4），页岩气田段值为 2.0%～3.0%[16]，阿巴契亚盆地 Marcellus 页岩的 R_o 区间值为 0.5%～4.0%，其有两个页岩气核心区：在盆地西南部核心区，段值 1.0%～2.0%，东部为干气，而西部是干气—凝析油气；在盆地东北部段值 2.0%～3.0%，产干气[8、17]。Marcellus 页岩的 R_o 为 0.5%～1.0% 区则产油。福特沃斯盆地 Barnett 和西墨西哥湾盆地 Eagle Ford 中页岩气田（核心区）的段值也均是上述两项经济页岩气层组 R_o 区间值中（图 4）。但未熟阶段生物气型页岩气，不属热成因气，是生物化学成因气，经济页岩气层组（Antrim 和 New Albany）R_o 区间值小[18]，不具热成因页岩气 R_o 区间值和气田 R_o 段值的关系（图 4）。

2.2　腐泥型页岩生油窗高阶段内的页岩气

腐泥型烃源岩生油窗系指液态烃能够大量生成并保存区间，其 R_o 值上、下限一般确定为 0.5%～1.3%[19、20]。当 R_o 达到 1.3%～2.0%，烃源岩进入湿气—凝析油阶段，此时液态烃生成量降低，而气态烃的生成量则迅速增加[20]，烃源岩处于成气阶段。以上说明腐泥型烃源岩形成热解气为主阶段在生油窗之后即 $R_o \geqslant 1.3%$ 时期。

但美国一些页岩气发现 $R_o < 1.3%$ 之前"生油窗"的高阶段。图 5[21]为福特沃斯盆地 Barnett 页岩组油、气井分布与 R_o 关系图。从图 5 可知：R_o 在 1.1%～1.3% 传统生油窗高阶段发现页岩气井为主，R_o 为 0.6%～1.1% 的 Barnett 页岩处于生油窗而生油，湿气在 R_o 为 1.1%～1.4% 区域，干气在 $R_o > 1.4%$ 的区域。Zumberge 等认为 Barnett 页岩产气区 R_o 为 1.0%～2.0% 区域[16]，也就是说 R_o 为 1.0% 就生成页岩气了。Marcellus 页岩 R_o 为 1.0% 区域也产页岩气了[8、17]、Eagle Ford 页岩 R_o 为 1.2% 地区也产页岩气了。西加拿大盆地富有机质的 Davernay 组，R_o 从 1.01%～1.20% 产湿气和凝析油气，R_o 从 1.21%～2.00%

产干气型页岩气[8]。以上说明在北美地区经济页岩气层组在"生油窗"高阶段即 R_o 从 1.0%～1.3% 产页岩气有一定的规模。关于生油窗 R_o 上限降低而成为页岩气成气区的原因，未见有关研究，这应是个重要研究课题，可能和页岩沉积相和有机组分多种综合因素相关。作者推测 Barnett 页岩有机组分以腐泥型为主，但含相对较高的 5% 腐殖组可能是其原因之一，由于腐殖组成烃以气为主以油为辅而没有生油窗[22, 23]，含一定量腐殖组的腐泥型源岩会使生油窗 R_o 下限值变小。

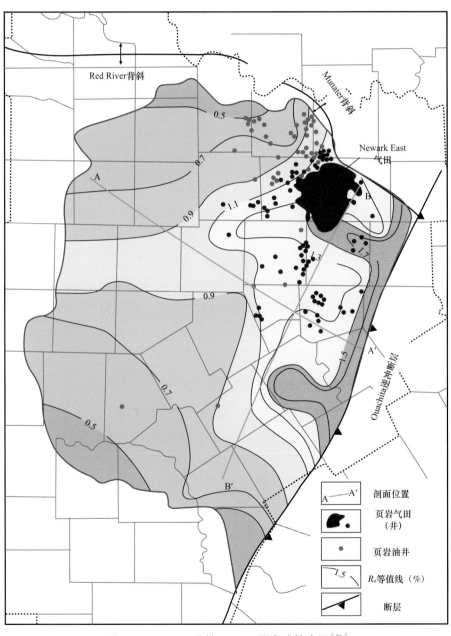

图 5　Fort Worth 盆地 Barnett 页岩成熟度图[21]

2.3 中美页岩气 R_o（%）对比研究及其启示

2.3.1 中美页岩气田 R_o（%）及中国有利勘探区

由表1、表2和图4可见：中国仅有五峰组—龙马溪组一个经济页岩气层组，其 R_o 区间值3.31%，气田 R_o 段值为2.34%，页岩气为过熟裂解干气；美国至少有30个经济页岩气层组，从表2和图4几个重要经济页岩气层组 R_o 从0.4%（Antrim 和 New Albany）至4.5%（Fayetteville），区间值为4.1%。美国页岩气田 R_o 段值一为0.4%～0.8%，区间值为0.4% R_o，以生物化学成因气为主，即为生物气和过渡带气；二为1.0%～4.5%，区间值为3.5% R_o，为热解气和裂解气。由上分析对比可见：中国 R_o 区间值和段值小，气的类型少，仅有过成熟裂解气；而美国 R_o 区间值和段值大，气的类型多，有生物气、热解的湿气、裂解的干气。中国要发挥页岩气在天然气工业上的更大作用，必须勘探扩大经济页岩气层组 R_o 区间值和气田 R_o 段值；要勘探突破生物气型和热解湿气型页岩气。

柴达木盆地三湖坳陷第四纪涩北组 R_o 为0.25%～0.47%，暗色泥岩平均累积厚度达1000m，有利生气范围近15000km^2，其中最有利生气范围约4500km^2，总生气量680661×10^{8}m^3。由于涩北组构造不发育，仅在坳陷北部台南、涩北一号、二号发育低缓背斜探明生物气型大气田[24, 25]。此外，广布的涩北组无圈闭而产状平缓，故涩北组源岩成气后难于运移聚集而是找生物气型页岩气十分有利地区。渤中坳陷强烈气测异常的高压东营组泥页岩预测是低熟型页岩气的有利层组。

从经济页岩气层组 R_o 区间值和气田的 R_o 段值分析，表1中我国重要页岩中平凉组、旧司组、应堂—罗富组、筇竹寺组、印干组、萨尔干组、玉尔吐斯组、肖茶卡组和风城组，是有利勘探湿气型和干气型页岩气层组。

2.3.2 在中国生油窗高阶期勘探页岩气的探讨

陆相成油是中国石油地质一个重要特点。中国陆相泥页岩成熟度低（R_o 值为0.4%～1.3%）[26]，主要处于生油窗阶段，如表1中松辽盆地青一段、青二、三段，渤海湾盆地沙一、二、三段，鄂尔多斯盆地长7、长9段，准噶尔盆地夏子街组和风城组，从 R_o 分析这些重要泥页岩正处于生油窗期或稍跨入生气期。如果按北美页岩气在 R_o 从1.0%～1.3% 也可探明页岩气，上述这些重要泥页岩勘探页岩气领域就扩大了，这是值得重视的。例如鄂尔多斯盆地长7段目前已探明页岩油大油田了，如果 R_o1.0%～1.3%（图6）[27] 可找页岩气的话，也将可探明相当量页岩气。松辽盆地青一段、青二、三段（表1）的生油窗高阶段也可能是页岩气有利区。

2.4 勘探研究煤系经济页岩气层组

至今世界上发现和开发页岩气田都在腐泥型经济页岩气层组中。综上所述及由图4可见页岩气田既在热演化 R_o 从1.0%～4.4%，也在生物地球化学作用期。煤系或腐殖型泥页岩成烃以气为主以油为辅[22, 23, 28~30]，在热演化中没有生油窗，也就是说 R_o 从 0.5%~1.3% 也处于生气窗中，同时生物化学作用期也生气，所以煤系暗色泥页岩是"全天候"气源岩，是勘探发现煤系经济页岩气层组及其气田有利地区，但至今世界上未发现这种类型经济页岩气层组。我国目前煤成气是探明储量和产量最多气种[28]，所以我国煤系中泥页岩是好的气源岩，故具有勘探发现煤系经济页岩气层组及其气田优越条件。从表1可见：龙潭组、山西组、太原组、本溪组、滴水泉—巴山组、须家河组、西山窑组、八道湾组、三工河组、克孜勒努尔组、阳霞组、塔里奇克组、黄山街组均是发现煤系经济页岩气层组有利目标。上述一些组在鄂页1井、云页1井和SMO–5井分别获得 $1.95 \times 10^4 m^3/d$、$2.00 \times 10^4 m^3/d$ 和 $0.67 \times 10^4 m^3/d$ 的页岩气流，牟页1井获得 $1256 m^3/d$ 稳定页岩气流[31]，表征了中国将有煤系经济页岩气层组的预兆。

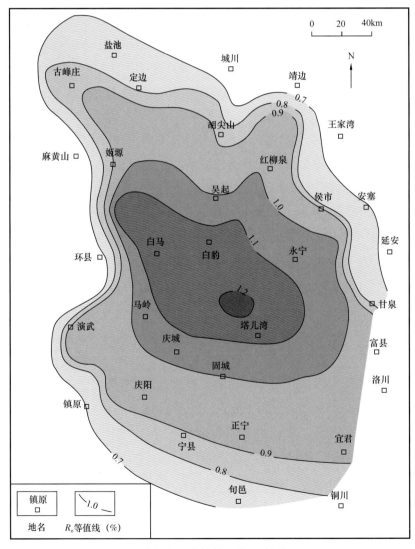

图6 鄂尔多斯盆地长7段 R_o 等值线图

3 世界第一个开发页岩气大气田的启示

3.1 Barnett 页岩气田勘探开发历程

美国自 1821 年偶然发现页岩气以来，经历了近 200 年的发展才实现了页岩气大规模商业化开发[32]。Barnett 页岩气田作为美国页岩气勘探开发的"先驱者"，基本上完整地见证了这一发展历程，深入研究对中国页岩气勘探开发具有重要启示作用。

Barnett 页岩气田位于美国福特沃斯盆地（图5），是一个东部边缘陡、且东为深坳陷、西南抬升的大型前陆盆地（图7）[32, 33]，面积约 38100 km²。Barnett 页岩为下石炭统一套富含有机质和硅质的黑色页岩，厚度 15～305m，在盆地东北部厚度较大（图7），一般 90～305m，埋藏深度 1982～2592m[34]。1981 年 10 月 15 日，Mitchell 能源公司在 Newark East 区带钻探的 C. W. Slay #1 井在 Barnett 页岩下段取得页岩气突破而首次发现 Barnett 页岩气田[35]。1990 年，Barnett 页岩气田正式开发生产。2000—2010 年，核心区 Newark East 页岩气田成为美国当时最大的天然气产区。2004 年，美国地质调查局（USGS）评价认为 Barnett 页岩气田可采资源量为 $7560 \times 10^8 m^3$，而 Newark East 页岩气田的可采资源量为 $4134 \times 10^8 m^3$，占页岩气可采资源总量的 55%[36]。至 2006 年前后，有 162 家公司对 Barnett 页岩气田开展勘探开发。Barnett 页岩气田开发成功具有里程碑意义，推动了美国页岩气勘探开发的蓬勃发展和重大突破，在全球掀起了页岩气勘探开发的热潮。

3.2 Barnett 页岩气田产量变化与趋势

纵观 Barnett 页岩气田的勘探开发史，页岩气产量变化大致可以划分为 3 个阶段：早期沉寂期（1981—2000 年）、中期迅猛增长期（2001—2012 年）和后期缓慢下降期（2013 年至今）（图8）。早期阶段，由于钻完井等技术尚未取得突破，仅钻探少数垂直生产井 300 余口，产量微乎其微。2001—2012 年，随着压裂液、水平钻井和分段压裂技术等工艺的突破与"工厂化"作业模式的应用，钻井数量激增（尤其 2001—2012 年，见表5），此时 Barnett 页岩气田的产量开始出现井喷式增长，由 2001 年总产量 $33 \times 10^8 m^3$ 迅速增加到 2012 年产量峰值 $521 \times 10^4 m^3$，成为世界第一个页岩气大气田。2012 年产量峰值时累计钻井数量 17922 口，年钻井 1531 口（表5）[34, 37, 38]，其中 98% 为水平井。目前，Barnett 页岩气田产量受钻井数量、成本和"甜点区"范围等因素制约而平稳递减（图8），处于开发后期阶段，产量平均年递减幅度 6.52%，图8 揭示 Barnett 页岩气田产量约以 $40 \times 10^4 m^3/a$ 的速度由峰值产量逐年递减。截至 2019 年的产量为 $249 \times 10^4 m^3$，不足高峰期 2012 年产量的 50%。按此预测，Barnett 页岩气田保持年产量 $100 \times 10^8 m^3$ 以上高峰期约 20 年（图8）。

表 5 Barnett 页岩 1990—2019 年页岩气产量与钻井数统计表 [34, 37, 38]

时间（年）	1980	1981	1982	1983	1984	1985	1986	1987	1988	1989	1990	1991	1992	1993	1994	1995	1996	1997	1998	1999
当年钻井数（口）	0	1	0	1	6	11	8	4	7	9	20	18	14	27	42	76	56	74	72	77
累计钻井数（口）	0	1	1	2	8	19	27	31	38	47	67	85	99	126	168	244	300	374	446	523
产量（$10^8 m^3$）											1	2	3	3	4	6	8	9	11	13
时间（年）	2000	2001	2002	2003	2004	2005	2006	2007	2008	2009	2010	2011	2012	2013	2014	2015	2016	2017	2018	2019
当年钻井数（口）	109	517	789	938	877	1085	1606	2560	2921	1637	1804	1025	1531	1506	1002	850	602	513	461	453
累计钻井数（口）	632	1149	1938	2876	3753	4838	6444	9004	11925	13562	15366	16391	17922	19428	20430	21280	21882	22395	22856	23309
产量（$10^8 m^3$）	19	33	53	74	90	121	171	266	398	440	458	511	521	480	444	381	324	293	271	249

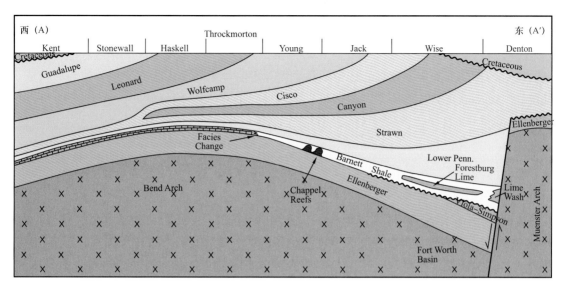

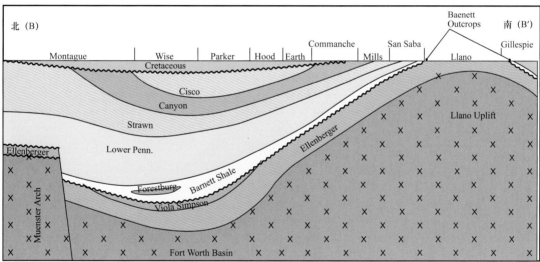

图 7　美国福特沃斯盆地 Barnett 页岩气田地质剖面图（剖面位置见图 5）[33]

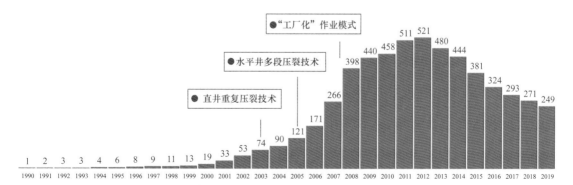

图 8　美国福特沃斯盆地 Barnett 页岩气田产量统计直方图 [34, 37, 38]

3.3 Barnett 页岩气田"规模效益"特征

与常规气井相比，页岩气单井具有相对成本高、产量低和开采时间长的特点，页岩气的效益区往往主要集中在页岩区带的核心区，但整个页岩气区具有"规模效益"特征。据统计，Barnett 页岩气田单井产量以低产井为主，其中 60% 的井单井产量无利可图。截至 2019 年底，累计生产页岩气 $5408 \times 10^8 m^3$，平均单井产量 $3400 \times 10^4 m^3$[34, 37, 38]。其中核心区水平井单井产量平均 $3.23 \times 10^4 m^3/d$，平均单井 EUR 为 $8500 \times 10^4 m^3$，具有一定的经济效益；而外围区，水平井单井产量平均 $0.99 \times 10^4 m^3/d$，平均单井 EUR 为 $3400 \times 10^4 m^3$，基本上无效益。

目前 Barnett 页岩气田产量已过峰值，总体呈现缓慢下降趋势。2019 年底，累计投产井数 23309 口（表 5），由于核心区范围等因素制约，随后投产井数逐年递减，预计 2030 年投产不足 300 口，总投产气井 29217 口[34]。在此过程中，钻完井的数量和成本急剧下降，而页岩气井的产量下降相对缓慢，能够有效地缓冲前期的投资成本。图 9 预计 2030 年 Barnett 页岩气田的钻完井数量不超过 300 口，而日产量可达 $7362.4 \times 10^4 m^3/d$，与核心区平均单井产量相近，整体上 Barnett 页岩气田具有良好的"规模效益"。

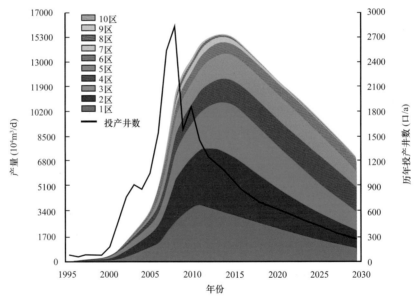

图 9　Barnett 页岩气田 1995—2030 年（预计）投产井数与产量变化[39]

4　断裂和页岩气的保存与开发

北美地台整体稳定，页岩气盆地构造运动比较简单、一次抬升、断裂较少；中国页岩气盆地构造运动复杂、多次抬升，断裂发育[40, 41]。北美页岩气盆地的保存条件比中国的优越。

4.1 断裂对页岩气富集与否的控制作用

所谓断裂包括断层和裂缝，断裂对页岩气的富集与否具有双重性，一可以对页岩气储层进行改造，形成有利于储存天然气的裂缝网络；二是对页岩气藏及其顶底板的破坏作用，导致天然气的逸散而使页岩含气量减少，影响页岩气的保存。断裂对页岩气藏顶底板的破坏，改变了顶底板岩石的孔渗性，产生通畅运移通道。页岩气顶底板的封闭性与常规天然气盖层一样，稳定连续分布的顶底板对页岩气有更好的封闭性。据吕延防等[42]研究，断层对盖层的破坏实质上是减小了盖层的连续封盖面积和厚度，当断层垂直断开盖层或以错动方式将盖层完全断开，均相当于盖层的连续性范围减少了，这类断层越多，盖层连续分布的面积就越小，封盖油气的能力也就越弱；盖层的裂缝发育，也相当形成了油气穿盖层向上运移的通道，实际上是减小了盖层的有效封盖面积，盖层封闭性减弱。因此，后期断裂的发育对页岩气的富集弊大于利。与北美相对稳定的构造环境相比，我国含油气盆地均经历了多期构造运动的叠加改造，尤其是我国南方大陆构造隆升剥蚀强烈，断裂极其发育，导致页岩气保存条件复杂[43]。断裂对页岩气藏的控制在四川盆地表现显著，如威荣页岩气田，位于川西南低褶构造带威远构造和自流井背斜之间白马镇向斜内，受威远大型穹隆背斜的控制和制约，区内构造平缓，断裂不发育，仅在向斜外有与自流井背斜伴生的北东向断层，五峰组—龙马溪组页岩埋深大（3550～3880m）、分布稳定，并未受到断裂的破坏，保存条件好，含气量较高（2.3～5.05m³/t）[44]；而渝东南濯河坝地区，断裂高度发育，五峰组—龙马溪组页岩含气量普遍较低（0.32～2.54m³/t）[45]。涪陵页岩气田主体在焦石坝似箱状断背斜，位于齐岳山断裂西侧，构造顶部宽缓、两翼陡倾，主体部位构造稳定，断裂不发育，断裂主要发育于焦石坝地区东侧及西南侧边缘（图10）[4, 46]。该页岩气田总体保存条件好，但断裂对页岩的含气量有影响，如位于构造宽缓区的焦页1井、焦页2井、焦页4井五峰组—龙马溪组页岩含气量较高，测井解释的优质页岩气层平均含气量分别为6.03m³/t、6.46m³/t、5.93m³/t，而位于断裂附近的焦页5井为4.72m³/t[47]。焦页3井尽管测井解释的平均含气量也较高，但在实际钻井中，焦页3井及西侧焦页9-3井等靠近断裂井钻进过程中却发生了漏失、溢流、含气量降低等现象，其原因可能是边部断层及其附近大型高角度构造裂缝发育、保存条件变差所致[46]。

由图10可见，构造变形及断裂发育程度无疑对页岩气富集程度产生明显影响，构造的后期改造成为页岩气区带评价的重要指标。马永生等[4]对涪陵页岩气田焦石坝背斜不同构造变形区页岩的孔隙度、含气性、单井产量统计进行了区带分类，认为Ⅰ类变形带：地层产状平缓，构造简单，孔隙度大于4.6%，含气量大于6.0m³/t，单井平均无阻流量大于50×10⁴m³/d；Ⅱ类变形带：构造变形较复杂，断裂封堵性较好，孔隙度大于4.0%，含气量大于6.0m³/t，单井平均无阻流量大于40×10⁴m³/d；Ⅲ类变形带：构造变形较复杂，断裂封堵性较差，平均孔隙度3.8%，平均含气量5.5m³/t，单井平均无阻流量小于

$20 \times 10^4 \text{m}^3/\text{d}$；Ⅳ类变形带：构造复杂，乌江断裂封堵性差，平均孔隙度 2.9%，平均含气量 5.0m³/t，单井平均无阻流量小于 $10 \times 10^4 \text{m}^3/\text{d}$。

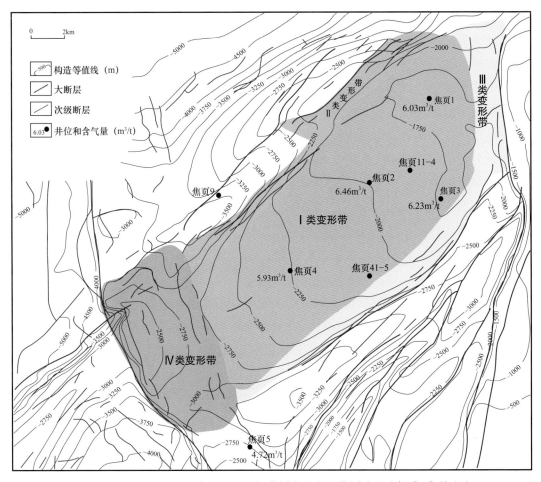

图 10　四川盆地涪陵页岩气田焦石坝背斜构造变形带划分图（据 [4] 补充）

4.2　断裂对页岩气开发的影响

断裂不仅影响页岩的含气量，同时对开发也有不同程度的影响。北美页岩气区的开发根据不同的岩性组合来选择有利开发区块，针对 Barnett 页岩硅质和钙质含量高，对压裂敏感，有利开发，但在断裂区，断裂沟通顶底板，水力压裂易导致流体沟通断层，影响压裂效果，因此开发要远离断裂带 [48]；Fayetteville 页岩富有机质页岩与燧石、粉砂岩、灰岩薄层互层为特征，微裂缝为有利开发区，受逆冲的影响，断层封堵和切割页岩储层，限制了流体的运移，不利于水力压裂规模实施，开发也需要避开断裂带 [48]。福特沃斯盆地 Newwark East 页岩气田在重要断层带附近 Barnett 页岩都发生了强烈的破裂，形成的天然裂缝被方解石胶结而处于闭合状态，削弱了断层带内 Barnett 页岩的物理完整性，从而使水力压裂液及其能量可以沿着断层面进入下伏的碳酸盐岩，在距断层带仅为 152.4m 的位置钻了些井，但未成功获得天然气[49]。

我国页岩气田开发受断裂影响也比较明显，如四川盆地涪陵页岩气田页岩气产能相对高的井基本分布于焦石坝构造主体部位，产能相对低的井则紧靠大耳山断裂带，统计表明靠近断裂发育带已测试井的平均产量为 $17.1 \times 10^4 m^3/d$，只有主体区的 49.01%[47]。同时产能相对较低井具有钻井漏失量大、实测压力略偏低等特征，说明断裂附近的宏观裂缝对页岩气产能没有积极的贡献，反而造成页岩气逸散导致含气丰度和单井产量降低，断裂带对单井产量影响深度范围可达 5~6 km[4, 47]。又如川东南的丁山构造龙马溪组，丁页 1 井离齐岳山断裂更近，造成气体部分侧向逸失更多，后期压裂产量仅有 $3.4 \times 10^4 m^3/d$，而远离断裂的丁页 2 井产量达到 $10.2 \times 10^4 m^3/d$[43]。

4.3 断裂对页岩气赋存状态和渗流的影响

页岩气以吸附气、游离气和水溶气形式赋存于页岩孔隙和裂缝中，主要是吸附气和游离气，溶解在页岩孔隙束缚水或沥青中的溶解气只占极少部分[50, 51]。页岩的吸附能力符合 Langmuir 单分子层吸附理论模型[51]，页岩气藏吸附气模拟实验揭示，吸附气含量与气藏压力具有正相关性，相关系数可达 99%[52, 53]。断裂对页岩气藏的破坏，实质上是地层压力的释放过程，如四川盆地涪陵页岩气区在断裂不发育的稳定区，地层压力系数 1.67，而在断裂发育的复杂构造区地层压力系数为 0.93[54]。因此，当断层断开页岩层或顶底板时，伴生的构造裂缝，使气藏压力降低，导致吸附气解吸成游离气释放到孔缝空间或者逸散，吸附气量也减少游离气增加，如果保存条件差，游离气逸散导致页岩气藏的总含气量降低，如涪陵气田断裂不发育区测井解释含气量为 $5.93 m^3/t$，断裂发育区为 $4.25 m^3/t$[54]。

断裂作用若使页岩储层具有丰富构造裂缝，增加天然裂缝的密度，有利于改善储层的渗透性。页岩储层非均质性强，水平渗透率远高于垂直渗透率，水平扩散能力较垂直扩散能力强，在同等条件下，水平扩散系数为垂直扩散系数的 1.23~27.21 倍[55]。储层中微裂缝的发育可以显著提高气体扩散能力，根据川南龙马溪组页岩微裂缝与扩散能力关系研究，发育有可见微裂缝的页岩样品水平扩散系数为无可见微裂缝样品的 62.5~322.2 倍，发育有可见微裂缝的页岩样品垂直扩散系数为无可见微裂缝样品的 3.54~25.10 倍[55]。可见裂缝的存在大大改善页岩储层的渗流能力，但也并非裂缝越多越好，如果裂缝过于发育，独立封闭体系容易遭受破坏，页岩气很容易通过裂缝散失[40]。

综上所述，断裂对页岩气的富集和开发影响比较大，同时对经济页岩气层组是否可连续、连片成大区域聚气形成页岩气大气田有重要作用。中国页岩气区经多期构造活动改造，被碎块化，从而大大影响页岩气藏的规模和增加开发难度，这是与北美页岩气稳定的地质条件相比的不足之处。

5 结论

中国页岩气在天然气工业中要上更大台阶，勘探、研究重点解决 4 个地质和地球化学问题具有重要意义：

（1）突破单一的经济页岩气层组（五峰组—龙马溪组）。美国在 29 个盆地发现至少30 套经济页岩气层组。中国仅有一套经济页岩气层组产气，若能发现更多套经济页岩气层组，势必中国页岩气会产出更多页岩气而成为天然气工业重大支柱，目前世界发现都是腐泥型经济页岩气层组及其气田。中国产气最多储量最大是煤成气，故煤系泥页岩是好气源岩，应加强勘探和研究煤系经济页岩气层系，开发新类型页岩气；

（2）经济页岩气层组的 R_o（%）区间值及其气田的段值：中国的区间值为 3.31%，段值为 1.75%，两值较小，产出为过熟裂解干气型页岩气。美国的区间值为 4.1%，段值为3.4%，两值较大，产出为高和过熟的湿气型和干气型页岩气。中国缺湿气型页岩气，应加强勘探和研究。美国一些重要腐泥型页岩气田，发现在 R_o 为 1.0%～1.3% 生油窗高阶段页岩中，中国要注意该段值中是否有页岩气田勘探和研究，包括鄂尔多斯盆地长 7、长 9、松辽盆地青一、青二、青三段 R_o 为 1.0%～1.3% 层位中的页岩气田。

（3）世界第一个开发页岩气大气田（Barnett）启示：1981 年发现，1990 年开发，2012 年高峰期产气 $521 \times 10^8 m^3$，是年钻井 1531 口，累计钻井 17922 口，是多井低产气田，至 2019 年底累计产气 $5408 \times 10^8 m^3$，累计投产井总数达 23309 口。预测气田年产$100 \times 10^8 m^3$ 以上高峰期还可持续 20 年。

（4）断裂和页岩气的保存与开发具有重要关系：断裂（断层和裂缝）对页岩气的富集与否具双重性，一般断开页岩和盖层的断层及伴生裂缝不利于页岩气保存，而发育于页岩中裂缝则利于页岩气富集和保存。由于美国页岩气盆地构造环境稳定而断裂较少，而中国页岩气盆地构造活跃而断裂发育，故总体上断裂对中国页岩气弊大于利，断裂使连续分布的五峰组—龙马溪组碎块化，如涪陵页岩气田四周断裂限制了气田面积，若无断层气田面积就扩大多了。

参 考 文 献

［1］U.S. Energy information Administration. U.S. Crude oil and natural gas proved reserves, Year-end 2018.2019, https：//www.eia.gov/ naturalgas / crudeoireserves/.

［2］孙赞东，贾承造，李相方，等.非常规油气勘探与开发（上、下册）.北京：石油工业出版社，2011：69-75，865-871，876-888，1103-1108.

［3］金之钧，白振瑞，高波，等.中国迎来页岩油气革命了吗? 石油与天然气地质，2019，40（3）：451-458.

［4］马永生，蔡勋育，赵培荣.中国页岩气勘探开发理论认识与实践.石油勘探与开发，2018，45（4）：561-574.

［5］ Dai J，Zou C，Dong D，et al. Geochemical characteristics of marine and terrestrial shale gas in China. Marine and Petroleum Geology，2016，26：444－463.

［6］ 张君峰，许浩，周志，等.鄂西宜昌地区页岩气成藏地质特征.石油学报，2019，40（8）：887－889.

［7］ Shale gas and oil plays，North America：https：//www.eia.gov/maps/maps.htm#shaleplay，2020.3.24.

［8］ 黎茂稳，马晓潇，蒋启贵，等.北美海相页岩油形成条件、富集特征与启示.油气地质与采收率，2019，26（1）：13－28.

［9］ U.S. Energy information Administration. U.S. Crude oil and natural gas proved reserves，Year－end 2016.2018，https：//www.eia.gov/ naturalgas / crudeoireserves/archive/2016/.

［10］ Dai Jinxing，Ni Yunyan，Liao Fengrong，et al. The significance of coal－derived gas in major gas producing countries. Petroleum Exploration and Development. 2019，46（3）：435－450.

［11］ 李国玉，金之钧，等.新编世界含油气盆地图集（下册）.北京：石油工业出版社，2005，599－641.

［12］ 胡曦.渝东地区下志留统龙马溪组页岩地质特征研究［D］.成都：西南石油大学，2016.

［13］ 王晔，邱楠生，仰云峰，等.四川盆地五峰—龙马溪组页岩成熟度研究［J］.地球科学，2019，44（3）：953－971.

［14］ Dai Jinxing，Zou Caineng，Liao Shimeng，et al. Geochemistry of the extremely high thermal maturity Longmaxi shale gas，southern Sichuan Basin. Organic Geochemistry，2014，74，3－12.

［15］ Feng Z，Hao F，Dong D. et al.Geochemical anomalies in the Lower Silurian shale gas from the Sichuan basin，China：Insights from a Ragleigh－type fractionation model. Organic Geochemistry，2020，dio：https：//dioorg/10.1016/j. Organic Geochemistry，2020，103981.

［16］ Zumberge J，Ferworn K，Brown S. Isotopic reversal（rollover）in shale gases produced from the Mississppian Barnett and Fayetteille formations. Marine and Petroleum Geology，2012，31，43－52.

［17］ Zagorski W A，Wrightstone G R，Bowman D G. The Appalachian Basin Marcellus gas play：Its history of development，geologic controls on production，and future potential as a world－class reservoir// BREYER J A. Shale reservoirs－Giant resources for the 21st Century：AAPG Memoir 97. Tulsa：American Association of Petroleum Geologists，2012：172－200.

［18］ Martni A M，Walter L M，Mclntosh J C. Indentification of microbial and thermogenic gas components from Upper Devonian black shale cores，lllinois and Michigan basin. AAPG Bulletin，2008，92：327－339.

［19］ 程克明，王铁冠，钟宁宁，等.煤成烃地球化学.北京：科学出版社，1995：105－108.

［20］ Tissot B P，Welte D H. Petroleum formation and Occurrence，New York. Springer－Verlag Berlin Heidelberg，1984：135－137.

［21］ Hill，Ronald J.，D.M. Jarvie，J. Zumberge，M. Henry，and R. M. Pollastro. Oil and gas geochemistry and petroleum systems of the Foet Worth Basin.AAPG Bulletin 2007，91，445－473.

［22］ 戴金星，倪云燕，黄士鹏，等.煤成气研究对中国天然气工业发展的重要意义.天然气地球科学，2014，25（1）：1－22.

［23］戴金星.煤成气及鉴别理论研究进展.科学通报，2018，63（14）：1291-1305.

［24］戴金星，陈践发，钟宁宁，等.中国大气田及其气源.北京：科学出版社，2003，73-93.

［25］康竹林，傅诚德，崔淑芬，等.中国大中型气田概论.北京：石油工业出版社，2000.

［26］邹才能，董大忠，王玉满，等.中国页岩气特征、挑战及前景（二）.石油勘探与开发，2016，43（2）：166-178.

［27］付金华.鄂尔多斯盆地致密油勘探理论与技术.北京：科学出版社，2018：165-166.

［28］Dai Jinxing, Qin Shengfei, Hu Guoyi, Ni Yunyan, et al. Major progress in the natural gas exploration and development in the past seven decades in China. Petroleum Exploration and Development , 2019, 46（6）：1100-1110.

［29］Ni Y, Liao F, Gao J. et al. Hydrogen isotopes of hydrocarbon gases from different organic facies of the Zhongba gas field, Sichuan basin, China. Journal of Petroleum Science and Engineering, 2019, 179：776-786.

［30］Qin S, Zhang Y, Zhao C, et al. Geochemical evidence for in situ accumulation of tight gas in Xujiahe Formation coal measures in the central Sichuan basin, China. International Journal of Coal Geology, 2018, 196：173-784.

［31］郭旭升，胡东风，刘若冰，等.四川盆地二叠系海陆过渡相页岩气地质条件及勘探潜力.天然气工业，2018，38（10）：11-18.

［32］邹才能.非常规油气地质学.北京：地质出版社，2013，159-161.

［33］Pollastro R M, Jarvie D M, Hill R J, et al. Geologic framework of the Mississippian Barnett Shale, Barnett Paleozoic total petroleum system, Bend arch-Fort Worth Basin, Texas. A APG Bulletin, 2007, 91（4）：405-436.

［34］Mohamed O A, Roger M S. Lithofacies and sequence stratigraphy of the Barnett Shale in east-central Fort Worth Basin, Texas. AAPG Bulletin, 2012, 96（1）：1-22.

［35］Curtis J B. Fractured shale-gas systems. AAPG Bulletin, 2002, 86（11）：1921-1938.

［36］Pollastro R M. Total petroleum system assessment of undiscovered resources in the giant Barnett Shale continuous（unconventional）gas accumulation, Fort Worth Basin, Texas. AAPG Bulletin, 2007, 91（4）：551-578.

［37］U.S. Energy Information Administration. Drilling Productivity Report［EB/OL］.（2020-02-23）［2020-02-28］. https：//www.eia.gov/petroleum/drilling/#tabs-summary-1.

［38］U.S. Energy Information Administration.Technology drives natural gas production growth from shale gas formations［EB/OL］.（2011-06）［2020-02-28］. https：//www.eia.gov/todayinenergy/detail.php？id=2170.

［39］Browning J, Gulen G. Barnett Shale Reserves and Production Forecast［EB/OL］.（2013-06）［2020-02-28］. http：//www.beg.utexas.edu/files/energyecon/think-corner/2013/Browning%20Presentation%20June%207%202013.pdf.

［40］李建忠，李登华，董大忠，等．中美页岩气成藏条件、分布特征差异研究与启示．中国工程科学，2012，14（6）：56-63.

［41］李昌伟，陶士振，董大忠，等．国内外页岩气形成条件对比与有利区优选．天然气地球科学，2015，26（5）：986-1000.

［42］吕延防，万军，沙子萱，等．被断裂破坏的盖层封闭能力评价方法及其应用．地质科学，2008，43（1）：162-174.

［43］翟刚毅，王玉芳，包书景，等．我国南方海相页岩气富集高产主控因素及前景预测．地球科学，2017，42（7）：1057-1066.

［44］庞河清，熊亮，魏力民，等．川南深层页岩气富集高产主要地质因素分析——以威荣页岩气田为例．天然气工业，2019，39（增刊1）：78-84.

［45］赵文韬，荆铁亚，吴斌，等．断裂对页岩气保存条件的影响机制——以渝东南地区五峰组—龙马溪组为例．天然气地球科学，2018，29（9）：1333-1344.

［46］王志刚．涪陵大型海相页岩气田成藏条件及高效勘探开发关键技术．石油学报，2019，40（3）：370-382.

［47］郭旭升，胡东风，魏志红，等．涪陵页岩气田的发现与勘探认识．中国石油勘探，2016，21（3）：24-37.

［48］王红军，马锋，等．全球非常规油气资源评价．北京：石油工业出版社，2017，91-167.

［49］Kent A. Bowker . Barnett Shale gas production, Fort Worth Basin : Issues and discussion. AAPG Bulletin, 2007, 91（4）：523-533.

［50］李波．北美页岩气成藏机理研究．中国石油和化工标准与质量，2016，（13）：94-95.

［51］董大忠，邱振，等．页岩气基础研究（澳 Reza Rezace 著）．北京：科学出版社，2018，320-348.

［52］Daniel J K R, Bustin R M .The importance of shale composition and pore structure upon gas storage potential of shale gas reservoirs. Marine and Petroleum Geology , 2009 , 26（6）：916-927.

［53］刘树根，曾祥亮，黄文明，等．四川盆地页岩气藏和连续型—非连续型气藏基本特征．成都理工大学学报（自然科学版），2009，36（6）：578-592.

［54］舒逸，陆永潮，包汉勇，等．四川盆地涪陵页岩气田3种典型页岩气保存类型．地质勘探，2018，38（3）：31-40.

［55］唐鑫．川南地区龙马溪组页岩气成藏的构造控制．中国矿业大学博士论文，2018：127-152.